《现代声学科学与技术丛书》编委会

主　　编： 田　静

执行主编： 程建春

编　　委：（按姓氏汉语拼音排序）

　　　　　陈伟中　陈　宇　邓明晰　侯朝焕

　　　　　李晓东　林书玉　刘晓峻　吕亚东

　　　　　马远良　钱梦騄　邱小军　孙　超

　　　　　王威琪　谢菠荪　杨德森　杨士莪

　　　　　张海澜　张仁和　张守著

"十二五"国家重点图书出版规划项目

现代声学科学与技术丛书

声呐图像处理

李庆武 霍冠英 周 妍 著

科学出版社

北 京

内 容 简 介

本书论述了声呐图像处理的相关问题、理论和技术,共分7章.第1章主要介绍了水下声呐成像技术的发展历史和研究现状;第2章介绍了声呐成像原理;第3章论述了多波束前视声呐成像数据可视化与滤波算法;第4章首先介绍了多尺度几何变换,其次分析了侧扫声呐图像的噪声模型,研究了基于Curvelet变换的侧扫声呐图像局部自适应降噪方法;第5章论述了多尺度几何变换域侧扫声呐图像的增强方法;第6章提出了一种基于人眼微动机理的非下采样Contourlet变换域声呐图像边缘检测新方法;第7章研究了基于灰度共生矩阵和NSCT域纹理提取的无监督海底混响区底质分割方法.

本书可作为高等院校及科研院所图像处理、计算机视觉和水下探测等领域的研究生和高年级本科生的教学参考书,也可作为相关领域的科技、工程人员的参考书.

图书在版编目(CIP)数据

声呐图像处理/李庆武,霍冠英,周妍著.—北京:科学出版社,2015.6
(现代声学科学与技术丛书)
"十二五"国家重点图书出版规划项目
ISBN 978-7-03-044818-7

Ⅰ.①声… Ⅱ.①李… ②霍… ③周… Ⅲ.①声呐-图像处理 Ⅳ.①TN911.73

中国版本图书馆CIP数据核字(2015)第124410号

责任编辑:惠 雪／责任校对:钟 洋
责任印制:吴兆东／封面设计:许 瑞

科学出版社 出版
北京东黄城根北街16号
邮政编码:100717
http://www.sciencep.com

固安县铭成印刷有限公司印刷
科学出版社发行 各地新华书店经销

*

2015年6月第 一 版　开本:720×1000 1/16
2025年1月第七次印刷　印张:11 3/4
字数:237 000
定价:78.00元
(如有印装质量问题,我社负责调换)

前　言

　　海洋覆盖着整个地球面积的 71%,是地球生命保障系统的一个基本组成部分,是一个巨大的天然宝库,其中蕴藏着极其丰富的矿产和生物资源. 世界各国对海洋资源的争夺日趋白热化. 我国是海洋大国,海洋是支撑我国未来发展的重要战略空间,建设海洋强国是中华儿女的百年梦想. 同时,我国也是水利大国,水能资源丰富,累积兴建水库大坝 87 000 多座. 据不完全统计,在 3100 多座大中型水库大坝中,病险大坝约占 20%. 海洋安全和开发、堤坝安全探测等国防和国民经济领域的重大需求,使得水下成像探测技术越来越受到重视. 水下成像探测技术主要包括光学成像和声呐成像. 光学成像作用距离较近,一般在几米至几十米之间,而且在浑水场合基本失效. 声呐成像具有作用距离远、穿透能力强等优点,特别适用于浑水域,因而广泛应用于海洋调查勘测、水下目标探测、港口航道疏浚、大坝缺陷检测等领域. 成像声呐主要有多波束测深声呐系统、侧扫声呐、前视声呐、合成孔径声呐等,通常安装在舰船、潜艇、水下机器人等载体上进行水下探测.

　　由于水声信道的水介质及其边界具有复杂多变的特性,再加上声波本身的透射特性,因而成像声呐采集得到的图像往往具有噪声强、畸变严重、目标边缘模糊、分辨率低等特点,严重影响了水下探测和作业. 为使声呐成像在水下探测中发挥更为重要的作用,一方面可以改进现有的声呐设备,采用更先进的信号发射、接收和处理器件与新的成像算法来提高图像质量,例如前端混响抑制、新型波束成形、合成孔径声呐成像算法等;另一方面,在不改变现有设备和成像处理算法基础上,针对声呐图像的特点,采用合适的图像处理方法,在很多情况下也可达到较好的效果. 近年来随着世界各国对海洋探测重视程度的提高,掀起了对声呐图像处理研究的热潮,相关研究包括增强显示、几何校正、降噪复原、超分辨重建、目标分割、目标跟踪、分类与识别、图像检索等方面,涉及水声学、信号处理、模式识别与人工智能、计算机视觉等多个学科. 由于水下声呐图像的局限性,许多光学图像的处理方法必须经过一定程度的改动才能应用于水声图像的分析、处理和识别. 目前针对水下声呐图像的处理方法主要有:数理统计方法、形态学方法、神经网络方法、小波分析方法等,这些方法都对声呐图像处理技术的进步起到了积极作用.

　　多尺度几何分析 (multiscale geometric analysis, MGA) 是近年来在数学分析、计算机视觉、模式识别、统计分析等不同学科中分别独立发展的一种彼此极其相似的新理论. 发展 MGA 的目的是检测、表示、处理某些高维空间数据. 在高维情况下,小波分析并不能充分利用数据本身特有的几何特征,并不是 "最优" 的或者说

"最稀疏"的函数表示方法. MGA 发展的目的和动力正是致力于发展一种新的高维函数的最优表示方法. 神经科学的研究表明, 人的视觉系统对外界场景具有"稀疏编码"的能力. 一种"最优"的图像表示法应该具有多分辨、局域性和方向性等特征. 实际上, 近年来各种多尺度几何分析方法的提出, 均考虑到所对应的基函数应该具有与视觉神经元的接收场类似的支撑区间. Curvelet、Contourlet 等多尺度几何分析方法自提出以来, 在图像的去噪、增强、融合、边缘检测、特征提取等领域都得到广泛的应用, 取得了传统方法不能达到的处理效果.

为了改善声呐图像处理效果, 本书主要采用多尺度几何分析方法, 针对声呐图像可视化、去噪、增强、边缘检测和分割等问题展开了深入研究, 详细介绍了我们团队近年来在声呐图像处理领域取得的最新进展, 以及采用的理论和方法, 同时给出了这些理论和方法的实际应用效果. 这些研究成果对从事声呐图像处理研究和工程应用具有一定的借鉴作用. 本书共分 7 章, 第 1 章绪论, 主要介绍了水下声呐成像技术的发展历史、声呐图像存在的主要问题和研究现状; 第 2 章声呐成像原理, 介绍了通用主动声呐系统及侧扫声呐、合成孔径声呐、前视声呐、多波束测深声呐系统的一般工作原理; 第 3 章多波束前视声呐成像数据可视化与滤波, 根据多波束前视声呐成像机理提出基于双立方插值的多波束前视声呐数据可视化算法和采用阶梯形掩模模型对回波点成像数据进行去噪的滤波算法; 第 4 章多尺度几何变换域侧扫声呐图像的去噪, 分析了侧扫声呐图像的噪声模型, 提出了基于 Curvelet 变换的侧扫声呐图像局部自适应降噪方法; 第 5 章多尺度几何变换域侧扫声呐图像的增强, 提出了基于 Curvelet 变换的分段式非线性侧扫声呐图像增强函数; 第 6 章基于人眼微动机理的 NSCT 域水下声呐图像边缘检测, 借鉴人眼固视微动的机理, 提出一种基于人眼微动机理的非下采样 Contourlet 变换域声呐图像边缘检测新方法; 第 7 章基于灰度共生矩阵和 NSCT 域纹理提取的无监督海底混响区分割, 结合灰度共生矩阵和 NSCT 变换提取多维纹理特征, 提出了一种自动的海底底质分割方法.

本书是河海大学智能感知与图像处理研究团队在声呐图像处理领域工作的结晶. 特别感谢国家自然科学基金 (60972101、41306089、41301448)、江苏省自然科学基金 (BK20130240)、江苏省科技支撑计划 (BS2007058、BE2012096) 与常州市传感网与环境感知重点实验室的资助. 本书的部分内容借鉴了国内外一些专家和学者的最新研究成果, 得到了河海大学物联网工程学院的大力支持, 在此深表谢意!

由于我们水平有限, 加上声呐图像处理技术发展迅速, 书中不妥之处在所难免, 恳请广大读者批评指正.

李庆武　霍冠英　周　妍
2015 年 1 月

目 录

前言
第 1 章 绪论···1
　1.1 研究背景和意义···1
　1.2 水下声呐成像技术发展历史···2
　　1.2.1 侧扫声呐···3
　　1.2.2 合成孔径声呐··4
　　1.2.3 前视声呐···5
　　1.2.4 多波束测深声呐系统··6
　1.3 声呐图像存在的主要问题及研究现状··7
　　1.3.1 声呐图像存在的主要问题···7
　　1.3.2 声呐图像处理的研究现状···8
　　参考文献···11
第 2 章 声呐成像原理···15
　2.1 声呐技术··15
　2.2 主动声呐的一般模型···16
　2.3 波束形成技术··18
　　2.3.1 等间隔基元的直线阵···18
　　2.3.2 相控发射··22
　2.4 成像声呐··23
　　2.4.1 侧扫声呐···23
　　2.4.2 合成孔径声呐···28
　　2.4.3 前视声呐···32
　　2.4.4 多波束测深声呐系统···36
　2.5 本章小结··41
　　参考文献···41
第 3 章 多波束前视声呐成像数据可视化与滤波···43
　3.1 多波束前视声呐成像···43
　3.2 多波束前视声呐视域范围和成像几何模型··44
　3.3 Gemini 720i 多波束前视声呐数据格式与二维几何模型·························46
　　3.3.1 Gemini 720i 多波束前视声呐数据格式··46

3.3.2　Gemini 720i 多波束前视声呐的二维几何模型 ·················· 47
　3.4　基于双立方插值的多波束前视声呐数据可视化算法 ················ 48
　　3.4.1　现有的前视声呐数据可视化算法 ························· 49
　　3.4.2　线性插值核函数的性能分析 ···························· 52
　　3.4.3　基于双立方插值的多波束前视声呐数据可视化算法 ·········· 57
　　3.4.4　插值实验及结果分析 ································· 61
　3.5　针对多波束前视声呐成像数据的空间域滤波 ······················ 65
　　3.5.1　多波束前视声呐图像的噪声特点 ························ 65
　　3.5.2　传统空间域滤波 ···································· 66
　　3.5.3　常用空间域滤波掩模模型分析 ·························· 69
　　3.5.4　针对多波束前视声呐成像数据的空间域滤波 ··············· 70
　　3.5.5　实验与结果分析 ···································· 73
　3.6　本章小结 ·· 82
　参考文献 ··· 82

第 4 章　多尺度几何变换域侧扫声呐图像的去噪 ·················· 85
　4.1　图像去噪 ·· 85
　4.2　多尺度几何分析理论及其在声呐图像处理中的应用研究 ············ 86
　　4.2.1　多尺度几何分析理论发展背景 ·························· 86
　　4.2.2　多尺度几何变换 ···································· 90
　　4.2.3　多尺度几何变换域声呐图像处理研究现状 ················· 95
　4.3　水下侧扫声呐图像的特性研究 ································ 97
　　4.3.1　侧扫声呐图像的成像 ································· 97
　　4.3.2　侧扫声呐图像特性 ·································· 98
　　4.3.3　噪声模型分析 ······································ 98
　4.4　Curvelet 变换域水下侧扫声呐图像的去噪 ······················ 102
　　4.4.1　Curvelet 变换域的噪声统计建模 ······················· 102
　　4.4.2　Curvelet 变换域的信号统计建模 ······················· 103
　　4.4.3　Curvelet 变换域自适应去噪算法 ······················· 104
　　4.4.4　实验结果与分析 ··································· 107
　4.5　本章小结 ··· 113
　参考文献 ·· 113

第 5 章　多尺度几何变换域侧扫声呐图像的增强 ·················· 118
　5.1　图像增强 ··· 118
　5.2　直方图均衡化 ·· 119
　5.3　结合方向扩散的改进直方图均衡化 ···························· 121

目 录

- 5.4 Retinex 增强方法 ·· 124
  - 5.4.1 单尺度 Retinex 算法 ······································· 125
  - 5.4.2 多尺度 Retinex 算法 ······································· 126
- 5.5 Curvelet 变换增强法 ·· 127
- 5.6 实验结果与分析 ·· 130
- 5.7 本章小结 ·· 134
- 参考文献 ·· 135

第 6 章 基于人眼微动机理的 NSCT 域水下声呐图像边缘检测 ········ 137
- 6.1 视觉仿生 ·· 137
- 6.2 图像边缘检测 ·· 139
  - 6.2.1 边缘检测问题的描述 ·· 139
  - 6.2.2 边缘检测算法 ·· 140
- 6.3 人眼微动机理 ·· 144
  - 6.3.1 人眼视觉系统通路 ·· 144
  - 6.3.2 人眼固视微动与视觉适应性 ·································· 144
  - 6.3.3 视网膜动态分析与模拟 ······································ 145
  - 6.3.4 基于人眼微动的视网膜边缘检测 ······························ 147
- 6.4 非下采样 Contourlet 变换及特性 ··································· 148
  - 6.4.1 NSCT 变换 ··· 148
  - 6.4.2 NSCT 变换的特性 ··· 151
  - 6.4.3 NSCT 变换系数分析 ··· 151
  - 6.4.4 系数特征分析 ·· 153
- 6.5 NSCT 域水下声呐图像边缘检测 ···································· 153
  - 6.5.1 NSCT 域边缘检测原理 ······································· 153
  - 6.5.2 边缘检测算法步骤 ·· 154
  - 6.5.3 算法特点 ·· 154
  - 6.5.4 实验及结果分析 ·· 154
- 6.6 本章小结 ·· 158
- 参考文献 ·· 159

第 7 章 基于灰度共生矩阵和 NSCT 域纹理提取的无监督海底混响区分割 ··· 161
- 7.1 海底底质分析 ·· 161
- 7.2 纹理分析 ·· 163
  - 7.2.1 纹理与纹理分析 ·· 163
  - 7.2.2 常用的纹理分析方法 ·· 164
- 7.3 侧扫声呐图像底质纹理特征提取 ···································· 165

  7.3.1 基于灰度共生矩阵的侧扫声呐图像纹理特征提取 ················ 166
  7.3.2 基于 NSCT 变换的侧扫声呐图像纹理特征提取 ················ 168
  7.3.3 侧扫声呐图像纹理特征提取的具体步骤 ······················ 168
 7.4 聚类分割与聚类数目确定 ·· 169
  7.4.1 K 均值聚类算法 ·· 169
  7.4.2 聚类数目确定与聚类有效性评价 ······························ 171
  7.4.3 海底混响区无监督聚类分割的具体步骤 ······················ 171
 7.5 侧扫声呐图像海底混响区底质分割实验结果与分析 ··················· 172
 7.6 本章小结 ··· 177
参考文献 ··· 177

第1章 绪 论

1.1 研究背景和意义

海洋覆盖着整个地球面积的 71%,是地球生命支持系统的一个基本组成部分,是一个巨大的天然宝库,其中蕴藏着极其丰富的矿产和生物资源[1].世界各国对海洋资源的争夺日趋白热化[2,3].我国是海洋大国,海域跨越热带、亚热带和温带,大陆海岸线长达 18000 多千米,领海、专属经济区和大陆架等管辖海域广阔,海洋渔业资源丰富.近海石油资源量约 2.4×10^{10}t,天然气资源量 1.4×10^{13}m^3,还有天然气水合物资源.滨海砂矿资源储量 3.1×10^9t.海洋能源理论蕴藏量 6.3×10^8kW.此外,在国际海底区域我国还拥有 7.5×10^4km^2 多金属结核矿区[4].海洋测绘是一切海洋开发活动的基础,对于实施海洋开发战略,实现建设小康社会的战略目标具有重要意义.同时,我国也是水利大国,水能资源丰富,累积兴建水库大坝 87000 多座,据不完全统计,在 3100 多座大中型水库大坝中,病险大坝约占 20%,小型水库大坝中约有 40%也是病险的[5].堤坝隐患是造成汛期重大险情的主要因素之一,如果能够获得水下坝体和坝底、水下地形、地貌变化起伏的图像并进行维修、加固处理等措施,则可以使隐藏的险情大为减少,同时也使除险加固更有针对性.

海洋测绘、水下目标探测需要采用合适的水下成像技术.当前,水下成像技术主要包括光学成像和声呐成像[6].光学成像分辨率较高,但作用距离较近,一般在几米至几十米之间,而且在浑水场合基本失效.声呐成像具有作用距离远、穿透能力强等优点,特别适用于浑水域,因而在水下地质地貌勘测、水下丢失物寻找、水雷探测 (含锚雷、沉底雷和泥沙掩埋的沉底雷)、坝基检测等领域得到了广泛应用[2,3,7].然而,水声信道的水介质及其边界具有复杂多变的特性,声波本身的传播损失和透射、散射,导致采集得到的声呐图像往往具有对比度低、斑点噪声强和目标边缘模糊等特点[8-10],这给声呐图像的人工判读和自动解译带来了极大的困难,不利于声呐成像在水下目标探测与定位、堤坝安全检测与修复、海上资源勘探与管道敷设、水库清淤与航道疏浚等国防民生领域发挥更为重要的作用.

针对声呐图像的特点进行图像处理,可以将水下场景信息更加清晰、真实地呈现在声呐操作员面前,提高人工判读的准确性,降低目标漏判、误判的概率;通过对声呐图像进行边缘检测和分割,获得区域一致性好、边缘定位准确的自动分割结果,是水下作业与目标识别的关键步骤,对声呐图像的自动准确解译至关重要,有助于进一步发挥声呐成像在水下目标探测等领域的重要作用.

1.2 水下声呐成像技术发展历史

声波是人类迄今为止已知的唯一能在水中远距离传播的能量形式,因此声波作为在水中进行探测和通信的主要手段,在海洋监测、海洋工程、海上军事作战、海洋科学研究等方面发挥着不可替代的作用[11]. 而声呐是利用声波作为信息载体的探测设备. 声呐(sonar)一词是第二次世界大战期间产生的,它是由声音(sound)、导航(navigation)和测距(ranging) 3个英文单词的字头构成的.

早在 1490 年,意大利著名艺术家和工程师达·芬奇就曾说过:"如果使船停航,将一根长管的封口端插入水中,而将开口放在耳旁,便能听到远处的航船."这表明人们在几百年前就已发现,水对声波的吸收能力是较小的,可利用声波来探测水下的物体. 可以说,达·芬奇所说的听测管即是现代被动声呐的雏形,只不过这种听测管过于原始,既不能探测到水下目标的方位,灵敏度又很低.

20 世纪初,大型船只只有简单的无线电通信设备,而没有对海观测的雷达,更没有用于水下目标探测的声呐. 1912 年 4 月 10 日,英国当时刚刚研制成功的一艘 46000t 级的新邮轮"泰坦尼克号",满载 2208 名乘客与乘务员,从英国的南安普敦港出发,于 4 月 14 日航行到加拿大纽芬兰岛南部海域被一座浮动冰山撞沉,结果导致 1500 余人遇难. 这是当时世界上最大的一起海难事件,引起了全球性的震动,使科学界对声呐的研制开始广泛关注. 5 天之后,有个叫理查森的英国人提出了用空气声进行回声定位的建议. 1 个月以后,他又提出了相仿的水声回声定位方案,这便是世界上第一个主动声呐方案. 所谓主动声呐,就是一种自己向水中发射声波,并根据水中物体的回波来达到各种探测目的(比如定位)的水声设备. 可惜的是,理查森并没有能实现他的方案,因为当时还没有能在水下朝着既定方向发射声波的设备.

1914 年 7 月,第一次世界大战爆发. 在战争期间,德国展开了"无限制潜艇战",利用新发明的 U 形潜艇,击沉了协约国的大量军舰和商船. 比如一艘 U 形潜艇仅在 75min 内,便用鱼雷击沉了 3 艘装甲巡洋舰. 探测水下潜艇的任务迫在眉睫. 协约国立即投入许多人力和物力,进行探测方法和设备的研究. 磁学的、光学的、热学的方法都试过了,但效果均不理想. 实践证明,最有效的是声学方法. 于是,各种声呐系统竞相问世. 1916 年,法国著名物理学家保罗·朗之万和年轻的俄国电气工程师康斯坦丁·基洛夫斯基合作发明了回声定位声呐,用他们的设备可以在水下探测到 200m 之外的一块装甲板的回波.

第一次世界大战结束后不久,用于船舶导航的新型设备——回声测深仪诞生了. 实际上,它是人们在研制探潜回声定位系统的过程中所得到的副产品. 此后,由于电子技术的发展，水声换能器性能的改善，特别是对于声波在海水中传播规律的深入了解，使声呐技术不断地向前迈进.

第二次世界大战的爆发，开创了声呐发展的新时期. 从那时开始，一系列新型的主、被动声呐纷纷问世. 参战各国的舰艇都相继装备了能够适用于作战的声呐. 1945年，英国潜艇"冒险者"号首创纪录，在水下完全依靠声呐探测到的信息，对于同样处于水下的德国潜艇发动了攻击. 此后，作为水下观测的重要耳目，声呐的地位日益巩固.

第二次世界大战以后，水声学和声呐技术有了显著的发展，无论是军用还是民用，都更注重水声物理与水声工程的结合，即从机理上探索水声信号在海洋中传播的规律，并寻求可以利用这些规律的技术设计和工程实现方法[3].

20世纪50年代后期至60年代初期，声呐设计者逐步把数字信号处理技术引入声呐系统. 声呐信号的数字化处理，使得声呐的面貌发生了根本性的变化. 数字信号便于传输、存储和加工，有可能使声呐设计者为声呐员设计出更好的人机界面，从而提高声呐的性能.

总的来说，声呐可以分成多个门类. 按工作方式可分为主动声呐、被动声呐；按载体可分成舰艇用声呐、潜艇用声呐、航空吊放声呐及岸用声呐；按工作任务又可分为预警声呐、导航声呐、通信声呐、猎雷声呐、剖面声呐和图像声呐等. 图像声呐是一种功能通用的声呐，既可以通过声呐图像进行目标识别来给出预警信息，也可以通过声呐图像分析目标的表面结构对目标进行检测. 当前，水下声呐成像主要有侧扫声呐、合成孔径声呐、前视声呐及多波束测深声呐系统等，这些声呐均为主动声呐，既具有共同点，又因扫描方式不同、布阵方式不同及数据处理和显示信息不同，具有不同的特点[12].

1.2.1 侧扫声呐

大多数国外水下机器人都安装有侧扫声呐，它是进行海底绘图的最理想工具. 侧扫声呐具有较高的分辨率，不仅可以绘制出海底的地形地貌图，而且可以对沉于海底的沉船、失事飞机、沉物进行成像，并且可以用来进行海底探雷. 侧扫声呐技术的出现可以追溯到第二次世界大战后期，但直到20世纪50年代末才用于民用，60年代末侧扫声呐的概念开始为全世界所接受. 在军用领域，美国Northrop Grumman公司研制的AN/AQS-14A型高速拖曳侧扫声呐，于1995年装备于美国海军，它既可以完成实时目标定位，又可以提供便携式后分析系统和计算机辅助检测、分类的功能. 该公司的侧扫/合成孔径声呐/激光扫描仪三位一体的猎雷系统集成了侧扫声呐具有的测绘速率高和双频合成孔径声呐有利于探测掩埋雷的优点. 在民用领域，有代表性的产品是GeoAcoustics公司生产的Model SS981，USA-WESMAR公司生产的SHD700SS型、USA Fishers SSS~100kHz/600kHz侧扫声呐. 上述产品都采用了双频技术,可安装在拖鱼上,也可安装在自主式水下潜水器 (autonomous underwater vehicle, AUV) 上. 此外, EdgeTech 公司研制的全频谱调制 (FM) 多脉冲型 MP-X 侧扫声呐,可增加高速扫查时的海底覆盖率. 其他产品还有德国 GEOMAR 公司的 DTS-1 型, 也采用了双频技术 (75kHz 和 410kHz); Datasonics 公司生产的 SIS-1500CHIRP[14] 型侧扫声呐.

我国从 20 世纪 70 年代开始组织研制侧扫声呐, 经历了单侧悬挂式、双侧单频拖曳式、双侧双频拖曳式等发展过程. 目前已有多个高等院校和科研机构取得阶段性的成果. 其中,由中国科学院声学研究所研制并定型生产的 CS-1 型侧扫声呐, 其主要性能指标已达到世界先进水平.

目前, 侧扫声呐的研究主要包括 2 个方面: 相干声呐的研究、数据处理软件的开发 (声图的自动化判读与识别、水下目标的精确判定等).

1.2.2 合成孔径声呐

合成孔径声呐 (synthetic aperture sonar, SAS) 代表了侧扫声呐发展的一个新方向, 实际上也是侧扫声呐的一种[12]. 合成孔径声呐的原理研究从 20 世纪 60 年代开始. 美国 Raytheon 公司于 1967 年提出关于 SAS 可行性的报告, Walsh 于 1969 年申请了第一个 SAS 专利. 但是 20 世纪 60 年代至 70 年代 SAS 发展缓慢, 这其中既有技术实现上的困难, 又有对 SAS 技术上是否可行的认识问题. 在 SAS 研究领域, 有两个主要问题被认为影响了其技术的发展: 第一个是水声信道问题, 水声环境一般比较恶劣 (如随时变化的信道), 不同回波信号的相干性是个问题. 特别是浅海水声环境条件不理想, 同空气中电磁波工作环境相比, 是更为复杂的媒质. 当时的主流观点认为, 水声信道太不稳定, 不适合合成孔径处理. 另一个问题是声波传播速度比电磁波慢得多, 由于方位模糊问题, 使得信号空间采样率较低, 大大限制了 SAS 载体的运动速度, 进而限制了测绘速率的提高.

在 SAS 研究处于低潮时期, 仍有一些学者坚持不懈地探索. Williams 于 1976 年, Christoff 等于 1982 年, Gough 和 Hayes 等于 1989 年, 进行了一系列水声传播实验, 其结果表明, 水声信道的影响并不像预想的那么严重, 尽管水声信道是随时间变化的, 但水声回波信号在较短时间内仍具有较好的相干性, 水声信号的相干性能够满足合成孔径成像的要求. 声传播速度慢导致的信号空间采样率低和限制 SAS 载体运动速度等问题, 可以通过多子阵的办法来弥补.

合成孔径成像在雷达领域取得的成功, 推动了合成孔径声呐技术的发展. 由于合成孔径成像的相似性, SAS 可借鉴 SAR 中的技术成果, SAR 中的成像算法可用于 SAS 中. 受 SAR 成功的鼓舞, 一些国家自 20 世纪 80 年代以来进行了较多的水声传播和合成孔径声呐成像试验. 进入 20 世纪 90 年代, SAS 研究开始活跃起来, 并出现了实验样机系统. 一些 SAS 系统的作用距离从几十米到几百米, 甚至到十几千米远，分辨力也从米、分米到厘米量级。欧洲 SAMI SAS 于 1996 年进行了海上试验，获得了较远距离上的大面积范围海底测绘图。法国的新型合成孔径声呐 IMBAT 3000 是商用型的，主要用于水下地形地貌勘测和石油开采。美国在该领域投资很大，研究成果也处于领先地位。美国雷声公司和 DTI 公司从 1994 年起合作研制了两型合成孔径声呐系统 —— DARPA 和 CEROS，分别用于探测水雷和近水域埋藏的爆炸物。美国 DTI 公司最新推出分辨力 10cm 的 PROSAS 系统，是一个商用型产品，可以安装在 AUV 或 ROV(remote operated vehicle，无人遥控潜水器) 上。

在国家高技术研究发展计划 (863 计划) 的支持下，我国从 1997 年启动了合成孔径声呐研究。经过 8 年的发展，我国在 SAS 理论及关键技术方面取得了很大进展，先后研制出湖试和海试合成孔径声呐成像系统，完成了一系列试验，达到了与国际同步的发展水平[11]。

1.2.3 前视声呐

前视声呐也可称为扇扫声呐，属于主动声呐的一种，一般安装在船舶或者水下机器人的前端。在水下作业中，前视声呐不仅可以探测海中的状况，而且可以对目标进行定位，判断目标的大小以及形状信息。比如在打捞沉底物的过程中，可以利用前视声呐对沉底物进行定位，之后根据声呐图像中物体的形状信息来进行判别。特别是对于一些在水下工作的机器人来说，前视声呐就相当于它的眼睛，前视声呐不仅起到避障的作用，而且当它遇到感兴趣的目标时，可以利用前视声呐对其进行跟踪。

前视声呐成像速度快，既能在高速的运动状态下快速成像，又能针对高速运动中的目标快速成像。随着前视声呐系统的发展，其功能性、分辨率相继提高，使用越来越方便，因此在水下探测、定位导航、水下目标识别与跟踪、轨迹测量等场合得到了广泛的应用。现在的前视声呐主要分为机械扫描式和多波束两种；从成像维数又可分为二维成像和三维成像。

虽然前视声呐的起步较晚，但研究成果显著，相关产品较为丰富。当前代表行业内最高水平的用于避碰功能的前视高分辨声呐的知名厂商主要有：美国的 Reason 公司，其代表产品型号为 7128；美国的 BlueView 公司，其代表产品型号为 P900 系列；美国的 FarSounder 公司，其代表产品型号为 FS-3DT 和 FS-3ER；英国的 Tritech 公司，其代表产品型号为 Super SeaKing DST 和 Eclipse；英国的海洋电子有限公司 (Marine Electronics Ltd.)，其代表产品型号为 Dolphin 3040V/H 及 Dolphin 6201；加拿大的 Imagenex 科技公司，其代表产品型号为 837。而挪威 Kongsberg 公司研制的 SM2000 是一种小巧、轻便和实用性广的多波束前视声呐系统，它采用 200kHz 高频声呐探头，产生 128 个波束，其成像效果具有很高的分辨率，因而能够探测到

非常小的目标 (类似锚、水雷等); 德国 ELAC 公司生产的 SeaBeam3012 深水多波束测深系统, 工作频率 12kHz, 最大探测深度 11000m, 最大 205 个波束, 具有实时性强、姿态稳定、浅水自动对焦等特点; 美国 Reason 公司生产的 SeaBat8125 是已成商品化的宽频带、宽扇区、聚焦式多波束前视声呐, 特别适用于江河、湖泊、港湾及浅海的高分辨率、高精度航道水深测量及碍航物测量.

目前, 国内相对成熟的高分辨率前视声呐产品较少, 但是与此相关或是类似的研究工作 (如探雷声呐, 用于水下地形测绘的多波束声呐等) 一直在进行.

1.2.4 多波束测深声呐系统

多波束测深系统是在回声测深仪的基础上发展起来的. 顾名思义, 多波束测深系统能一次给出与航向垂直的垂面内几十甚至上百个海底被测点的水深值, 或者一条一定宽度的全覆盖水深条带, 所以它能精确地、快速地测出一定宽度内水底地貌的大小、形状和高低变化, 从而比较可靠地描绘出海底地形地貌的精细特征. 多波束测深技术是高精度海底地形探测手段, 它诞生于 20 世纪 70 年代, 迅速发展于 80 年代, 主要经历萌芽阶段、生产定型实测阶段、大规模生产阶段.

1. 萌芽阶段 (20 世纪 50 年代 ~1964 年)

多波束测深系统萌芽阶段可追溯到 20 世纪五六十年代美国海军研究署资助的军事研究项目. 1956 年夏季, 在美国的 Woods Hole 海洋研究所召开的一次学术研讨会上首次大胆地提出了多波束测深的构想, 以获得详细海底地形以及声呐设计的相关物理特性.

2. 生产定型实测阶段 (1964~1979 年)

1964 年 2 月, 美国国家海洋和大气管理局 (NOAA) 在 Surveyor 号船上进行了窄波束回声测深仪 (NBES) 的海上试验. 1976 年随着数字化计算机的发展及控制硬件技术应用到窄波束回声测深仪中, 第一台多波束扫描测深系统, 即 SeaBeam 系统诞生, 可同时产生 16 个波束, 安装于法国国家海洋勘探中心 (CNEXO) 的 Jean Charcot 号船并进行了实时测深试验, 经改进后, 于 1979 年第一台 SeaBeam 系统被安装在 NOAA 的 Surveyor 号船.

3. 大规模发展阶段 (1979 年至今)

随着第一台多波束装备使用, 特别是 20 世纪 80 年代初, 美国东北部海洋研究集团 (NECOR) 成立后, 多波束的研究与发展制造进入了大规模的发展阶段. 许多制造公司都开始进入这一领域, 研制开发出了不同型号的浅水和深水多波束测深系统. 从技术的发展来看, 从在测量船上进行简单的数据采集, 在陆上进行处理显示开始, 发展到集数据采集、综合、处理和显示于一体的多波束测深系统; 从单纯的幅度检测到分裂波束相位差的高精度估计方法处理边缘波束等; 从 16 个波束测深发展到 32 个波束, 甚至有的可以形成多达 1440 个波束, 而且用于水深测量的发射脉冲也被同步应用于侧扫图像, 并可接收到每次扫海多达 4096 个回声振幅数据; 从简单地测深发展到测深与成像合一的产品.

4. 多波束测深系统发展展望

多波束的发展离不开高性能计算机技术、高精度定位技术和数字化传感器以及其他相关高新技术的迅速发展. 从 20 世纪 90 年代开始, 多波束开始向着高精度、智能化、多功能的组合式测深和侧扫成像系统方向发展. 多波束测深声呐系统 (如 SeaBeam3050、Seabat7150、EM302) 一般兼有测深声呐和侧扫声呐两种功能, 因此也称为多波束测深侧扫声呐[1].

1.3 声呐图像存在的主要问题及研究现状

1.3.1 声呐图像存在的主要问题

声呐和雷达工作原理非常相似, 然而, 水介质中声传播的复杂性和声波本身的特性, 使得声呐采用的技术要比雷达复杂, 尽管如此, 效果仍不甚理想. 声呐在用于目标 (水声学中, 目标指潜艇、鱼雷、水雷、突出的礁石等物体) 探测时, 会受到海洋环境噪声、舰船自噪声及混响信号的干扰, 其中混响是主要的背景干扰[13]. 由声学理论可知, 声波在传播途中遇到障碍物或目标时, 会在物体表面激发起次级声源, 它们向周围介质中辐射次级声波, 习惯上这些次级声波可统称为散射波. 其中, 返回声源方向的那部分波, 称为目标 (障碍物) 回波. 大目标前方的次级波称为反射波, 目标后面影区内的次级波称为绕射波, 对于小目标 (目标的线度远小于声波波长), 向各空间各方向辐射的次级波称为散射波, 反射是次要的; 对于线度大小可与声波波长相比的目标, 反射、绕射和散射都将起作用[13]. 除了目标本身的反射、散射外, 海水中存在着大量的散射体, 如海洋生物、湍流、不均匀温度水团等, 它们对声波产生散射信号, 这些散射信号在接收机叠加形成海水体积混响; 海底既是声波的有效反射体, 也是声波的有效散射体, 海底的起伏不平整、海底表面的粗糙度及海底附近的各种散射体对声波的散射作用, 形成海底混响; 由于风浪的作用, 海面总是处于起伏不平的状态, 另外, 风浪产生大量气泡, 在海面附近形成具有一定温度的气泡层, 这些共同产生海面混响[13]. 各种混响在接收机端进行叠加, 从而导致声呐图像斑点噪声突出、目标边缘模糊.

通常, 为保证获取图像的分辨率, 无论是侧扫声呐还是前视声呐, 成像声呐的中心频率都在几百千赫以上. 但是海水介质对声波能量的吸收随其中心频率的增长以平方次增长, 并伴有传播中的体积扩散, 这就使高频声波在海水中损失掉很多能量[14]. 如果不采用增益补偿措施, 则显示的声呐图像在远端将会很暗, 这是因为距离越远, 传播损失越大, 信号越弱, 接收机中的 TVG 可以按球面扩展和介质吸收随距离变换的规律 (对应为传播损失与时间的关系) 进行灰度校正[12]. 考虑到海水的空时变特性, 这一校正难免存在偏差. 另外, 目标的散射强度和入射角有很大的关系, 最佳的增益补偿还应考虑换能器的指向性, 然而, 波浪起伏造成的船体颠簸使得理想的增益补偿很难实现. 因此获得的声呐图像难免出现亮度不均、对比度不高[15] 的现象.

对于工作在近场的图像声呐, 比如前视声呐, 如果不对波束进行动态聚焦或聚集偏差, 会造成波束主瓣变宽、旁瓣升高, 导致分辨率下降, 目标模糊[13]. 海水温度、盐度的变化, 造成声速非线性变化, 影响斜距计算准确性; 声波的折射, 造成声波波束非直线传播, 产生辐射畸变. 侧扫声呐的成像方式决定了声呐图像存在几何畸变: 由于测量船速度、波束倾斜程度和海底坡度等各种因素影响而产生变形, 变形扭曲了海底地貌, 也使海底目标成像不真实具体, 而是呈现某种几何形状, 这些变形会引起视觉错误[15,16]. 总的来讲, 相对于光学图像, 水下声呐图像普遍斑点噪声强、目标轮廓模糊、辐射畸变和几何畸变严重, 图像质量较差、有用信息少, 严重影响了水下探测和作业. 为使声呐成像在水下探测中发挥更为重要的作用, 一方面可以改进现有的声呐设备, 采用新型的信号处理设备和成像算法来提高图像质量以降低图像处理的难度, 前端混响抑制、新型波束成形、SAS 成像算法等研究得到了广泛关注; 另一方面, 在不改变现有的设备和成像处理算法上, 针对声呐图像的特点, 采用合适的图像处理方法, 在很多情况下也可取得较为理想的结果. 由于声呐图像的前述局限性, 直接将光学图像处理方法用于声呐图像处理难以取得比较理想的效果, 声呐图像处理作为图像处理的难点, 近年来得到了国内外学者的关注.

1.3.2　声呐图像处理的研究现状

对声呐图像处理的研究主要涉及增强显示、几何校正、降噪复原等预处理以及边缘检测与分割、目标识别等方面, 其中边缘检测与分割在图像处理中处于承前启后的关键位置, 对最终的目标正确识别至关重要, 混响以及各种环境噪声的影响也使分割技术难度增大, 声呐图像分割作为声呐图像处理的难点和热点, 得到了广泛的关注.

1. 声呐图像校正与增强

赵建虎等在多波束测深和侧扫数据融合方面做了大量深入系统的研究工作, 提出了基于数据融合的侧扫声呐图像处理方法, 利用声线跟踪法进行斜距改正, 利用小波变换检测出灰度突变区, 根据剔除突变区后计算的灰度改正系数进行航向上的灰度改正[1]. 文献 [16] 系统分析了声呐图像的形变现象及其产生原因, 并通过实例分析具体探讨了可能的改正方法；文献 [17] 运用直方图对声呐图像进行模糊增强，得到了较好的增强效果；文献 [18] 探讨了声呐图像的实时增强技术；文献 [19] 对用于声呐图像增强的伪彩色处理的编码方法进行了研究，提出了分段线性伪彩色编码；文献 [20] 将 Curvelet 变换用于侧扫声呐图像增强，利用 Curvelet 变换多尺度多方向特性在边缘表达和去噪上的优势，在抑制噪声的同时突出目标边缘，增强对比度；文献 [21] 将 Retinex 理论用于声呐图像增强，取得了较好的边缘保持效果.

2. 声呐图像去噪与复原

文献 [22]、文献 [23] 分别采用中值滤波和维纳滤波对声呐图像进行去噪处理，取得了较好的视觉平滑效果. 由于经中值滤波或维纳滤波处理得到的图像边缘细节损失较多，近几年来，基于小波变换的声呐图像去噪方法得到了研究者的广泛关注[24-27]，各种小波变换声呐图像去噪方法取得了空域去噪方法难以得到的边缘保持效果. 小波变换虽然表示点奇异性时是最优的，但表示线奇异性时并不是最优的，容易产生吉布斯效应. Curvelet[28-30]、Contourlet[31]、非下采样 Contourlet 变换 (nonsubsampled contourlet transform, NSCT)[32] 等多尺度几何变换增加了一个方向参量，解决了小波变换不能有效表示二维或更高维奇异性的缺点，可以更好地表示图像中边缘纹理等结构的方向性和各向异性，因此在图像去噪、增强、特征提取与分类等领域得到了广泛应用[33-36]. 文献 [37] 提出了基于 Curvelet 域贝叶斯估计的局部系数估计降斑方法，文献 [38] 提出的 BM3D 方法是当前公认的较优高斯噪声去除方法，文献 [39] 结合声呐图像乘性瑞利噪声的特点，将改进的 BM3D 方法用于声呐图像降噪，取得了较好的效果. 由于前视声呐可以获取同一场景的多帧图像，基于多帧前视声呐图像融合的降噪和超分辨复原近年来也初步得到了研究者的关注[40-43].

3. 声呐图像边缘检测与分割

常用的水下声呐图像目标特征主要包括：目标区域特征、边缘轮廓特征、灰度信息特征以及上述特征经过变换后的特征等[9]. 边缘是目标最基本、最重要的特征之一. 边缘检测既是目标特征提取的有效方法，又可作为图像目标分割的其中一个前提：对边缘检测得到的二值图像可以运用区域生长等形态学操作来分割得到目标区域. 经典的边缘检测算法主要有 Prewit、Sobel、Robert、Robins、Marr-Hildreth、LoG、Canny 及小波模极大等[44-45]. 其中，Canny 算子是边缘检测的较优算子，在声呐图像边缘检测中，Canny 算子也得到研究者的青睐，广泛用于提取目标物的边缘轮廓特征. 边缘检测算子具有边缘定位精度较高的优点，但是对噪声也较为敏感，因此合适的降噪预处理和边缘连接等后处理至关重要. Canny 算子针对的高斯噪声假设不符合声呐图像乘性斑点噪声的特点，采用的高斯平滑滤波抑制噪声的同时易使图像模糊，导致边缘定位不准，这一点往往容易被忽略．随着 Snake 模型[46] 的提出，其在声呐图像轮廓提取中得到了应用．但 Snake 模型缺乏拓扑适应性，不能处理目标有空洞、重叠和不规则的情况，限制了其在声呐图像边缘轮廓提取中的应用[9]．

对于声呐图像分割，通常可依据任务不同分为 2 种不同的类型[47,48]：一是目标分割；二是不考虑目标的海底混响区底质分割．前者是水下目标探测和识别的重要环节，后者是海洋测绘时生成海底地图的关键环节．

针对声呐图像目标分割，除了可以在边缘检测的基础上分割得到目标[49]，现有的声呐图像分割方法还包含以下几类：阈值分割、基于数学形态学的分割[50]、基于分形理论的分割[51]、聚类分割、基于马尔可夫随机场 (Markov random field, MRF) 模型的分割[9,52]、基于水平集的分割[9,10]．

阈值分割的结果依赖于阈值的选取，确定阈值是阈值分割的难点．阈值分割计算简单、速度快，当不同区域的灰度差别较大时，效果较好．但是当灰度值相差较小或者灰度值有较大重叠时分割的效果较差．文献 [50] 通过构造特定的形态学滤波器对声呐图像中的水雷和疑似水雷的特定目标进行分割，得到了较好的分割效果，但如何推广到一般目标还需要考虑．文献 [51] 提出了分形模型与匹配滤波器结合的声呐图像分割算法，但是只考虑了分形维数特征的分割还不够精确．聚类分割通过像素自身的灰度值及其邻域的统计参数得到描述像素特征的特征向量，对特征向量进行聚类得到分割结果．基于 MRF 模型的分割通过标记场和观测场的建模，在贝叶斯框架下基于最大后验概率 (maximum a posteriori, MAP) 等准则产生分割结果．文献 [52] 采用 Ising 模型建模标记场，采用 Rayleigh 分布和 Gauss 分布分别建模混响区 (包括目标区) 和阴影区，实现了两类区域的分割．基于水平集方法 (level set method)[53] 的分割 (简称水平集分割) 实质是与活动轮廓模型相结合，求解模型的能量泛函极值或对应的偏微分方程．与参数活动轮廓模型分割相比，水平集分割将闭合曲线看成高维曲面中水平集函数的零水平集，通过水平集的演化来求取曲线的演化，具有拓扑变化自由、求解灵活的优点，因此成为当前图像分割研究的热点，先后提出了基于边缘的测地线活动轮廓 (geodesic active contour, GAC) 模型[54]、无边缘活动轮廓 (active contours without edges) 模型[55](简称 C-V 模型)、多相 C-V 模型[56] 及基于统计模型的水平集分割模型[57] 等．在声呐图像处理领域，水平集分割也开始引起关注，相关的研究主要基于 C-V 模型．

随着海洋测绘的不断深入，利用侧扫声呐图像进行底质分类及分割也得到了研究者的关注．文献 [58] 提出的灰度共生矩阵是公认的较为有效的空域纹理特征提取方法，文献 [59] 将其用到声呐图像底质分类中．基于纹理能量测度的纹理特征[60] 提取也在声呐图像底质分类中得到了应用．在声呐图像底质分割上，文献 [61] 综合由灰度共生矩阵提取的纹理特征、Gabor 滤波得到的纹理特征及小波系数得到的纹理特征构成高达 219 维的纹理特征，对纹理特征进行最大边缘概率估计并采用水平集求解得到分割结果，算法效果较好，但复杂度极高。近年来，在图像分割领域，将小波或多尺度几何变换和统计方法、MRF 模型相结合，提出新型的纹理特征、纹理模型，可以取得更好的纹理图像分割结果[62]。

参 考 文 献

[1] 赵建虎,刘经南,李德仁. 多波束测深及图像数据处理 [M]. 武汉: 武汉大学出版社, 2008.

[2] Waite A D. Sonar for Practising Engineers[M]. 3rd ed. New York: John Wiley and Sons, 2002.

[3] 李启虎. 数字式声呐设计原理 [M]. 合肥: 安徽教育出版社, 2002.

[4] 金翔龙. 东太平洋多金属结核矿带海洋地质与矿床特征 [M]. 北京: 海洋出版社, 1997.

[5] 吴中如. 大坝的安全监控理论和试验技术 [M]. 北京: 中国水利水电出版社, 2009.

[6] Kocak D M, Dalgleish F R, Caimi F M, et al. A focus on recent developments and trends in underwater imaging[J]. Marine Tehcnology Society Journal, 2008, 42(1): 52-67.

[7] Nguyen H, Fablet R, Ehrhold A, et al. Keypoint-based analysis of sonar images: application to seabed recognition[J]. IEEE Transactions on Geoscience and Remote Sensing, 2012, 50(4): 1171-1184.

[8] Shang Z, Zhao C, Wan J. Application of multi-resolution analysis in sonar image denoising[J]. Journal of Systems Engineering and Electronics, 2008, 19(6): 1082-1089.

[9] 王兴梅. 水下声呐图像的 MRF 目标检测与水平集的轮廓提取方法研究 [D]. 哈尔滨: 哈尔滨工程大学, 2009.

[10] Ye X F, Zhang Z H, Liu P X, et al. Sonar image segmentation based on GMRF and level-set models[J]. Ocean Engineering, 2010, 37(10):891-901.

[11] 张春华,刘纪元. 合成孔径声呐成像及其研究进展 [J]. 物理, 2006, 35(5): 408-413.

[12] 田坦. 声呐技术 [M]. 2 版. 哈尔滨: 哈尔滨工程大学出版社, 2010.

[13] 刘伯胜,雷家煜. 水声学原理 [M]. 2 版. 哈尔滨: 哈尔滨工程大学出版社, 2010.

[14] 刘晨晨. 高分辨率成像声呐图像识别技术研究 [D]. 哈尔滨: 哈尔滨工程大学, 2006.

[15] 滕惠忠, 严晓明, 李胜全, 等. 侧扫声呐图像增强技术 [J]. 海洋测绘,2004, 24(2): 47-49.

[16] 王闰成. 侧扫声呐图像变形现象与实例分析 [J]. 海洋测绘,2002, 22(5): 42-45.

[17] 郭海涛, 孙大军, 田坦. 属性直方图及其在声呐图像模糊增强中的应用 [J]. 电子与信息学报, 2002, 24 (9): 1287-1290.

[18] 李胜全, 藤惠忠, 凌勇, 等. 侧扫声呐图像实时增强技术 [J]. 应用声学, 2006, 25 (5):284-289.

[19] 刘维,刘纪元,黄海宁, 等. 声呐图像伪彩色处理的调色板连续色编码方法 [J]. 系统仿真学报, 2005, 17 (7): 1724-1726, 1731.

[20] 盛惠兴, 孟凡玲, 李庆武, 等. Curvelet 变换域侧扫声呐图像增强算法 [J]. 海洋测绘,2012, 24(1): 8-10.

[21] Kim K, Neretti N, Intrator N. Video enhancement for underwater exploration using forward looking sonar[J]. Lecture Notes in Computer Science, 2006, 4179: 554-563.

[22] Cervenka P, Moustier C. Sidescan sonar image processing techniques[J]. IEEE Journal of Oceanic Engineering, 1993, 18(2): 108-122.

[23] Atallah L, Shang C, Bates R. Object detection at different resolution in archaeological side-scan sonar images[C]. Proc. of IEEE Oceans 2005 Conference Europe, 2005,1, 287-292.

[24] 赵四能, 张丰, 杜震洪, 等. 基于提升小波的方向扩散算法实现侧扫声呐图像去噪 [J]. 浙江大学学报: 理学版, 2012, 39(5): 593-598.

[25] 喻琪, 夏顺仁, 丛卫华, 等. 基于小波系数相关性和模糊理论的声呐图像处理 [J]. 浙江大学学报: 工学版, 2008, 42(12): 2151-2155.

[26] 桑恩方, 沈郑燕, 卞红雨, 等. 形态小波域声呐图像去噪算法 [J]. 数据采集与处理, 2010, 25(3): 324-329.

[27] Isar A, Moga S, Isar D. A new denoising system for sonar images[J]. Journal on Image and Video Processing, 2009, Article ID 17384: 1-14.

[28] Candès E J, Donoho D L. Curvelets[R]. USA: Department of Statistics, Stanford University, 1999.

[29] Candès E J, Donoho D L. New tight frames of curvelets and optimal representations of objects with C^2 singularities [J]. Commun. on Pure and Appl. Math, 2004,57(2): 219-266.

[30] Candès E J, Demanet L, Donoho D L. Fast discrete curvelet transforms [R]. Applied and Computational Mathematics, California Institute of Technology, 2005:1-43.

[31] Do M N, Vetterli M. The coutourlet transform: an efficient directional multiresolution image representation[J]. IEEE Transactions on Image Processing, 2005, 14(12): 2091-2106.

[32] Cunha A L, Zhou J, Do M N. The nonsubsampled contourlet transform: theory, design, and applications[J]. IEEE Transactions on Image Processing, 2006, 15(10):3089-3101.

[33] Li Q W, Huo G Y, Li H, et al. Bionic vision-based synthetic aperture radar image edge detection method in non-subsampled contourlet transform domain[J]. IET Radar, Sonar & Navigation, 2012, 6(6): 526-535.

[34] Li Y, Gong H, Feng D, et al. An adaptive method of speckle reduction and feature enhancement for SAR images based on Curvelet transform and particle swarm optimization [J]. IEEE Transactions on Geoscience and Remote Sensing, 2011, 49(8): 3105-3116.

[35] 周妍, 李庆武, 霍冠英. 基于非下采样 Contourlet 变换系数直方图匹配的自适应图像增强 [J]. 光学精密工程, 2014, 22(8):2214-2222.

[36] 李庆武, 石丹, 霍冠英. 基于 Contourlet 变换的海底声呐图像特征提取与分类 [J]. 海洋学报, 2011, 33(5):163-168.

[37] 霍冠英, 李庆武, 王敏, 等. Curvelet 域贝叶斯估计侧扫声呐图像降斑方法 [J]. 仪器仪表学报, 2011:32(1):170-177.

[38] Dabov K, Foi A, Katkovnik V. Image denoising by sparse 3D transform-domain collaborative filtering[J]. IEEE Transactions on Image Processing, 2007, 16(8): 2080-2095.

[39] 范习健, 李庆武, 黄河, 等. 侧扫声呐图像的 3 维块匹配降斑方法 [J]. 中国图象图形学报,2012,17(1): 68-74.

[40] Kim K, Neretti N, Intrator N. Mosaicing of acoustic camera images[J]. IEE Proc.-Radar Sonar Navigation, 2005, 152(4): 263-270.

[41] 程情倩, 范新南, 李庆武. 基于自类推的 NSCT 域单幅图像超分辨率重建 [J]. 电子与信息学报, 2011,33(12):2881-2887.

[42] Kim K, Neretti N, Intrator N. MAP fusion method for superresolution of images with locally varying pixel quality[J]. International Journal of Information Sciences and Techniques, 2008, 18(4): 242-250.

[43] 范新南, 程情倩, 李庆武. 基于非下采样 Contourlet 网络的声呐图像重建 [J]. 仪器仪表学报, 2013,34(3):602-607.

[44] Canny J. A computational approach to edge detection[J]. IEEE Transactions on Pattern Analysis and Machine Intelligence, 1986, 8(6): 679-698.

[45] Mallat S, Huang W L. Singularity detection and processing with wavelets[J]. IEEE Transactions on Information Theory, 1992, 38(2): 617-643.

[46] Kass M, Witkin A, Terzopoulos D. Snakes: active contour models[J]. International Journal of Computer Vision, 1987, 1(4): 321-331.

[47] Lianantonakis M, Petillot Y. Sidescan sonar segmentation using texture descriptors and active contours[J]. IEEE Journal of Oceanic Engineering, 2007, 32(3):744-752.

[48] Celik T, Tjahjadi T. A novel method for sidescan sonar image segmentation[J]. IEEE Journal of Oceanic Engineering, 2011, 36(2):186-193.

[49] 李庆武, 马国翠, 霍冠英, 等. 基于 NSCT 域边缘检测的侧扫声呐图像分割新方法 [J]. 仪器仪表学报, 2013, 34(8): 1795-1801.

[50] Holger L. Advance gray-scale morphological filters for the detection of sea mines in side-scan sonar imagery[C]. Proceedings of SPIE, 2000, 4038:362-372.

[51] 田杰, 张春华. 基于分形的水声图像目标检测 [J]. 中国图象图形学报, 2005, 10(4):479-483.

[52] Mignotte M, Collet C, Prez P, et al. Sonar image segmentation using an unsupervised hierarchical MRF model[J]. IEEE Transactions on Image Processing, 2000, 9(7): 1216-1231.

[53] Malladi R, Sethian J A, Vemuri B C. Shape modeling with front propagation: A level set approach[J]. IEEE Transactions on Pattern Analysis and Machine Intelligence, 1995, 17(2): 158-175.

[54] Caselles V, Kimmel R, Sapiro G. Geodesic active contours[J]. International Journal of Computer Vision, 1997, 22(1):61-79.

[55] Chan T F, Vese L A. Active contours without edges[J]. IEEE Transactions on Image Processing, 2001, 10(2):266-27.

[56] Vese L A, Chan T F. A multiphase level set framework for image segmentation using the mumford and shah model[J]. International Journal of Computer Vision, 2002, 50(3):271-293.

[57] Cremers D, Rousson M, Deriche R. A review of statistical approaches to level set segmentation: Integrating color, texture, motion and shape[J]. International Journal of Computer Vision, 2007, 72(2): 195-215.

[58] Haraliek R M, Shanmugam K, Dinstein I. Textural features for image classication[J]. IEEE Transaction on Systems, Man, and Cybernetics, 1973, 3(6): 610-621.

[59] Pace N G, Dyer C M. Machine classification of sedimentary sea bottoms[J]. IEEE Transactions on Geoscience Electronics, 1979, GE-17(3): 52-56.

[60] 杨词银, 许枫. 基于二次反锐化掩膜的多特征侧扫声呐图像海底底质分类 [J]. 电子学报, 2005, 10(33): 1841-1844.

[61] Karoui I, Fablet R, Boucher J M, et al. Seabed segmentation using optimized statistics of sonar textures[J]. IEEE Transactions on Geoscience and Remote Sensing, 2009, 47(6): 1621-1631.

[62] 焦李成, 张向荣, 侯彪, 等. 智能 SAR 图像处理与解译 [M]. 北京: 科学出版社, 2007.

第 2 章 声呐成像原理

2.1 声呐技术

声呐是利用水下声波对目标进行探测和定位的设备,因而水面舰艇、潜艇、鱼雷、水雷、水下暗礁、鱼群及其他能发出声波或产生回波的水下物体,均可作为声呐的探测目标[1-3]. 所以,声呐在军事和民生领域具有广泛的用途. 声呐在军事上的应用始于第一次世界大战. 例如,水下目标探测、定位及跟踪、目标识别、水下导航等几乎都首先在军事上得到应用. 水下目标探测是指利用目标本身发出的声波或目标的回波来确定目标的存在. 定位则是利用声波来确定目标的位置,包括目标的距离、方位及深度. 对水中感兴趣的目标进行不间断探测称为跟踪,区分目标的类型和性质是通常的识别. 导航是声呐的另一广泛应用领域,可以利用测得的水深、本舰的航速来提供位置和速度等参数. 船只进港常需用多普勒导航声呐,潜艇在水下航行必须利用声呐进行导航.

声呐广泛应用于民用是从第二次世界大战后开始的. 海底地形和地貌对于航海、海洋开发、海洋安全具有重要的意义,随着海洋开发的不断深入,人类对海底地形地貌信息的需求日益迫切. 海底地形图通过海底深度测量数据进行绘制,而地貌图则根据海底各点回波信号的强度来获得. 用于地形地貌测量的声呐设备主要有[1,4-8]:单波束回波测深仪、多波束回波测深仪(条带测深仪)、侧扫声呐(旁视声呐)、多波束测深侧扫声呐(兼具多波束测深和侧扫声呐功能)、合成孔径声呐(也可归入侧扫声呐). 单波束回波测深仪每次收发只能得到一个海底点的深度,测量效率很低,测量误差也较大[1]. 多波束回波测深仪在一个声信号发射周期内可以同时得到一个条带内的多个海底点的深度,测量效率大大提高[4-7]. 在深度数据和地理坐标的基础上,可直接画出海底等高线图. 侧扫声呐获取并显示的是海底回波信号强度,主要用于测量地貌,在航行中连续采集数据,最后呈现出类似照片的海底地貌图[8]. 新型的多波束测深系统不仅获取一个条带内的多个海底点的深度,而且记录各点的回波强度,由于波束数较多(上百甚至上千个),可同时输出侧扫图像,因此也被称为多波束测深侧扫声呐[9,10]. 合成孔径的概念来自雷达,利用小尺寸基阵沿着方位向匀速直线运动来虚拟大孔径基阵,从而提高侧扫声呐的方位向分辨率. 20 世纪 60 年代,这一技术被引入到声呐领域. 由于受环境影响更为严重,合成孔径声呐的研究进展缓慢,直到 21 世纪初才出现可供商用的合成孔径声呐[1].

除了海底地形地貌探测的需求，水雷等目标探测、水下导航的迫切需求催生了前视声呐 (扇扫声呐). 前视声呐的研究开展相对较晚，但发展很快，广泛应用于探雷、定位、避障等水下作业中，先后出现了单波束声呐、脉冲内波束扫描声呐、多波束前视声呐及三维成像声呐[1,11-13]. 单波束声呐由机械或电子的方法旋转单波束形成全方位或某固定扇面内的扫描来完成探测，结构简单，价格便宜，但观察搜索速率较低. 为提高观测效率，出现了脉冲内波束扫描声呐，其采用宽波束发射以激励一个扇面空间，而接收时则采用电子技术使接收窄波束在一个发射脉冲宽度内快速旋转一个扇面，本质上仍然是单波束声呐. 多波束前视声呐通常采用宽波束发射，同时通过预成多个接收波束来提高观测效率，避免了脉冲内波束扫描声呐的时间损失. 单波束声呐、脉冲内波束扫描声呐、多波束前视声呐只在距离和角度方向具有分辨能力，仅能获得目标的二维信息. 为了获取距离、角度和深度三维信息，需要三维成像，一种方法是以多波束前视声呐的一维阵为基础，连续旋转获得目标的一系列二维图像，并通过空间拟合的方法获得三维立体图像；另一种方法则以二维基阵为基础，直接获得目标的空间三维图像，是真正的三维实时成像声呐[13].

以上各种成像声呐均属于主动声呐，或工作于侧扫方式 (多波束回波测深仪、多波束测深侧扫声呐也属于侧扫方式)，或工作于扇扫方式. 不论何种工作方式、显示何种信息，均涉及收发基阵设计、波束形成、波形发生器、滤波器、功率放大器、自动增益控制等共性的关键技术. 另外，声呐用于探测成像时，通常还需要配备定位传感器、姿态传感器、电罗经和声速剖面仪等外围设备[4]. 定位传感器多采用GPS，用于实时导航和定位. 姿态传感器负责纵摇、横摇及涌浪参数的采集，以反映船体姿态，用于后续的波束姿态补偿和数据校正. 电罗经提供船体在地理坐标系下的航向，便于波速归位计算. 声速剖面仪用于获取测量水域声速的空间剖面结构，对于精确的多波束测深非常关键. 由于声呐和雷达的工作原理非常相似，声呐技术的发展可以借鉴雷达技术，但是水声信道的复杂性和声波本身的传播特性，使得声呐采用的技术比雷达更为复杂，效果也不尽理想[1]. 较之雷达，声呐采用的水下基阵结构通常更为复杂，成像的分辨率更低、噪声的干扰更大. 为使成像声呐获得更好的图像质量，需要设计者更多地注意水声信道的特性和相关的信息处理问题. 本章将首先给出主动声呐的一般模型，简要介绍波束形成的原理，然后进一步说明当前水下探测常用的各种成像声呐的工作原理.

2.2 主动声呐的一般模型

当前，用于水下探测的成像声呐主要有侧扫声呐、合成孔径声呐、多波束测深侧扫声呐、前视声呐等，这些声呐均为主动声呐，既具有共同点，又因扫描方式不同、布阵方式不同及数据处理和显示信息不同，具有不同的特点. 声呐技术中，一

2.2 主动声呐的一般模型

个无方向的水听器只能确定有无目标,而不能判定目标的方位;只有把若干个水听器放在一起,组成一个水听器阵 (又称为基阵),并采用信号处理的方法,才能确定目标的方位以及分辨不同方位的多个目标[3]. 波束形成技术将以一定几何形状 (直线、圆柱、弧形等) 排列的多元基阵的各阵元输出并经过处理 (例如加权、时延、求和等) 形成空间指向性,是声呐信号处理的主要组成部分,也是声呐成像的基础和关键. 得益于数字信号处理 (digital signal processing, DSP) 技术及超大规模集成电路的发展,为提高探测效率,多波束测深侧扫声呐、新型的前视声呐通常采用多波束,波束数的增多提高了成像声呐的角度分辨率,同时给信号处理技术提出了更高的要求. 图 2.1 给出了主动声呐系统的一般模型[2].

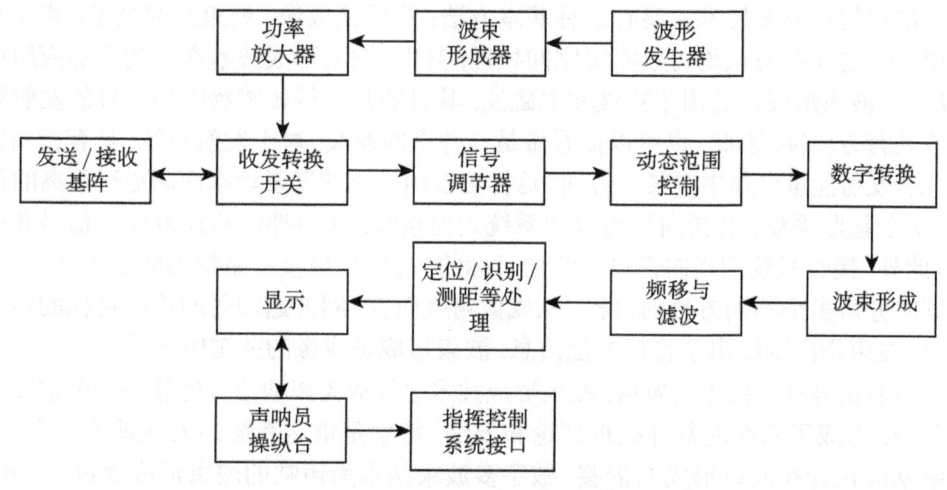

图 2.1 通用主动声呐系统

图 2.1 中,换能器基阵通常收发共用,收发转换开关负责收发切换. 发射机包含波形发生器、波束形成器和功率放大器. 其中,波形发生器产生单频脉冲、调频脉冲或编码脉冲;波束形成器产生一个或多个指向性发射波束,为同时获得发射增益并提高探测速率,可相控发射多个指向性波束;功率放大器对小信号波形进行放大并对换能器进行阻抗匹配,以产生大功率声信号[2]. 接收机包含信号调节器、动态范围控制、数字转换、波束形成、频移与滤波、数据处理、显示等. 信号调节器包含前放、抗混淆低通滤波,动态范围控制采用自动增益控制 (automatic gain control, AGC) 或时变增益控制 (time-variant gain, TVG) 使输出保持稳定并适应数字转换处理中 A/D 电路的工作范围,数字转换包括采样/保持和 A/D 转换电路,得到数字信号[14]. 波束形成得到一个或多个指向性接收波束,数字波束形成更具灵活性且易于 DSP 并行处理,但对各阵元通道的相位关系有较严格的要求,因此,有的高频声呐仍使用模拟波束形成,波束形成置于接收机的最前端[1]. 另外,当所需的波束数比基阵阵元

小得多时 (如侧扫声呐),这样做还可以显著减少硬件量,因此,侧扫声呐往往采用模拟波束成形. 对波束形成的每一波束信号进行频移得到数字基带信号以降低采样频率,然后进行滤波处理以提高增益 (若发射线性调频信号,可直接进行匹配滤波处理以同时获得接收增益并提高距离分辨率). 根据不同的任务要求和不同的显示需要采用不同的数据进行处理 (不同类别的图像声呐数据处理也不相同), 对经过滤波、采样后得到的数据进一步加工, 最终将处理后的数据送显示器显示.

2.3 波束形成技术

常用的声成像技术主要有 3 种基本方法: 声透镜成像、波束形成技术、声全息成像[12]. 这 3 种方法均可以实现空间处理, 其中, 波束形成技术在声呐上的应用更为广泛. 波束形成广泛用于声波和电磁波, 其目的是使得传感器阵列信号的发射和接收具有方向性, 因此, 也可以被看做是一种空间滤波. 对于发射系统, 具有指向性意味着发射能量可集中在某一方向, 这样可以用较小的发射功率探测更远距离的目标. 对于接收系统, 其指向性可以使系统定向接收, 从而抑制其他方向的信号和干扰; 此外, 接收系统的指向性可以测定目标的方位, 如果接收系统形成多个波束, 则可同时分辨多个不同方位的目标. 从成像角度而言, 回波返回时间给出目标的距离信息, 波束指向则给出了目标方位信息, 波束形成是成像的关键所在.

随着信号处理技术的发展, 波束形成技术已经成为声呐信号处理的一个重要组成部分, 形成了系统的基阵处理理论和方法, 特别是雷达系统的天线理论, 可作为声呐基阵设计和波束形成的借鉴. 数字多波束技术为声呐的波束形成提供了 360° 实时全景跟踪能力, 与此同时, 基阵的形状由直线阵和圆形阵发展到共形阵、球形阵及圆柱阵[3]. 由于发射波束和接收波束形成的基本原理是相同的, 而发射系统采用的波束形成方法通常要简单得多, 本节主要以最简单的直线阵为例说明接收波束形成的一般原理和方法, 更为详细的内容可参阅文献 [1-3].

2.3.1 等间隔基元的直线阵

当信号源在不同方位时, 由于各接收信号与基准矢量的相位差不同, 因而形成的和输出的幅度不同, 基阵的响应在不同的方位大小不同, 这是基阵具有方向性的基本原理. 在所有的声呐基阵中, 等间隔排列的直线阵是最简单而又最基本的一种. 众所周知, 人的两只耳朵具有定向的能力. 当我们判断一个声源的方位时, 总是把头转到声源的方向去, 使得声源正好处在两只耳朵连线的垂直平分线上, 这实际上是一种简单的定向原理——最大声压定向法.

一个基元间隔相等的 N 元线阵, 间距为 d, 相邻基元时延为 τ, 各阵元接收灵敏度相同, 平面波入射方向为 θ, 如图 2.2 所示, 假设入射波频率为 ω 的单频余弦

2.3 波束形成技术

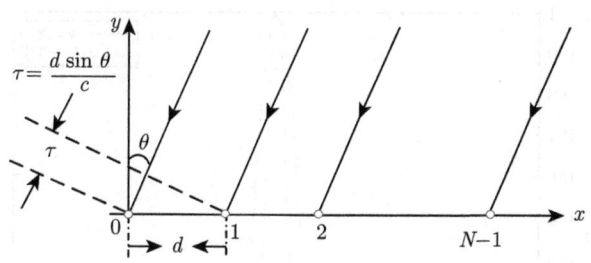

图 2.2 均匀直线阵示意图

信号,声速为 c,波长为 λ. 各阵元输出信号为

$$s_0(t) = A\cos\omega t$$
$$\vdots \qquad (2\text{-}1)$$
$$s_n(t) = A\cos(\omega t + n\varphi) = A\mathrm{Re}[\mathrm{e}^{\mathrm{j}\omega t} \cdot \mathrm{e}^{\mathrm{j}n\varphi}]$$

式中,A 为信号幅度;ω 为信号角频率;Re 代表取信号实部的操作;φ 为相邻阵元接收信号间由声程差引起的相位差,显然有

$$\varphi = 2\pi f\tau = \frac{2\pi d}{\lambda}\sin\theta \qquad (2\text{-}2)$$

基阵输出为

$$s(\theta, t) = \sum_{n=0}^{N-1} s_n(t) = A\mathrm{Re}\left[\mathrm{e}^{\mathrm{j}\omega t}\sum_{n=0}^{N-1}\mathrm{e}^{\mathrm{j}n\varphi}\right] \qquad (2\text{-}3)$$

由于

$$\sum_{n=0}^{N-1}\mathrm{e}^{\mathrm{j}n\varphi} = \frac{1 - \mathrm{e}^{-\mathrm{j}N\varphi}}{1 - \mathrm{e}^{-\mathrm{j}\varphi}} = \mathrm{e}^{-\mathrm{j}[(N-1)\varphi/2]}\frac{\sin(N\varphi/2)}{\sin(\varphi/2)} \qquad (2\text{-}4)$$

所以

$$s(\theta, t) = A\frac{\sin(N\varphi/2)}{\sin(\varphi/2)}\cos[\omega t + (N-1)\varphi/2] \qquad (2\text{-}5)$$

将上式除以 NA,即进行幅度的归一化处理,则得到输出信号的幅度为

$$D(\theta) = \left|\frac{\sin(N\varphi/2)}{N\sin(\varphi/2)}\right| = \left|\frac{\sin\left(\dfrac{N\pi d}{\lambda}\sin\theta\right)}{N\sin\left(\dfrac{\pi d}{\lambda}\sin\theta\right)}\right| \qquad (2\text{-}6)$$

当 $\theta=0$ 时,$D(\theta)=1$,此时同相相加,基阵具有最大输出,由此得到的直线阵的自然指向性为阵的法线方向. 图 2.3 为式 (2-6) 对应的 8 元、16 元均匀线阵的归一化幅度方向图,阵元间隔 $d = \lambda/2$.

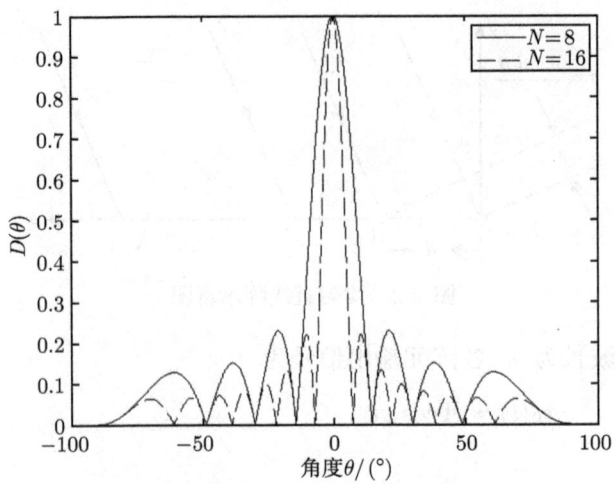

图 2.3　均匀直线阵的归一化幅度方向图

由图 2.3 可知，方向图在 $\theta = 0°$ 方向有一个主瓣，在其他方向存在多个旁瓣。主瓣宽度一般定义为半功率宽度，即相对最大功率下降 3dB 处的宽度，此时信号幅度为最大幅度的 $1/\sqrt{2}$，即 0.707 倍。主瓣宽度决定了阵列的分辨率，主瓣越宽，分辨率越低，反之则越高。主瓣宽度可用如下方法计算得到。令

$$D(\theta_{0.5}) = \left| \frac{\sin\left(\frac{N\pi d}{\lambda}\sin\theta_{0.5}\right)}{N\sin\left(\frac{\pi d}{\lambda}\sin\theta_{0.5}\right)} \right| = 0.707 \tag{2-7}$$

由于在主瓣附近，$\theta \approx 0$，则

$$\frac{\sin\left(\frac{N\pi d}{\lambda}\sin\theta_{0.5}\right)}{N\frac{\pi d}{\lambda}\sin\theta_{0.5}} = 0.707 \tag{2-8}$$

注意上式左边为 sinc 函数形式，则有 $N\frac{\pi d}{\lambda}\sin\theta_{0.5} = 1.39$，解得

$$\theta_{0.5} \approx \sin\theta_{0.5} = 1.39\frac{\lambda}{N\pi d}(\text{rad}) = 25.35\frac{\lambda}{Nd}(°) \tag{2-9}$$

则主瓣宽度为

$$\theta_{mb} = 2\theta_{0.5} = \frac{50.7\lambda}{Nd}(°) \tag{2-10}$$

一般而言，只有直线阵或空间平面阵才会在阵的法线方向形成同相相加，得到最大输出。对于其他形状的基阵，无论从哪一个方向入射，均不可能形成同相相加

2.3 波束形成技术

而得到最大输出,即不具有自然指向性。然而,任意形状的基阵经过适当的时延或相移处理,可在预定方向形成同相相加,得到最大输出。直线阵经常在侧扫声呐上得到应用,其自然指向性使得波束形成电路非常简单,有利于降低侧扫声呐的成本。若要得到直线阵在其他方向上的指向性,同样需要时延或相移处理。假设在相邻阵元之间插入额外的相移 β 或时延 $\tau\left(\tau = \dfrac{\beta}{2\pi f}\right)$ 时,即第 n 个阵元的附加相移为 $n\beta$, 式 (2-3) 的基阵输出变为

$$s(\theta, t) = \sum_{n=0}^{N-1} s_n(t) = A\mathrm{Re}\left[\mathrm{e}^{\mathrm{j}\omega t} \sum_{n=0}^{N-1} \mathrm{e}^{\mathrm{j}n(\varphi-\beta)}\right] \tag{2-11}$$

同理可求得基阵归一化的输出幅度为

$$D(\theta) = \left| \dfrac{\sin\left[\dfrac{N}{2}(\varphi-\beta)\right]}{N\sin\left(\dfrac{1}{2}(\varphi-\beta)\right)} \right| \tag{2-12}$$

当 $\varphi - \beta = 0$ 时,$D(\theta)=1$,此时同相相加,基阵具有最大输出,即有

$$\beta = \varphi = \dfrac{2\pi d}{\lambda}\sin\theta \tag{2-13}$$

此时对应最大入射方向,相应的 θ 值记为 θ_0,则

$$\dfrac{2\pi d}{\lambda}\sin\theta_0 = \beta \Rightarrow \sin\theta_0 = \dfrac{\beta\lambda}{2\pi d} \tag{2-14}$$

或者

$$\theta_0 = \arcsin\dfrac{\beta\lambda}{2\pi d} \tag{2-15}$$

由于 $\tau = \dfrac{\beta}{2\pi f}$,写成时延形式为

$$\theta_0 = \arcsin\dfrac{c\tau}{d} \tag{2-16}$$

显然,改变相移 β 或时延 τ 时,可使基阵的指向性发生改变,其指向性可由式 (2-15) 或式 (2-16) 计算。当波束主极大值指向 θ_0 方向时,将式 (2-14) 代入式 (2-12),可得到此时基阵的指向性函数为

$$D(\theta) = \left| \dfrac{\sin\left[\dfrac{N}{2}(\varphi-\beta)\right]}{N\sin\left(\dfrac{1}{2}(\varphi-\beta)\right)} \right| = \left| \dfrac{\sin\left[\dfrac{N\pi d}{\lambda}(\sin\theta - \sin\theta_0)\right]}{N\sin\left[\dfrac{\pi d}{\lambda}(\sin\theta - \sin\theta_0)\right]} \right| \tag{2-17}$$

根据上面的讨论，波束形成可采用相移或时延，将在阵元间插入相移使波束主极大方向控制于不同方位的方法称为相移波束形成，而插入时延使波束控制于不同方位的方法称为时延波束形成[1]. 由于相移是频率的函数，而时延与频率无关，因此在窄带应用 (一般在主动声呐) 中，常用相移波束形成，在宽带应用 (被动声呐) 中，则用时延波束形成[1]. 同时，由于波束形成本质上是一种空间滤波，对空间某方位的信号有响应，而抑制其他方位的信号. 因此，对照线性系统理论可知，它也是一种卷积运算，因而可用频域乘积实现. 所以波束形成也可在频域实现，这就是频域波束形成. 频域波束形成可用 FFT 实现，其运算量比时域波束形成运算量小[1-3].

为了改善基阵的指向性，抑制旁瓣的干扰，可采用加权和加挡 2 种方法[3]. 所谓加权，就是对每一基元的输出信号在幅度上乘以一个实数，用这种办法来改善指向性. 所谓加挡，就是对基阵加一定结构的挡板，使每一个在基阵上的基元都具有指向性，从而也起到改善指向性的作用. 一般情况下，加权和加挡这两种办法是同时采用的.

2.3.2 相控发射

声呐发射机的任务是向换能器提供电能，由换能器将声辐射到水介质中去. 如果一次发射激励的声场空间越大，那么搜索整个空间所需的时间就越短，搜索效率较高. 但激励空间越大，能量就越分散，回波信号也就越弱，声呐探测的距离也就越小. 为了提高声呐的作用距离，希望将每次发射的声能集中在一个较窄的发射波束角度内. 与接收基阵一样，一个任意形状的多元发射基阵 (直线阵和平面阵除外)，如不对各个发射阵元采取时延或相位补偿，则不可能自然地形成指向性发射波束. 因此，相控发射的第一个目的是形成指向性发射波束，获得发射指向性增益.

相控发射的第二个目的是形成多个发射指向性波束以覆盖较大的扇面，提高声呐的探测效率. 为了探测一个角度范围内的目标，若只有一个窄发射波束，则必须等最远距离的目标回波到达后，才能使波束转到另一指向再次发射. 这就是"探照灯"工作方式，常依靠机械转动装置控制基阵旋转实现，显然，完成一个大扇面的探测需要很长时间. 为了快速激励一个大扇面，构成多个发射波束是必要的，此时，每个发射波束激励一个不同方向的小角度空间，共同激励一个大的扇面.

尽管发射波束和接收波束在原理上是相同的，但在具体实现上是有重要差别的. 其中，一个区别在于接收波束形成是将接收阵元接收的信号进行相移或时延再相加；发射波束形成则是先对各个电信号源进行时延或相移，然后再送到发射阵元，相加过程是在水介质中进行的. 正是这一不同点，带来了第二个区别. 接收波束可以预先形成 (简称预成)，即对于不同指向的波束，预先设置多组不同的补偿相位 (或时延)，构成多输入多输出系统，同时形成多个接收波束. 然而，由于不可能将不

同组的相移 (或时延) 同时作用于多个发射机, 所以不可能同时形成多个发射波束. 只能在一段时间加一组相移, 而在另一段时间加另一组相移, 分时形成不同指向的发射波束[1]. 这就是旋转发射, 当然, 这比机械转动基阵要快得多, 大大提高了搜索效率. 例如, 依次发射 5 个波束, 再开始接收, 其搜索时间只相当于机械扫描转动空间波束的搜索方式的五分之一. 为了保障在被搜索的空间内不遗漏目标, 相邻波束之间需要一定的重叠.

上述旋转发射在提高搜索效率的同时, 增加了由脉冲发射时间引起的探测盲区. 例如, 旋转发射 5 个波束, 发射信号的持续时间相当于增加了 5 倍. 在大扇面搜索时, 时间更长. 为了克服旋转多波束发射的这一缺点, 可采用多重旋转发射. 每一组发射机覆盖一个有限的扇面, 多组发射机可同时发射多个波束, 共同覆盖大的扇面. 对于需要大扇面覆盖的主动声呐, 一般不采用多元直线阵而是采用多元圆形基阵, 每一组发射机对应一个有限弧度上的多个发射基元, 也只对这些基元进行相控使波束旋转.

在形成发射波束时, 通常各个信号源产生的信号是具有相同相位的信号, 但激励触发的起始时刻不同, 以适应不同指向相控发射的要求. 这种方法与阵元上采用不同附加相移同时激励 N 个阵元的方法有明显的优点. 在同时激励阵元的方案中, 为得到不同指向的发射波束, 在各信号源产生的信号上预先加上不同的相移, 但由于各激励信号脉宽 T 相同, 其结果则是远场接收点接收的各阵元发射信号虽然是同相相加, 但其波形绝不是一个脉宽为 T 的信号, 而是一个有长前后沿的信号, 故波形被展宽.

2.4 成像声呐

2.4.1 侧扫声呐

侧扫声呐又称为旁视声呐, 广泛应用在海底测绘、海底地质与矿产勘测、海底工程施工、海底障碍物及沉积物的探测等方面. 1970 年, 英国海洋研究所研制出适合大洋使用的 GLORIA 侧扫声呐, 作用距离达 20 多千米. 我国也于 1970 年开始研制侧扫声呐. 经过几十年的不懈努力, 世界各国已研制出适合不同需求的侧扫声呐设备, 表 2.1 给出了侧扫声呐的分类[8]. 20 世纪 80 年代以后, 计算机技术广泛应用于侧扫声呐, 有力推动了声呐的可视化, 实现了海底地貌地形的直观图像显示.

侧扫声呐在载体的两侧各布设一条换能器阵列, 其工作频率相同, 分别负责左右两侧海底的扫描. 换能器收发合置, 在载体航行方向波束很窄 (1° 或小于 1°), 以保证有较高的航向分辨力; 在垂直于航向的方向上波束较宽 (大于 30°), 因此可照射

表 2.1 侧扫声呐分类

分类原则	类型
安装方式	舷挂式、拖曳式
安装对象	水面船只、水下运载器
工作频率	低频、中频、高频
波束数	单波束、多波束
工作原理	单脉冲、多脉冲
工作深度	浅拖、深拖

两舷侧很宽的区域[1]. 单波束侧扫声呐工作示意图如图 2.4 所示图中. 1 代表波束内侧的声路径距离; 2 代表垂直波束角大小; 3 代表波束外侧到达的最远距离; 4 代表单侧扫描的海底宽度; 5 代表侧扫声呐的拖鱼深度; 6 代表左舷和右舷通道分离的距离; 7 代表水平波束宽度.

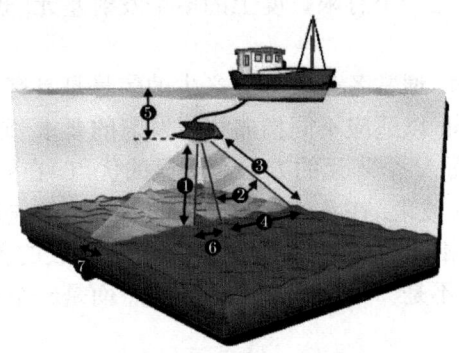

图 2.4 单波束侧扫声呐波束扫描示意图

若在与声呐平台航行轨迹垂直的平面内进行观测, 侧扫声呐系统照射海底时的几何关系如图 2.5 所示. 假设海底是平整的, 声呐系统距海底的高度为 h. 垂直波束宽度为 θ_E 的换能器向航行器侧面发射声能量, 波束照射到海底时其内侧和外侧的最小和最大斜距分别为 $R_{\min}$ 和 $R_{\max}$, 在海底形成宽度为 W 的单侧测绘带. 从中可以容易地得到下列关系[15]

$$\begin{aligned} & R_{\min} = h \csc \theta \\ & d = h \cot \theta \\ & R_{\max} = [h^2 + (W + h\cot\theta)^2]^{1/2} \\ & \sin \theta_E = W \sin\theta / R_{\max} \\ & E = \theta - \theta_E \\ & (R_{\max} - R_{\min}) \cos(\theta_E/2) = W \cos(\theta - \theta_E/2) \end{aligned} \quad (2\text{-}18)$$

2.4 成像声呐

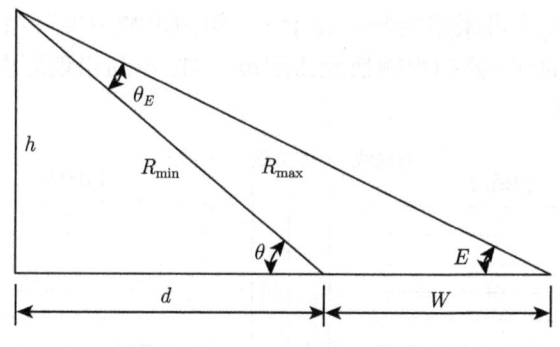

图 2.5 侧扫声呐系统几何关系

侧扫声呐工作时向两侧海底发射单频矩形脉冲或者线性调频脉冲,每次发射后,便转为接收状态,连续记录海底或者目标返回脉冲的传播时间及脉冲幅度,构成显示器上的一行线[1]. 硬的、粗糙的、凸起的水底,回波比较强;软的、平滑的、凹陷的水底回波比较弱;被遮挡的水底不产生回波. 图 2.6 给出了侧扫声呐回波强度的示意图[8]. 第 1 点是换能器发射脉冲,第 2 点为正下方海底,因垂直入射,回波是正反射,回波很强. 从第 4 点开始水底向上突起,在第 6 点达到顶点,所以第 4、5、6 点间的回波较强,第 6 点到换能器的距离最近,第 4 点最远. 所以回波返回到换能器的顺序是从第 6 点到第 5 点再到第 4 点,此时斜距远近不能反映真实的平距远近. 第 6 点与第 7 点间的水底被遮挡,没有回波,在图像上反映为阴影区. 第 8 点与第 9 点间的水底也被遮挡,没有回波,产生阴影区.

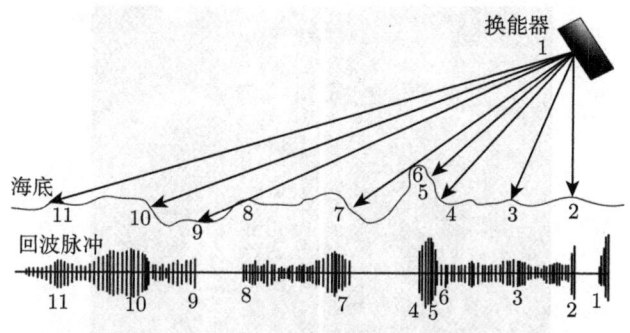

图 2.6 侧扫声呐回波强度示意图

声呐阵随水下载体不断前进,在前进过程中声呐不断发射,不断接收处理,记录逐行排列,每一次发射的回波数据显示在显示器的一横线上,每一点显示的位置 (像素坐标) 和回波到达的时刻对应,每一点的亮度 (像素灰度值) 和回波幅度相对应. 将每一发射周期的接收数据一线接一线地纵向排列,在显示器上显示,就构成了二维水底地貌声呐图像[8]. 侧扫声呐在采用灰度显示时,一般暗色代表回波较弱,白色代表回波较强, 也可采用伪彩色显示[1]. 侧扫声呐图像可由 4 条线组合构成, 分别是零位线、海面线 (侧扫声呐换能器副瓣小时, 不易出现海面线)、海底线和扫描线, 如图 2.7 所示.

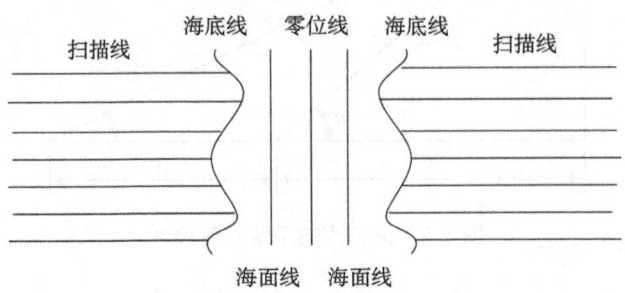

图 2.7 侧扫声呐图像结构示意图

图 2.8 给出了失事直升机 (图的左上方) 搜救时得到的海底侧扫声呐图像, 图像采用灰度显示, 也可采用伪彩色显示. 横向连续排列的扫描线由像素点组成, 像素点随声回波信号的强弱变化而产生灰度强弱的变化, 扫描线的像素点灰度强弱可以反映目标和地貌图像. 图 2.8 中最中间的亮线为发射线 (零位线), 是换能器基阵起始发射的声脉冲信号在显示器上的记录, 零位线是量取拖鱼至目标距离的基准线; 零位线的两侧各有一条距离较稳定的海面线, 同时还各有一条起伏的海底线, 海底线提供计算海底目标高度时所需要的拖鱼至水底的高度, 还提供拖鱼垂直下方的水底隆起脊状及洼凹盆状微地貌形态高度变化[16].

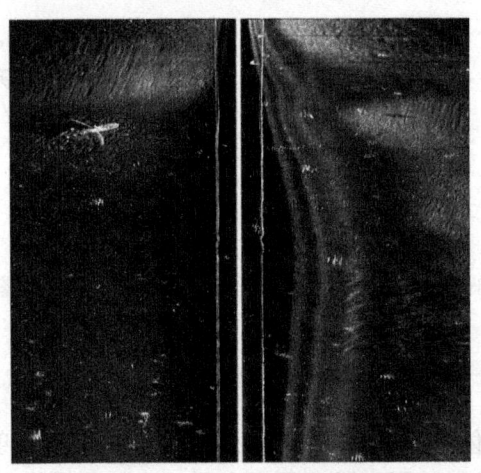

图 2.8 侧扫声呐图像示意图

由于侧扫声呐显示的是地貌图像, 因此希望做到远近亮度均匀. 如果不采用增益补偿措施, 显示的图像在远距离端将会很暗, 这是因为距离越远, 传播损失越大,

2.4 成像声呐

信号越弱. 比较简单的增益补偿方法是按照球面扩展加介质吸收随距离变化规律直接进行 TVG. 由于侧扫声呐得到的海底混响强度不仅同底质类型、粗糙度相关, 还与声波的掠射角相关, 更为细致的方法是同时考虑换能器的指向性和海底散射的角度规律进行回波强度校正[1].

波束角的水平宽度决定了侧扫声呐在航行上的分辨率, 为了提高航向的分辨率, 侧扫声呐较多采用水平宽度较小的单波束 (两侧各一), 如 Starfish、Klein3000 等, 利用线阵的自然指向形成垂直于线阵方向的波束. 单波束侧扫声呐对航速有较严格的要求, 航速较低时, 因波束在远距离上跨度较大, 各行的数据不完全独立, 会有一些交叠, 数据处理时必须考虑这种相关性; 当航速较高时, 又容易发生海区漏扫, 显示的数据不能充分反映海底的连续性[1]. 提高载体速度同时避免漏扫, 可采用多波束方案, 即采用多个水平窄波束接收, 而发射则用一个较宽的水平波束 (也可相控发射多个窄波束以获得发射指向性增益). 采用多波束之后, 同样条件下航速可提高 M 倍 (M 为接收波束数). 采用多波束技术的侧扫声呐的典型代表是 Klein5000 及其改进型 Klein5900, 其中 Klein5000 两侧各有 5 个波束, 相控发射 5 个波束, 同时预成 5 个接收波束.

在用于沉底目标探测时, 由于侧扫方式的影响, 侧扫声呐图像中的目标往往伴随较长的阴影, 阴影的长度可用于判断目标相对海底的高度, 阴影的形状可用于识别目标的类型, 因此, 通常需要将侧扫声呐图像的目标区和阴影区同时分割出来, 用于目标的测量分析[17-19]. 同时, 由于成像方法、复杂多变的海洋环境和系统参数设置等因素的影响, 侧扫声呐成像测量时, 常会存在辐射畸变和几何畸变. 为了更好地测量分析目标, 需要对侧扫声呐图像进行有效的预处理, 以矫正几何畸变、增强对比度、消除噪声, 通常需要考虑以下几点:

1) 船速矫正

声呐图的横向记录的距离比较固定, 纵向记录速率相对量程也是固定的. 当二维声图的纵向与横向的单位长度所表征的实际长度相等时, 则能够真实反映海底目标的形状. 实际测量时, 由于船速的不同, 在单位长度记录纸上记录的实际距离不同, 即纵横比例不同, 从而产生纵横比例不等变形, 即速度失真[20]. 同时, 船速时快时慢, 进一步造成侧扫条带的宽窄不均匀. 矫正可根据实际航速进行拉伸或压缩处理.

2) 斜距校正

侧扫声呐测量的距离是从声呐到所记录的每一点的斜距. 在没有使用倾斜距离校正的声呐记录上, 到目标点的距离不是水平距离. 这样不能在记录上直接测量目标点到航迹的偏移距, 必须通过计算求出. 其次, 目标在横截航迹方向被压缩[20], 则到目标的前后沿的倾斜距离是不同的, 比目标实际展开的范围要小. 压缩的程度随着到目标的水平距离的变化而变化. 目标越靠近声呐, 压缩现象越严重, 较远的距离上倾斜距离更接近实际水平距离并且压缩效应降低. 通常采用的矫正方法是在假设海底平坦的前提下, 根据目标的投影长度逆算出目标的高度和水平尺寸, 并利用三角法进行校正. 该方法是一种近似处理, 精密计算需采用声线校正获得波束到达目标的实际距离[4].

3) 换能器姿态校正

不同于前视声呐和多波束测深侧扫声呐固定在船体上, 侧扫声呐是拖曳使用的, 姿态难以监控. 换能器的上下沉浮造成声图横向比例变形, 进而使斜距校正复杂化. 这是由于声图的宽度一定, 所以当拖鱼高度占用的声图宽度增宽时, 横向扫描线缩短, 海底图像所占用的声图宽度就减窄. 这样使声图的横向比例缩小, 目标被横向压缩变形. 横摇和纵摇会使波束的指向产生偏差, 偏航对于侧扫声呐图像的影响很大, 会引起图像的重叠或遗漏[4,20]. 换能器姿态受控于船速、航向和海洋环境, 最大变化可能发生在船体航向改变时. 不同于船姿, 换能器姿态无法监控, 只能通过船体的合理操作和对图像的内插处理来减少姿态的影响.

4) 灰度均衡

尽管侧扫声呐采用了 TVG 补偿声能衰减, 但由于难以与衰减过程完全一致, 因此, 侧扫声呐图像中仍会出现黑白不均匀的情况. 拖鱼横向摆动会影响波束的倾斜角变化, 同时使声图横向比例尺变化, 并且在左、右两侧声图上交替出现无灰度的白色条带图像; 拖鱼纵向摆动会导致水平开角变小, 导致近程遗漏目标, 同时在声图上出现强灰度的长条状图像, 使声图背景复杂. 因此, 需要对声呐图像进行均衡处理, 在处理时, 通常对某一列或某一行的图像灰度同整个图像的灰度进行比较和分析, 再对图像进行灰度均衡[21].

5) 图像降噪

侧扫声呐探测目标时, 背景干扰有混响、海洋环境噪声和舰船噪声等, 致使反映目标反射特性的回波信号失真, 为了得到真实的回波信号, 需要对目标信号进行混响抑制处理[1,22]. 在没有明确目标的情况下, 侧扫声呐用于海底测绘时, 测量的回波主要是海底混响. 海底混响是随机信号, 围绕平均强度出现一定的随机起伏, 呈现出较明显的斑点噪声现象, 因此, 侧扫声呐在降噪时, 主要考虑去除海底混响引起的斑点噪声. 最为简单的方法是局部均值滤波, 但均值滤波在去除斑点的同时, 难免会模糊对图像判读有用的边缘细节. 因此, 如何在有效去噪的同时避免模糊边缘细节, 是侧扫声呐图像降噪需要解决的关键问题[23,24].

2.4.2 合成孔径声呐

侧扫声呐中基阵的方位分辨能力受其物理孔径大小的限制, 如果空间多个目标同时落在基阵的一个波束宽度内, 则基阵没有分辨目标的能力, 如图 2.9(a) 所示. 同时, 方位向空间分辨率随距离增加而降低. 如果希望由窄的波束分辨航迹上相互

2.4 成像声呐

靠得较近的两个目标, 则需要有大的物理孔径, 或是提高系统的工作频率. 由于受到多种因素的限制 (如基阵平台尺寸、成本、硬件的复杂性等), 单纯依靠增大基阵的物理孔径来改善空间方位分辨能力, 通常只能在一定限度内实现. 另外, 提高工作频率将加大声传播损失, 使声呐系统的作用距离变短[1,3,15,25]. 而合成孔径技术则通过信号处理在一定程度上弥补了物理孔径上的不足, 使侧扫基阵的空间分辨能力得到明显改善.

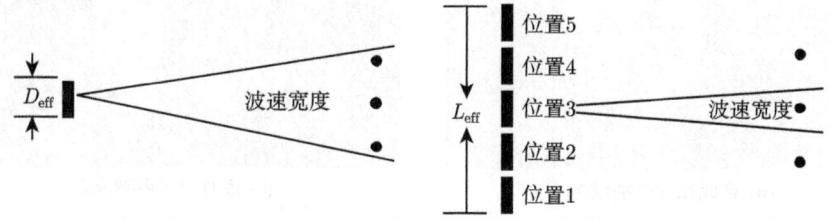

(a) 小的真实物理孔径, 无法分辨相近的目标　　(b) 大的合成孔径, 可以分辨相近的目标

图 2.9　侧扫声呐与合成孔径声呐的方位向分辨力

合成孔径技术是一种不需要长的接收阵就可以显著提高方位分辨率的技术. 在合成孔径的过程中, 声呐平台承载的换能器一面以匀速直线前进, 一面以固定的重复频率发射并接收信号. 如果把回波信号的幅度和相位信息存储起来并与以前的接收信号叠加, 则随着换能器的前进将形成等效的线列阵. 这样可以合成一个很大的等效换能器基阵, 并能够产生不依赖于径向距离和频率的方位高分辨率. 这正是合成孔径技术的价值所在.

合成孔径声呐技术通过将一个小的物理阵移动到不同的位置上, 来顺序观察感兴趣的空间, 从而合成一个大的阵列, 如图 2.9(b) 所示. 图中不同位置代表同一个物理孔径在不同时刻所处的位置. 与图 2.9(a) 中 D_{eff} 表示的物理孔径相比, 经过合成得到的孔径长度 L_{eff}, 可以远大于单个物理孔径的尺度, 从而可以形成窄的波束, 达到改善方位分辨率的目的. 合成孔径声呐的方位向空间分辨率是基阵的实际长度的一半, 而与声呐的工作频率和作用距离无关, 因此可以对远距离目标实现高分辨成像, 且采用较低的工作频率以提高探测距离.

在与航行方向垂直的平面内, 合成孔径声呐照射海底时的几何关系与侧扫声呐相同, 因此在分析其距离向模糊问题及距离分辨能力时, 可以使用式 (2-18) 中的关系式. 合成孔径声呐是一种高分辨率声呐. 这里所谓高分辨率包含 2 个方面的含义: 高的角度分辨率 (即方位向分辨率或径向分辨率) 和足够高的距离向分辨率. 合成孔径声呐采用合成孔径原理提高声呐的角分辨率, 而距离向分辨率的提高则需要求助于脉冲压缩技术.

成像算法、运动补偿、自聚焦是 SAS 能否提高图像质量的关键技术, 相关研究取得了很大的进展[1]. 近年来出现了多款商用 SAS, 如 Edgetech 4400、HISAS1030、

PROSAS 等. 图 2.10 给出了 SAS(采用 PROSAS 技术) 和普通侧扫声呐对海底的岩石进行成像的对比, 可以明显看出前者的分辨率得到了显著提高, 目标更加清晰.

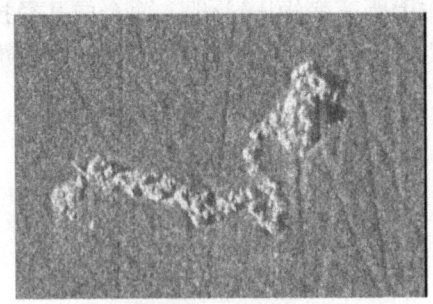 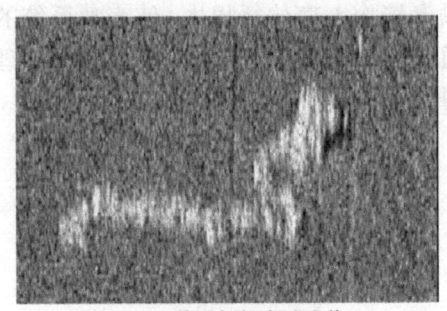

(a) 合成孔径声呐成像　　　　　　　　　(b) 普通侧扫声呐成像

图 2.10　合成孔径声呐和普通侧扫声呐成像分辨率对比示意图

合成孔径声呐在设计时需要重点考虑以下技术难题[25]:

1) 水声信道及物体散射问题

合成孔径声呐对目标回波信号进行相位补偿, 通过相关处理获得高分辨率. 这就要求在发射、传播和接收的过程中信号能够保持相关性, 不发生相位畸变. 也就是说, 除了要保证发射系统和接收系统具有良好的相位特性外, 还要求信号传播的信道具有良好的稳定性和时空相关性. 当前的研究表明: 对于频率在 100kHz 以下的信号来说, 在良好的水文条件下, 在 1min 的时间段上, 水声信道的相位稳定性优于 10°. 对于相应频段的信号, 声场具有足够长的空间相关距离. 但是在许多情况下, 存在内波和水团扰动, 从而可能破坏声场的相位一致性.

2) 基阵平台稳定性及其高精度测量技术

合成孔径声呐一般采用水下拖曳体或水下自主航行体作为基阵平台, 基阵平台的运动平稳性对合成孔径声呐成像非常关键. 若基阵平台运动过程中在声传播方向发生十六分之一波长的偏离 (对于 20kHz 工作频率来说, 这对应着约 5mm 的偏离), 则带来的相位误差是 22.5°, 这会使合成孔径成像模糊. 基阵平台由于水流的作用和拖曳母船运行的不平稳, 或者由于设计和制作的不理想等原因, 很难按照理想的匀速直线状态运动, 因而必然出现运动偏差, 从而引起信号的相位误差, 影响孔径合成, 导致成像质量下降, 甚至根本得不到清晰的图像. 即使采取了良好的流体动力设计和隔振措施, 但由于水下环境 (主要是水团的运动) 往往非常复杂, 呈现非平稳性, 所以基阵平台仍然会出现较大的运动误差, 因此还必须采用运动和姿态传感器进行监测, 监测的参数主要有偏航角、纵倾角、横滚角、深度起伏幅值、速度变化 (瞬时速度) 和侧向移动距离等.

目前，通常采用惯性导航设备加声学多普勒计程仪来进行运动测量，但是由于仪器测量精度和参数之间存在相互耦合，在几十秒量级的时间段上很难达到测量精度要求。另一方面，高精度惯性导航设备也非常昂贵，其费用可能在总费用中占有很高的比例。因此对于合成孔径声呐来说，水下高精度位移测量是一个非常困难的问题。

3) 测绘速率与多子阵技术

测绘速率 (ACR) 定义为单位时间合成孔径声呐 (SAS) 扫过的面积，它等于测绘带宽 W 与 SAS 平台运动速度 v 的乘积。即测绘速率 ACR$=Wv$。设合成孔径声呐在某工作状态下的最远端探测距离为 $R_{\max}$，最近端探测距离为 $R_{\min}$，水中声速是 C。考虑最简单的情形，为了避免距离模糊，要求脉冲重复周期 $T \geqslant 2R_{\max}/C$，或者重复频率 PRF $\leqslant C/2R_{\max}$。另一方面，为了获得横向空间分辨率 $D/2$，沿着声呐运动方向的空间采样间隔必须小于或者等于 $D/2$，也就是说，PRF $\geqslant 2V/D$。对于高分辨率合成孔径声呐来说，PRF $\leqslant C/2R_{\max}$ 和 PRF $\geqslant 2V/D$ 往往是矛盾的。一般地，根据最远探测距离定出 PRF 的上限，这样根据 PRF $\geqslant 2V/D$，就要求声呐平台的运动速度必须很慢 (往往只能达到 0.5m/s 以下的速度)。这样就带来了 2 个问题：一是在如此慢的速度下，一般的平台难于保持速度恒定平稳，从而引起运动误差；二是测绘速率太低，这样就大大制约了合成孔径声呐的应用。解决这个问题的一种方法是采用多个宽带正交信号等时间间隔依次发射，每个信号发射的重复频率满足 PRF $\leqslant C/2R_{\max}$，相邻正交信号发射时间间隔的倒数满足 PRF $\geqslant 2V/D$，但这种方法对接收机电路要求很高。目前更常用的方法是采用多重接收基阵的方法，发射基阵的孔径为 D，接收阵由多个孔径为 D 的接收子阵组成，相邻接收子阵沿平台运动方向相互错开一个空间采样距离 (即 $D/2$)。这就使接收基阵复杂，进而带来了成本的进一步提高。

4) 合成孔径声呐成像算法

由于合成孔径声呐常采用宽带信号，使得合成孔径雷达中的一些窄带信号处理方法在合成孔径声呐中不再适用，需要对已有的成像算法进行改进或者研究新的成像算法。

合成孔径声呐图像的重建是基于匀速直线运动这一理想的模型，但在实际应用中很难满足这一理想要求，基阵平台往往会偏离匀速直线运动，产生运动误差，从而造成图像散焦。运动误差使得回波信号的相位发生偏离，为了获得聚焦良好的合成孔径成像，需要用姿态和位移测量装置测量出运动误差，再把误差带入到信号通道进行相位补偿，这一过程称为运动补偿。最直接的运动补偿方法是利用高精度惯性测量系统测量声呐运动状态，对声呐系统进行运动参数修正，从而完成运动补偿。运动补偿要求姿态和位移测量装置的测量误差在十六分之一波长以下，但这常常是难以满足的。一方面当声呐工作频率较高时，现有测量装置达不到测量精度要求；另一方面高精度测量装置非常昂贵.通常的方法是用高精度惯性测量系统粗测运动误差进行补偿，然后采用运动补偿算法来估计残余运动误差，再做进一步补偿.显然，这样做的好处是可以降低对高精度惯性测量系统的精度要求.

残余运动误差估计和补偿统称为自聚焦，可以从 2 个方面进行：从原始回波数据中估计运动误差和从 SAS 图像数据中估计运动误差.目前合成孔径声呐中常用的自聚焦算法主要是偏移相位中心 (displaced phase center, DPC) 算法和相位梯度自聚焦 (phase gradient antofocus, PGA) 算法等，但这些算法性能仍有待提高.

2.4.3　前视声呐

前视声呐又称为扇扫声呐，主要用于水下导航、自主式水下机器人的障碍物识别、沉底目标的探测等.早期的扇扫声呐只有一个窄波束，一次收发只得到一个波束覆盖的空间，若要观察大的扇面，需要采用机械或电子的方法转动波束，逐步搜索并覆盖该扇面[1].后来，出现了脉冲内波束扫描声呐，这类声呐仍是单波束声呐，不同的是采用宽波束发射以激励一个扇面空间，而接收时则采用电子技术使接收窄波束在一个发射脉冲宽度内快速旋转一个扇面以获取大扇面的方位-距离像.接收波束在每一波束方位上停留的时间极短，损失了信号能量，降低了作用距离.但由于具有电路简单、成本低的优点，在近距离猎雷声呐等应用中，仍然得以采用[1].

多波束前视声呐通常采用宽波束发射，但不再采用单波束旋转接收的方式，而是通过同时预成多个接收波束来得到大扇面的方位-距离像，避免了时间损失，图 2.11(a) 给出多波束前视声呐波束扫描的平面示意图，图 2.11(b) 给出英国 Tritech 公司生产的 Gemini 720i 多波束前视声呐得到的水下绳索的扇形成像图.图 2.12 给出了 Gemini 720i 的基阵示意图，发射圆弧阵和接收线阵是独立分开的，下方的黑色条形部分为接收换能器阵列，上方的黑色凸起为发射换能器阵，注意其引入了圆弧布置的发射换能器，以保证声呐发射的声波信号强度在较宽的发射波束角度范围内一致.表 2.2 给出了 Gemini 720i 的详细参数.

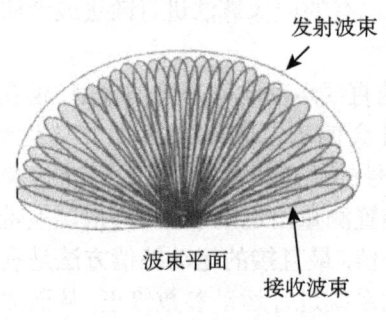 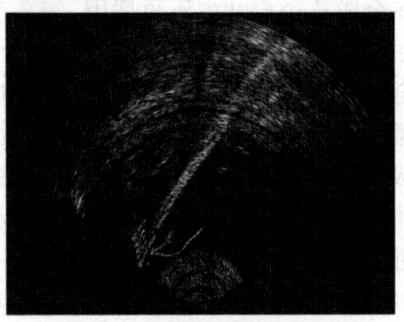

(a) 多波束前视声呐波束扫描平面示意图　　(b) 水下绳索扇形成像图

图 2.11　多波束前视声呐波束扫描平面示意图及水下绳索扇形成像图

2.4 成像声呐

图 2.12 Gemini 720i 多波束前视声呐基阵示意图

表 2.2 Gemini 720i 多波束前视声呐参数

参数名称	参数值
工作频率	720kHz
声学角度分辨率	1.0°
有效角度分辨率	0.5°
扫描扇区	120°
波束个数	256
垂直波束宽度	20°
探测距离	0.2~120m
扫描频率	10Hz
距离分辨率	8mm
最大功耗	35W
电源电压	20~75V DC
通信协议	以太网(最大距离80m), VDSL(最大距离1000m)
尺寸大小	长:228mm, 宽:135mm, 高:110mm
质量	3.9kg(空气中), 1.1kg(水中)

除了 Gemini 720i 之外,典型的多波束前视声呐还有 Seabat7128、DIDSON300 等,两者均为双频工作模式,其中,低频模式用于远距离探测,高频模式用于近距离识别。Seabat7128 低频模式的工作频率为 200kHz,作用距离达 500m,高频模式的工作频率为 400kHz,作用距离达 200m,覆盖范围达 128°,接收波束 256 个,有效角度分辨率达 0.5°,距离分辨率 2.5cm。而 DIDSON300 的覆盖范围为 29°,低高频模式的作用距离、波束数和分辨率均不相同:低频模式的工作频率为 1.1MHz,作用距离达 90m,接收波束 48 个,有效角度分辨率 0.5°;高频模式的工作频率为 1.8MHz,作用距离达 30m,接收波束 96 个,有效角度分辨率达 0.3°。不同于 Gemini 720i 和 Seabat7128 采用的电子波束成形,DIDSON300 采用的是独特的声透镜聚焦波束形成,波束形成直接作用于最前端的声信号,声透镜对声波的聚焦原理与光学透镜对光波的聚焦原理一样:由于透镜材料和周围介质的声速不同,某一方向入射的声波

经过透镜后聚焦于一点，即焦点，在焦点上放置一个接收基元即可实现该方向上的波束接收；不同方向的入射声波聚焦于透镜后的不同焦点，即构成一个焦平面，在焦平面上布放由一系列基元构成的基阵就可以实现不同方向上的波束接收[11,12].

由于扫描方式的不同，多波束前视声呐固定不动时仍可得到同一场景的多帧视频图像，侧扫声呐则必须通过不断前进展开一帧图像. 总体来讲，侧扫声呐更适合大场景地貌测绘和大范围目标搜寻，前视声呐则更为灵活，适合前方避障、近距离目标探测和目标再识别. 单波束侧扫声呐和早期的扇扫声呐相似：前者通过载体的不断前进得到方位向的多线数据，而后者通过波束旋转得到多线数据，前者的多线之间是平行的，因此通常是矩形显示；后者在小扇面扫描的情况下，多线之间近似平行，也可矩形显示，在扫描扇面较大时，则需要扇形显示以避免失真[1]. 多波束侧扫声呐和多波束前视声呐也较为相似，不同的是，前者波束数通常很少 (比如 Klein5000 只有 5 个波束)，覆盖面小，一次接收得到的多线之间近似平行；而多波束前视声呐扫描扇面较大 (比如 120°)，波束数较多 (比如 256)，因此往往需要扇形显示. 对于前视声呐，通常需要考虑以下问题.

1) 数据处理和图像显示

前视声呐通常需要扇形显示，在远距离时方位向的像素过少，造成大量的数据空洞，得到的图像如"马赛克"状，既不利于操作人员观察，也不利于后续的图像处理. 由于前视声呐相邻多个波束间有一定的重叠宽度，因此当目标方位对准某一波束时，相邻波束仍有一定的输出. 在这种情况下，通过相邻波束的输出幅度就可以内插出中间多个波束的输出值，从而使图像变得柔和、清晰，使目标分辨率和定位精度都得到较大的提高. 波束内插可以采用线性内插或二次内插算法，线性内插计算量很小，但会使波形失真、不光滑. 二次内插可以改善视觉效果，但仍会在边缘处出现锯齿状.

前视声呐探测目标时，回波信号受到混响、海洋环境噪声和浮游生物的干扰，噪声较强，声波的透射和衰减同时会造成目标边缘残缺. 在波束形成时，除在较窄的主波束上形成极大值外，其旁瓣一般还在较宽的指向性范围内接收信号. 因此，当某一目标或海面和海底回波很强时，在其附近波束的同一距离上就会形成一条圆弧状回波亮线，这就是旁瓣干扰. 当目标运动时，声波的入射角度也将变化，目标表面反射和散射声波能力改变，同一目标在声图像上有可能得到不同的外形轮廓，因而造成同一目标具有截然不同的声图像. 因此，对前视声呐图像也需要考虑去噪、剔除异常值等处理.

2) 目标识别与波束设计

沉底水雷等目标的识别行之有效的方法有阴影法和回波法 2 种. 不同形状的目标，声波从不同角度照射时得到的声影形状是不同的. 基于阴影法识别目标时，必须能够在前视声呐图像中出现目标阴影，这就要求前视声呐在波束设计时做好 3

2.4 成像声呐

点[1]: 一是接收波束足够窄; 二是有足够的混响/噪声比; 三是接收波束旁瓣足够低. 合理的基阵设计可形成较窄的接收波束, 通过对阵元进行幅度加权可以抑制旁瓣, 提高发射声级或者加大波束倾角 (换能器轴与水平面的夹角) 可以提高混响/噪声比.

3) 波束稳定

舰船的摇摆不可避免地使波束指向性发生改变, 结果使目标在显示屏上的位置不断变化、回波强度也可能变化, 给目标的位置确定和识别带来困难. 可采用机械稳定平台进行波束稳定, 通过测量船的纵摇、横摇及航偏 3 个姿态角, 利用伺服机构进行反馈控制, 使基阵平台保持稳定. 同时, 可采用电子稳定系统作为机械稳定平台的辅助措施. 一种电子稳定方法是实时测量基阵的姿态角, 相应地对各波束所需补偿的相移或时延进行修正, 使波束始终指向固定方向; 另一种方法是图像稳定方法, 在测得基阵的姿态后进行适当的坐标变换, 计算出波束对应的原像素在显示屏上的偏移量, 再根据偏移量对该像素位置进行反修正, 使目标在显示屏上的位置保持不变.

为了获取目标的距离、角度和深度三维信息, 需要三维成像. 一种方法是以多波束前视声呐的一维阵为基础, 机械旋转获得目标的一系列二维图像, 并通过空间拟合的方法获得三维立体图像; 另一种方法则以二维基阵为基础, 直接获得目标的空间三维图像, 是真正的三维实时成像声呐. Teledyne BlueView 公司的 BV5000 系列三维成像声呐采用了第一种技术, 即通过云台的机械旋转获取三维图像. Teledyne BlueView 公司的主要产品 BV5000-1350 和 BV5000-2250 的频率分别为 1.35MHz 和 2.25MHz, 由于频率较高, 成像分辨率较好. 图 2.13 给出了 BV5000 系列机械扫描三维成像声呐的示意图, 注意其中包含了云台. 图 2.14 给出了 BV5000-1350 获取的桥墩底部三维图像.

图 2.13 BV5000 系列机械扫描成像声呐

图 2.14 BV5000-1350 型声呐获取的桥墩底部三维图像

相控阵三维成像声呐是近几年发展起来的真正的三维实时成像声呐,其采用一个单频声脉冲透射整个观察场景,运用相控阵技术同时产生上万个波束强度信号,经过实时信号处理得到一幅三维场景的图像. 相控阵三维成像声呐在海上工程实施、海港墙壁检查、海底管道检查、蛙人探测、水雷和水雷类目标识别、水下航行器的避障和导航等方面具有广泛的应用前景. 实时高分辨率的相控阵三维成像声呐在设计时需要解决 2 个关键问题[13]:

(1) 硬件系统复杂,系统需要大量的前端信号处理通道,包括大量换能器以及与其相关的模拟信号的滤波、放大、采样和数字信号处理等硬件电路;

(2) 大规模的计算量,即采用波束形成算法来计算上万个波束方向强度信号所需乘累加的计算量.

2005 年 Coda Octopus 公司成功研制出真正的实时三维成像声呐 Echoscope Mark Ⅱ,基阵如图 2.15 所示,体积为 380 mm×300 mm×152 mm,上方的黑色凸起部分为发射换能器,下方的黑色平面部分为接收换能器阵,平面接收基阵采用一个 48×48 的相控二维阵,具有 2304 路电子通道,通过采用神经网络并行处理器执行数字波束形成能够同时产生 16384 个接收波束,工作频率为 375kHz,能够对 200m 以内的水下静止和运动目标进行连续高速拍摄,系统达到 20fps 的图像刷新率,具备运动目标的实时检测和识别的能力. 图 2.16 为一幅由 Echoscope Mark Ⅱ 获取的港口柱子三维图像. 为了更好适应各种应用环境,Coda Octopus 公司在实时三维成像声呐系统方面又推出了 CodaEchoscope-UIS(underwater inspection system) 和 Coda Echoscope-CMS(construction monitoring system)2 款产品.

图 2.15 Echoscope Mark Ⅱ 型实时三维成像声呐

图 2.16 港口柱子三维图像

2.4.4 多波束测深声呐系统

新型的多波束测深声呐系统 (如 SeaBeam3050、Seabat7150、EM302) 一般兼有测深声呐和侧扫声呐 2 种功能,因此又称为多波束测深侧扫声呐[9,10]. 不同于

2.4 成像声呐

侧扫声呐和前视声呐较多采用的是收发基阵合置,而多波束测深声呐系统采用的是 Mills 交叉技术:发射阵沿船艏艉方向布放,接收阵垂直于船艏艉方向布放,发射阵沿着航迹方向形成窄波束,照射到海底一条垂直于航迹方向的条带区域上,海底和水体中目标的回波信号被接收阵接收,接收阵沿着与航迹垂直的方向形成多个窄波束,接收波束与发射波束相交产生多个有效波束脚印[1]. 图 2.17 给出了多波束测深声呐的波束示意图,接收波束与发射波束交叉得到的波束脚印标注为黑色. 图 2.18 给出了同图 2.17 方向一致 (基阵面朝上) 的美国 R2SONIC 公司的 SONIC 2024 多波束系统的声呐基阵示意图,其中,黑色条形部分为接收换能器阵列,后方的半圆棒为发射换能器阵.

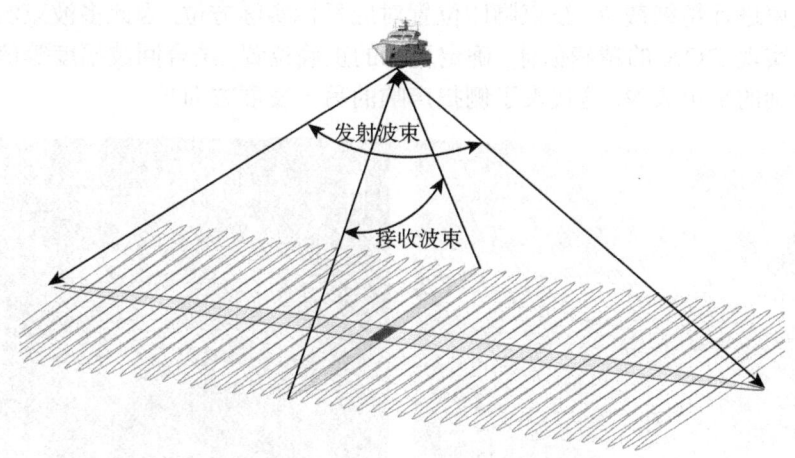

图 2.17 多波束测深声呐波束示意图

图 2.18 SONIC 2024 多波束系统的声呐基阵示意图

多波束测深声呐系统中最重要的是精确测量海底回波的到达时间 (time of arrival, TOA) 和到达方位 (direction of arrival, DOA), TOA 和 DOA 的测量方法大体分为 3 类[1]:一是能量中心、特征函数法,该方法仅测量 TOA, DOA 认为就是波束指向角；二是海底检测法，基于分裂波束相位检测原理，同时测量 TOA 和 DOA；三是对回波幅度进行综合处理的方位偏差指示法 (bearing direction indicator, BDI) 和加权平均时间法 (weighted mean time, WMT)。新型多波束测深系统多采用 BDI 和 WMT 法，通过实时处理估计出每个海底回波的 TOA、DOA 及回波幅度，再与位置、姿态、声速、航向等传感器数据相融合，经过数据处理后，不仅可输出被测区域的水深地形图，还可以输出侧扫图像。图 2.19 给出了 EM302 得到的测深图和对应的侧扫图像。发射阵和接收阵均沿航向布置的传统侧扫声呐在距离向上只能依赖回波到达时间确定目标前后位置，当地形起伏较大时，得到的声呐图像可能无法真实反映目标在平距上的远近关系；通过采用 Mills 交叉技术，接收波束沿着距离向对发射波束进行精细截取，波束脚印位置对应目标实际方位，因此多波束测深声呐系统可以实现 DOA 的精确估计，确定目标的正确位置，结合回波幅度等信息可实现更为准确的平距成像，这代表了侧扫声呐的另一发展方向[6]。

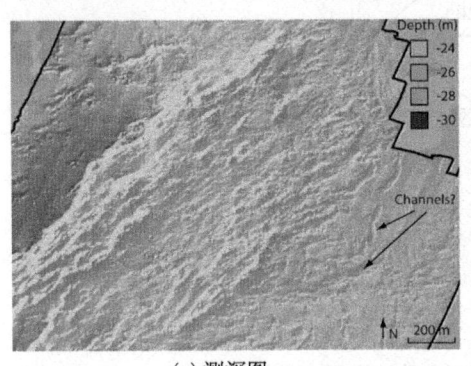 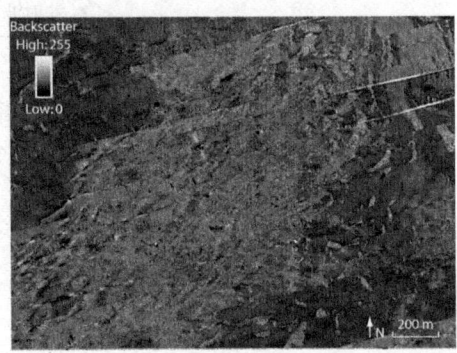

(a) 测深图　　　　　　　　　　　　　　(b) 侧扫图像

图 2.19　多波束测深系统得到的测深图和侧扫图像

世界主要发达国家和科学领域越来越意识到多波束测深声呐系统的潜力和价值，都开始投入大量的资金研制多波束测深声呐系统，许多制造公司也相继加入进来。当前世界上主要的多波束测深声呐系统及其性能指标如表 2.3 所示。1976 年，第一台多波束测深系统 Seabeam 只有 16 个波束，扇区开角 42.67°。从表 2.3 可以看出，同早期的多波束测深系统相比，新型的多波束测深系统波束数明显增多，扇区开角更大，工作效率和分辨率均得以显著提高。

我国在多波束测深声呐技术领域的研究起步相对较晚，在 20 世纪 80 年代末期，中国科学院声学研究所和天津海洋测绘研究所联合研制了我国第一台多波束测深声呐实验样机——861 型多波束测深声呐，其系统共有 25 个波束，波束宽度 $3°×3°$，波束开角为 120°，船速要求小于 5kn(1kn=1.825km/h)，工作频率为 100kHz，最大工作深度 200m。"八五"期间，多波束测深技术被列入国家重点攻关项目，1997 年哈尔滨工程大学和天津海洋测绘研究所联合研制了我国第一套条带测深系

2.4 成像声呐

统——H/HCS-017,该系统共有波束 48 个,波束宽度 2°×3°,最大开角为 120°,工作频率为 45kHz,测深范围为 10~1000m. 在国家"863"计划的支持下,作为我国"十一五"重点攻关项目,由中国科学院声学研究所、中船重工 715 所、国家海洋局第二海洋研究所、浙江大学等多家科研单位共同联合研制我国第一套深水多波束测深侧扫声呐系统,该系统共有波束 289 个,波束开角 42.67°,工作频率为 10.5~13.5kHz,测深范围为 150~11000m.

表 2.3 当前世界主要多波束测深声呐系统的主要技术指标[10]

生产厂商	型号	频率/kHz	波束数	扇区开角/(°)	探测范围/m
Kongsberg Maritime	EM 2040	200~400	111	140	0.5~500
	EM 3002	300	254	130	0.5~250
	EM 710	70~100	400	140	3~1000
	EM 302	30	864	150	10~7000
	EM 122	12	864	150	50~11000
RESON	SEABAT7101	240	511	150	0.5~500
	SEABAT7111	100	101	150	3~1000
	SEABAT7125	200	512	140	0.5~150
	SEABAT7128	200	256	128	50~400
	SEABAT7150	12	880	150	50~3000
	SEABAT8125	455	512	120	0.5~100
L-3ELAC Nautik	SeaBeam1185	180	126	153	1~300
	SeaBeam1180	180	126	153	1~600
	SeaBeam1055	50	126	153	10~1500
	SeaBeam1050	50	126	153	5~3000
	SeaBeam1055D	180/50	126	153	10~1500
	SeaBeam1050D	180/50	126	153	5~3000
	SeaBeam3050	50	918	140	5~3000
	SeaBeam3030	30	918	140	50~7000
	SeaBeam3020	20	301	140	50~800
	SeaBeam3012	12	301	140	50~11000

为提高多波束测深侧扫声呐的测量精度,通常需要考虑以下问题[4]:

1) 声速及其声线跟踪

为了得到波束脚印的位置,需要沿着波束的传播路径追踪声线,计算波束脚印相对船体的水平位移和深度,即声线跟踪. 声线跟踪严格依赖声速剖面,声速的确定及其对声线的影响是多波束测深系统提高测深精度的关键. 声速可通过间接法和直接法获得,间接法需要声速经验模型,寻求一种适合多波束的最优声速经验模型是多波束测深研究的首要课题. 在复杂海域,经验模型获得的声速可能和实际声速存在较大差异,因此,多波束测深系统可配备声速断面测量系统作为直接获取声速的工具. 海流、水文因素的复杂变化以及声速断面采样点分布的不合理会造成较大的测量误差. 为了有效消除声速剖面站以点代面反映局域海洋声速空间变化对多波束声线改正的影响,许多学者希望基于已有的、实测的离散声速剖面资料,在特定水域建立与时间和空间相关的函数模型,即时空声速场,来较真实地反映该水域的声速变化. 局域精密时空声速场的建立是多波束测深研究的又一个热点问题. 另外,声线跟踪虽然精度较高,但由于多波束原始观测数据量庞大,耗时量大,寻找快速简洁的声线跟踪算法也是研究的热点.

2) 辅助参数的测定和滤波

多波束测深声呐系统是一个多传感器组成的复杂系统,最终的测深精度不仅取决于多波束声呐设备自身的测量数据质量,还取决于辅助传感器参数的精度. 因此,导航定位技术、声速改正技术、潮汐改正技术以及换能器吃水改正技术等与多波束测深相关的专项技术研究,都是多波束数据处理需要解决的问题. 导航定位目前采用全球定位系统 (GPS), 为了提高导航定位精度,多采用局域或广域差分定位模式. 由于广域差分系统的定位精度尚未达到理论精度水平,其完善是 GPS 用于海洋导航的主要研究课题. 在海洋测量方面,GPS 不再局限于平面定位,GPS 载波相位定位技术可用于船姿、潮位以及衍生出来的无验潮模式的水下地形测量. 船位、船姿和潮位是多波束测深系统的主要辅助参数,其数据质量直接影响测深精度,辅助参数的数据平滑滤波也是在测深处理时需要考虑解决的问题.

3) 深度数据滤波

多波束测深声呐系统在测量过程中会受到白噪声、海况以及设备参数设置不合理等因素的影响,导致测量数据中间出现假信号,形成虚假地形,从而使绘制的海底地形图与实际地形存在差异. 为了提高测量成果的真实性,必须对测深异常数据进行滤波处理,剔除假信号,使后续的成图真实可靠. 测量误差不仅包含粗差和随机误差,还包含系统误差. 系统误差主要是由实际测量中声速断面的测量误差和代表性误差、姿态测量误差在深度测量中的系统性表现和设备自身的系统性影响造成的. 深度数据滤波通常采用门限法和滑动平均法,这对于显著粗差的检测非常有效. 系统误差多通过提高声速断面的测量精度和减少声速断面的代表性误差来削弱,但由于海况复杂多变,系统误差仍被带进了测深数据中. 因此,对各误差源进行全面分析,利用半参数 (非参数) 方法彻底消除系统误差对深度的影响,成为深度数据滤波研究的热点,其难点在于确定系统误差的组成以及各组成成分在总系统误差中的比重.

4) 图像处理

海底回波强度是多波束测深声呐系统的一个重要测量参数,在波束数较多的情况下,可呈现出和通常的侧扫声呐图像分辨率相近的侧扫图像. 同侧扫声呐一样,多波束测深声呐系统接收的回波主要是海底混响,由海底表面的粗糙度及海底附近的各种散射体对声波的散射作用产生的海底混响本质上是随机信号,需要消除其随机起伏产生的斑点噪声. 同时,尽管采用了 TVG 补偿声能衰减,校正后的海底回波强度仍可能存在一定的偏差,图像的灰度均衡化处理同样必要.

为形成大面积的海底地形地貌图,条带声呐图像间还需要进行拼接,要解决如下 2 个问题:一是几何位置的统一;二是回波强度值的统一.几何位置的统一是为了实现条带重叠区重合采样点位置的对应.对于相邻条带,每个声呐采样点均能获得其坐标,且坐标系统标统一.图像拼接的关键问题是解决接边线,即选择出一条曲线,按照这条曲线把声呐图像拼接起来.待镶嵌的声呐图像按照这条曲线拼接后,曲线两侧的回波强度变化不显著或变化最小,即实现回波强度的统一,这条理论上的曲线被称为接边线或镶嵌线.

2.5 本章小结

水下目标探测、定位及跟踪、目标识别、水下导航等应用需求催生了侧扫声呐、多波束前视声呐、多波束测深侧扫声呐、合成孔径声呐等多种成像声呐设备.在同样的发射功率下,不同类型的目标其回波强度不同,回波强度携带了目标的特征信息,可用于成像显示、目标分类和识别.对成像声呐更为关键的是要指明目标所在的具体位置,回波返回时间仅能给出目标的距离信息,目标的具体方位的确定则需要依赖于波束形成技术.波束形成是各种成像声呐的核心技术,如何得到多个指向精确的方向性波束一直是声呐设计的关键.得益于 DSP 技术的发展,现代成像声呐可采用大规模数字电路同时形成多路指向性较为精确的波束信号,提高了声呐的探测效率和方位向分辨率.采用合成孔径技术,声呐的方位向分辨率还可以进一步提高.另外,随着 DSP 技术的发展,采用二维面阵以获得三维成像信息的实时高分辨率的相控阵三维成像声呐得以实现,使得成像声呐的定位更为准确,避免了三维空间投影到二维平面上的位置信息丢失.

船体姿态、水体涌动等造成换能器的姿态改变,进而影响回波信号强度,与此同时,回波信号在水中传播的过程中还不可避免受到水声信道传播损失及多径效应、各种混响及海洋噪声的影响,导致声呐回波均存在较强的噪声和干扰,在进一步的图像处理和解译前,通常需要对声呐数据进行去噪、剔除异常值、校正等处理.同光学图像相比,声呐图像分辨率更低、噪声更强、有用信息更珍贵,因此在声呐数据的预处理中,如何有效地去除噪声、剔除异常点,避免在去噪、异常值处理的同时破坏有用信息,就极为关键.合适的预处理可以为进一步的目标分割、测量和识别奠定坚实的基础.

参 考 文 献

[1] 田坦. 声呐技术 [M]. 2 版. 哈尔滨: 哈尔滨工程大学出版社, 2010.

[2] Waite A D. Sonar for practising engineers[M]. 3ed. New York: John Wiley and Sons, 2002.
[3] 李启虎. 数字式声呐设计原理 [M]. 合肥: 安徽教育出版社, 2002.
[4] 赵建虎, 刘经南, 李德仁. 多波束测深及图像数据处理 [M]. 武汉: 武汉大学出版社, 2008.
[5] 赵建虎. 现代海洋测绘 [M]. 武汉: 武汉大学出版社, 2007.
[6] 金翔龙. 海洋地球物理研究与海底探测声学技术的发展 [J]. 地球物理学进展, 2007, 22(4): 1243-1249.
[7] 李家彪. 多波束勘测原理、技术与方法 [M]. 北京: 海洋出版社, 1999.
[8] 许枫, 魏建江. 第七讲: 侧扫声呐 [J]. 物理, 2006, 35(12): 1034-1037.
[9] 袁延艺, 刘晓, 徐超, 等. 基于多波束测深系统的水下成像技术 [J]. 海洋测绘, 2012, 32(4): 29-32.
[10] 苏程. 深水多波束测深侧扫声呐显控系统研究 [D]. 杭州: 浙江大学, 2012.
[11] 刘晨晨. 高分辨率成像声呐图像识别技术研究 [D]. 哈尔滨: 哈尔滨工程大学, 2006.
[12] 张小平. 高分辨率多波束成像声呐关键技术研究 [D]. 哈尔滨: 哈尔滨工程大学, 2005.
[13] 陈朋. 相控阵三维成像声呐系统的稀疏阵及波束形成算法研究 [D]. 杭州: 浙江大学, 2009.
[14] Knight W C, Pridham R G, Kay S M. Digital signal processing for sonar[J]. Proceedings of The IEEE, 1981, 69(11): 1451-1508.
[15] 孙超. 水下多传感器阵列信号处理 [M]. 西安: 西北工业大学出版社, 2007.
[16] 刘毅, 赵建民. 声呐图像的特性探讨及相关处理 [J]. 应用科技, 2000, 27(8): 24-26.
[17] Mignotte M, Collet C, Prez P, et al. Sonar image segmentation using an unsupervised hierarchical MRF model[J]. IEEE Transactions on Image Processing, 2000, 9(7): 1216-1231.
[18] Mignotte M, Collet C, Prez P, et al. Three-class markovian segmentation of high-resolution sonar images[J]. Computer Vision and Image Understanding, 1999, 76(3):191-204.
[19] 阳凡林, 独知行, 李家彪, 等. 基于 MRF 场的侧扫声呐图像分割方法 [J]. 海洋学报, 2006, 28(4): 43-48.
[20] 王闰成. 侧扫声呐图像变形现象与实例分析 [J]. 海洋测绘, 2002, 22(5): 42-45.
[21] 滕惠忠, 严晓明, 李胜全, 等. 侧扫声呐图像增强技术 [J]. 海洋测绘, 2004, 24(2): 47-49.
[22] 刘伯胜, 雷家煜. 水声学原理 [M]. 2 版. 哈尔滨: 哈尔滨工程大学出版社, 2010.
[23] Shang Z, Zhao C, Wan J. Application of multi-resolution analysis in sonar image denoising[J]. Journal of Systems Engineering and Electronics, 2008, 19(6): 1082-1089.
[24] 霍冠英, 李庆武, 王敏, 等. Curvelet 域贝叶斯估计侧扫声呐图像降斑方法 [J]. 仪器仪表学报, 2011, 32(1):170-177.
[25] 张春华, 刘纪元. 合成孔径声呐成像及其研究进展 [J]. 物理, 2006, 35(5): 408-413.

第3章 多波束前视声呐成像数据可视化与滤波

3.1 多波束前视声呐成像

成像声呐及其处理系统作为水下航向器的主要感官,担负着发现前方目标,对目标成像、定位和识别的任务,所起的作用相当于人的视觉部分,所以称其为声视觉系统[1]. 声视觉系统最终要完成的任务是目标的自动定位、分类识别以及对运动目标实现跟踪,而完成这一任务的核心和前提条件是拥有高分辨率的水声成像探测设备. 目前水下航向器较常采用的是多波束前视声呐,它的优点是由于采用多波束电子预成,成像速度快、探测效率高[2].

对于早期的前视声呐,在小扇面扫描的情况下,由于扇区开角很小,多线之间近似平行,也可矩形显示[3]. 然而,在第 2 章中提到,多波束前视声呐通常采用宽波束发射,不再采用单波束旋转接收的方式,而是通过同时预成多个接收波束来得到大扇面的方位-距离像. 由于覆盖扇面大 (比如 Gemini 720i 和 Seabat7128 均达到了 120°), 波束数较多 (比如 256 个), 因此需要采用扇形显示. 前视声呐的接收换能器基阵通过采用波束形成技术得到波束宽度相同、指向性不同的多个接收波束, 指向性对应成像的信号方位, 波束宽度则决定了方位向分辨率. 对在极坐标下采集的各波束回波点成像数据进行坐标系转换, 找到回波点在笛卡儿坐标下的坐标, 再在对应笛卡儿坐标下的像素点进行填充, 从而将多波束前视声呐扫描的可视区域显示出来. 由坐标转换关系可知, 在波束宽度一定的情况下, 方位向分辨率随距离的增加而下降, 导致扇形显示时方位向的像素在远距离时过少, 造成图像远端出现大量的数据空洞, 显示的图像如 "马赛克" 状, 既不利于操作人员观察, 也不利于后续的图像处理. 由于前视声呐相邻多个波束间有一定的重叠宽度, 因此当目标方位对准某一波束时, 相邻波束仍有一定的输出. 在这种情况下, 通过相邻波束的输出幅度就可以内插出中间多个波束的输出值, 从而使图像变得柔和、清晰, 使目标分辨率和定位精度都得到较大的提高. 寻找一种比较有效的算法, 将声呐扫描的区域较真实、清晰地呈现在显示器上, 成为前视声呐成像数据可视化的关键. 有人提出了一种基于双立方插值的多波束前视声呐数据可视化算法, 实验表明, 该算法克服了现有算法的不足, 较好地提高了可视化后声呐图像的质量.

多波束前视声呐图像是声信号经过发射、传输、接收、处理和可视化得到的. 在整个过程中由于受到水下环境和成像设备的干扰, 前视声呐图像中存在较强的噪声干扰,降低了图像质量,给声呐图像后续处理带来了不便.因此,声呐图像去噪是声呐图像预处理中的一个重要环节.声呐图像去噪根据滤波所在空间的不同,主要分为空域去噪和变换域去噪[4].空域滤波器分为线性空间域滤波器和非线性空间域滤波器.线性空间域滤波器中最基本的是均值滤波器,其改进有加权均值滤波、K 邻点平均法、梯度倒数加权平滑法、维纳滤波等[5].非线性空间域滤波器中最常见的是中值滤波器,其改进包括:加权中值滤波、多级中值滤波、自适应中值滤波、递归中值滤波等[6].无论是线性滤波器,还是非线性滤波器,在进行滤波前,都需要选择合适的掩模,才能达到较好的去噪效果.传统的空间域滤波器是针对图像进行平滑处理,从而起到抑制噪声的作用.根据多波束前视声呐成像原理,该类的声呐图像必须由声呐成像数据经过可视化,才能将原始的声呐图像呈现出来.声呐数据可视化是一种插值放大的过程,且声呐的成像数据是可视平面上回波点的像素值,成像数据在生成过程中已经受到噪声的污染,因此,对成像数据进行可视化处理,数据中的部分噪声势必被放大.如果直接对可视化后的声呐图像进行滤波,那么要达到较好的去噪效果就比较困难.由于多波束前视声呐成像数据就是二维平面内对应回波点的像素值,根据空域滤波的思想,考虑到回波点的空间位置以及回波点之间回波强度的相关性,提出一种阶梯形的掩模,对声呐成像数据进行空域滤波,相比传统的空域滤波,该方法能避免直接可视化造成的噪声放大,较好地提高了去噪的效果.

3.2 多波束前视声呐视域范围和成像几何模型

多波束前视声呐是一种主动声呐,声呐工作时,其视域为前方的三维空间,假设视域的特征参数为:有效探测距离 R、发射波束水平开角 α,垂直开角 β,其视域范围如图 3.1 所示.

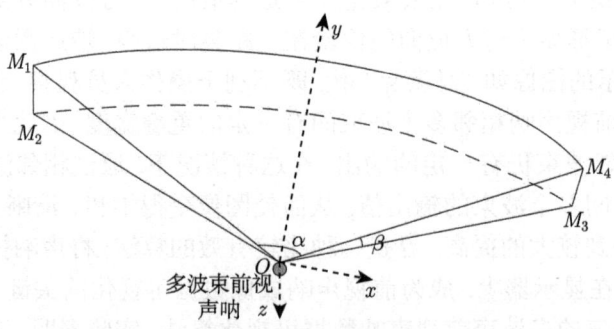

图 3.1 多波束前视声呐三维视域范围

由图 3.1 可知,前视声呐的视域空间模型以声呐接收基阵中心为坐标原点 $O(0,0,0)$ 建立三维空间直角坐标系,声呐视域范围的边界矢量点有:$O, M_1, M_2, M_3,$

3.2 多波束前视声呐视域范围和成像几何模型

M_4 点. 利用多波束前视声呐视域的特征参数和三维坐标系原点 $O(0,0,0)$, 运用球坐标和三维空间直角坐标转换关系求出其他 4 个边界矢量点的坐标为

$$\begin{cases} X_i = R\sin\alpha_i\cos\beta_i \\ Y_i = R\cos\alpha_i\cos\beta_i, \quad (i=1,2,3,4) \\ Z_i = R\sin\beta_i \end{cases} \tag{3-1}$$

其中

$$\begin{cases} \alpha_1 = -\dfrac{\alpha}{2},\beta_1 = \dfrac{\beta}{2} \\ \alpha_2 = -\dfrac{\alpha}{2},\beta_2 = -\dfrac{\beta}{2} \\ \alpha_3 = \dfrac{\alpha}{2},\beta_3 = -\dfrac{\beta}{2} \\ \alpha_4 = \dfrac{\alpha}{2},\beta_4 = \dfrac{\beta}{2} \end{cases} \tag{3-2}$$

这样, 利用 O, M_1, M_2, M_3, M_4 这 5 个点的坐标可以在三维直角坐标系中确定一个封闭的立体扇形区域, 该区域就是多波束前视声呐的视域范围[7].

对于通常的二维成像的多波束前视声呐, 虽然该声呐的视域范围是一个立体的扇形空间, 但前视成像声呐系统采用投影的方法[8], 将相同距离和相同水平方位角的回波成像数据在垂直开角的中心平面上显示出来, 所能观察的二维扇形可视区域如图 3.2 所示.

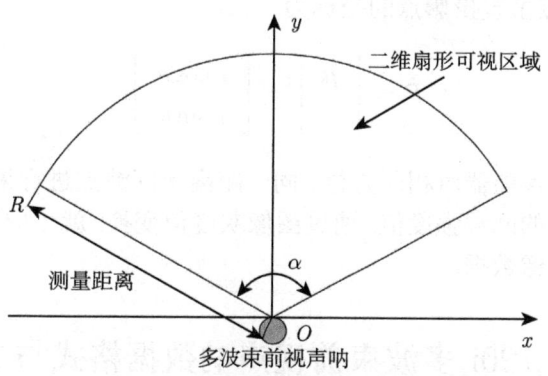

图 3.2 二维扇形投影平面区域

由多波束前视声呐的三维视域模型和二维扇形投影平面, 根据文献 [9-10] 所提出的方法, 建立多波束前视声呐成像的几何模型, 如图 3.3 所示.

在该模型中, 以声呐作为坐标轴的原点 O, xy 平面为投影平面, 声呐三维视域空间在投影平面上的扇形投影关于 y 轴对称. 三维空间中的 P 点是某个波束上的一个回波点, 但该点不在投影平面上, 该回波点在声呐的视域范围内, P 点到坐标

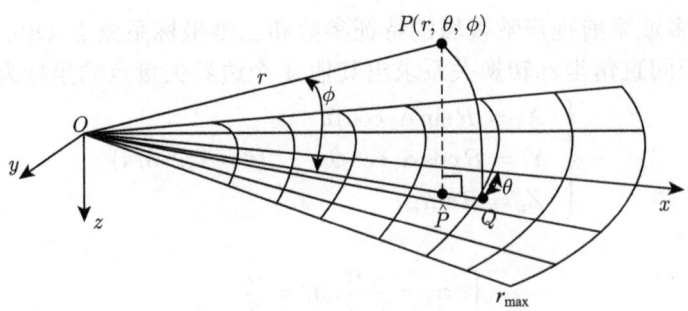

图 3.3 多波束前视声呐成像几何模型

原点 O 的距离为 r，P 点与 O 点连接直线与投影平面的夹角为 ϕ；Q 点与 P 点在同一个波束，且 Q 点到坐标原点的距离也为 r，但 Q 恰在投影平面上，Q 点与 O 点连接直线与 y 轴的夹角为 θ；点 $\hat{P}$ 为 P 点在投影平面上的垂直投影点，因此点 $\hat{P}$ 也在 O 点与 Q 点的连接直线上。P 在三维直角坐标系中的坐标为

$$P = \begin{bmatrix} x \\ y \\ z \end{bmatrix} = \begin{bmatrix} r\cos\phi\cos\theta \\ r\cos\phi\sin\theta \\ r\sin\phi \end{bmatrix} \tag{3-3}$$

在该几何模型中，P 点在投影平面上的垂直投影点 $\hat{P}$ 的坐标可以由 Q 点的坐标近似表示[8,9]，则 P 点垂直投影点的坐标为

$$\hat{P} = \begin{bmatrix} \mu \\ \nu \end{bmatrix} = \begin{bmatrix} r\cos\theta \\ r\sin\theta \end{bmatrix} \tag{3-4}$$

接收阵列上的换能器对相同方位、同一距离上回波点进行采样，生成该方向在二维平面上投影点的回波强度值，通过图像灰度值变换，就生成了多波束前视声呐在二维平面上的成像数据。

3.3 Gemini 720i 多波束前视声呐数据格式与二维几何模型

3.3.1 Gemini 720i 多波束前视声呐数据格式

使用 Gemini 720i 多波束前视声呐进行水下声呐扫描实验后，获得该声呐系统生成的数据文件，该数据文件主要由 3 部分组成：Log Header Record、Target Image Records 和 End of File Tag，分别表示单帧记录头标识、目标图像记录和文件结束标识。其中 Log Header Record 用 6 字节表示，End of File Tag 用 2 字节表示，终止字符为 0xdede。

3.3 Gemini 720i 多波束前视声呐数据格式与二维几何模型

Target Image Records 也是由 3 部分组成：单帧图像参数信息、单帧图像数据记录和单帧图像结束标识. 单帧图像参数信息用 2198 字节进行表示，主要是记录了声呐在进行单帧图像扫描时各项硬件工作参数和图像数据大小的描述；单帧图像结束标识用 8 字节进行表示，最后 2 字节用字符 0xdede 表示；单帧图像数据记录用单字节来表示各个回波点的灰度值大小. 声呐数据文件的整体数据格式如表 3.1 所示.

表 3.1 Gemini 720i 多波束前视声呐使用的数据文件格式

字节数	功能描述
1~6	Log Header Record：单帧记录头标识，开始字符 0x0f0f
7 ~ 2198 M (M + 1) ~ (M + 8)	Target Image Records：目标图像记录；分成 3 部分：7~2198 字节表示单帧图像参数信息，主要记录声呐工作参数和该帧图像的基本信息；M 表示单帧图像数据记录，用单字节表示回波点灰度值，M 的大小由声呐探测距离和使用的波束数确定；最后 8 字节表示单帧图像结束标识，终止字符为 0xdede
......	Log Header Record 和 Target Image Records 组成的多帧图像数据记录
最后 2 个字节	End of File Tag：文件结束标识，终止字符为 0xdede

3.3.2 Gemini 720i 多波束前视声呐的二维几何模型

Gemini 720i 采用宽波束发射、256 个窄波束接收，采集完探测距离内的回波点信号后，将采集的数据生成一个数据文件进行储存. 根据数据格式从数据文件提取出声呐的成像数据后，将该成像数据放置于一个 L 行、256 列的矩阵中，生成一个成像矩阵，该矩阵的列数对应声呐的接收波束数，矩阵的行数由声呐工作时探测距离所决定，且行与行之间有相同的距离分辨率.

在二维投影平面上，回波点的位置是由声波传播距离和波束间的开角来确定的，如果以声呐作为坐标原点，回波点就处于一个极坐标系中. 而多波束前视声呐的成像数据是二维投影平面上回波点的像素值，因此成像数据矩阵中的每个数值都能在极坐标中找到其对应的回波点位置，将极坐标转换成笛卡儿坐标，就能在笛卡儿坐标系中找到各个回波点位置.

下面用数学方式推导出成像矩阵中的数值对应的回波点在两种坐标系中的坐标，从而建立成像数据的二维几何模型. 假设多波束前视声呐的扫描扇区角度为 α，各波束间的开角为 θ，设扇形区域的一个回波点为 T，T 点到以声呐为原点的距离，即极坐标半径为 r；设成像矩阵为 D，矩阵 D 中某个数值的表示为 $D(a,b)$，a 表示矩阵的行，其范围为 1~L，b 表示矩阵的列，其范围为 1~256，并设 $D(a,b)$ 对应的回波点即为 T 点；假设声呐的二维扇形可视区域在笛卡儿坐标系中是关于 y 轴对称的，极坐标系的原点和笛卡儿坐标系的原点重合，设为 O. 这样假设的几何模型如图 3.4 所示.

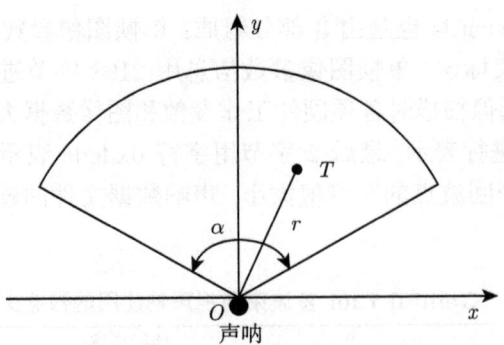

图 3.4　多波束前视声呐成像数据二维几何模型

因为声呐的波束数为 256, 所以波束间的开角为

$$\theta = \frac{\alpha}{255} \tag{3-5}$$

由前面介绍的声呐硬件参数已知声呐的距离分辨率为 8mm, 则

$$r = 8 \times (L - a) \tag{3-6}$$

那么, $D(a,b)$ 对应的回波点 T 在上述建立的极坐标系中的坐标为

$$T = \begin{bmatrix} \mu \\ \nu \end{bmatrix} = \begin{bmatrix} r \\ \dfrac{\pi-\alpha}{2} + \theta(256-b) \end{bmatrix} = \begin{bmatrix} 8(L-a) \\ \dfrac{\pi-\alpha}{2} + \dfrac{\alpha(256-b)}{255} \end{bmatrix} \tag{3-7}$$

则 T 点在上述模型的笛卡儿坐标系中的坐标为

$$T = \begin{bmatrix} x \\ y \end{bmatrix} = \begin{bmatrix} r\cos\nu \\ r\sin\nu \end{bmatrix} = \begin{bmatrix} 8(L-a)\cos\left(\dfrac{\pi-\alpha}{2} + \dfrac{\alpha(256-b)}{255}\right) \\ 8(L-a)\sin\left(\dfrac{\pi-\alpha}{2} + \dfrac{\alpha(256-b)}{255}\right) \end{bmatrix} \tag{3-8}$$

多波束前视声呐成像数据需要经过极坐标到笛卡儿坐标的转换, 才能找到对应回波点在二维可视平面上的位置. 在已知回波点的像素值后, 还需要经过一定的算法, 才能将多波束前视声呐扫描的扇形可视区域成像显示出来[11].

3.4　基于双立方插值的多波束前视声呐数据可视化算法

由 3.3 节可知, 声呐接收基阵接收的回波数据点在二维可视平面上是呈扇形分布的, 且各个波束与声呐之间只有距离和开角的概念, 而计算机显示器的像素点是在笛卡儿坐标下以点阵排列的, 因此多波束前视声呐成像数据可视化算法的最终目的就是，采用较合适的方式使回波数据点的坐标转换更合理、逼真，尽可能减少转换过程所带来的信息损失. 在将成像数据进行坐标转换，直接填充像素值后，扇形区域会出现未被填充的盲区，对盲区内图像的还原需要利用成像数据对其进行插值，才能将扇形图像完整地呈现出来[12,13].

3.4.1 现有的前视声呐数据可视化算法

1. 最邻近插值算法

最邻近插值算法 (nearest neighbor interpolation algorithm, NNIA) 是从多波束前视声呐的原始成像数据出发，由成像数据对应回波点的极坐标值，计算各点在笛卡儿坐标下的坐标位置，再将成像数据表示的回波点像素值填充到对应坐标位置，完成对整个成像数据矩阵的运算后，生成声呐图像.

假设 T 点为第 K 条波束上的某个回波点，T 点到坐标系原点 O 的距离设为 r，设该波束与 y 轴的夹角为 α，这样建立的最邻近插值算法的模型如图 3.5 所示. 由多波束前视声呐的波束模型可知，记波束间的开角为 θ，得到

$$\alpha = \frac{(N-1)\theta}{2} - (N-K)\theta \tag{3-9}$$

这样，可以求出回波点 T 在笛卡儿坐标系中的坐标

$$T = \begin{bmatrix} x_T \\ y_T \end{bmatrix} = \begin{bmatrix} r\sin\alpha \\ r\cos\alpha \end{bmatrix} \tag{3-10}$$

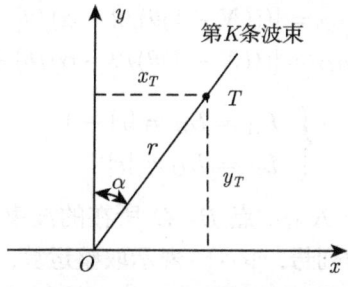

图 3.5 NNIA 算法模型

多波束前视声呐成像数据矩阵的每列对应每条波束，每列上某个像素值对应该条波束的某个回波点，因此该算法能简单、快速地完成声呐图像的生成. 可是该算法存在以下明显不足：

(1) 由于该算法是从原始的成像数据矩阵出发去计算对应回波点在笛卡儿坐标中的坐标位置，又由于声呐波束间开角会随着声波传播而变化，所以对于扇形图像的远端，相邻波束间的开角变大; 在插值过程中，对于波束间开角变大造成的扫描

盲区, 就没有相对应的成像数据对盲区进行填充, 从而产生了 "空洞", 形成所谓的 "Moire" 伪像[14].

(2) 同样在插值过程中, 在扇形图像的近端, 相邻波束间的开角变小, 坐标转换中会出现相同坐标点, 进而会对该点进行重复填充, 从而出现 "过采样" 的问题[14].

(3) 显示器的笛卡儿坐标值是整数值, 所以在计算坐标时会有取整操作, 这样就会产生舍入或是截断误差, 因此在插值的过程中, 某些回波点对应的成像数据被相邻回波点的像素值所替代, 从而造成图像中信息的失真或丢失.

2. 改进的最邻近插值算法

与最邻近插值算法的出发点正好相反, 改进的最邻近插值算法 (improved nearest neighbor interpolation algorithm, INNIA) 是从扇形图像在显示器中的坐标位置出发, 已知像素点的笛卡儿坐标, 运用极坐标中声呐原始成像数据计算出该坐标位置的像素值, 进而对该笛卡儿坐标位置点进行像素填充[15].

在多波束前视声呐二维可视范围内, 确定相邻两个波束间的一个扇形图像的待填充点 T, T 点就是在笛卡儿坐标系下计算机显示器的一个坐标点; 然后在极坐标系下, 从声呐成像数据矩阵中找到这两条波束上离 T 点最近的 4 个回波点 A、B、C、D, 其中回波点 A 和点 C 在同一条波束上, 回波点 B 和点 D 也在同一条波束上, 这样建立了如图 3.6 所示的该算法模型, 图中 "+" 表示显示器像素点坐标位置. 假设 T 点到笛卡儿坐标系原点 O 的距离为 r, 直线 OT 与坐标轴 y 轴的夹角为 α, 并且由波束数学模型已知波束的总个数为 N, 相邻波束间的开角为 θ, 则通过以下运算

$$\begin{cases} K_{AC} = [(((N-1)\theta)/2 - \alpha)/\theta] + 1 \\ K_{BD} = [(((N-1)\theta)/2 - \alpha)/\theta] + 2 \end{cases} \tag{3-11}$$

$$\begin{cases} L_A = L_B = [r] + 1 \\ L_C = L_D = [r] \end{cases} \tag{3-12}$$

求出点 A、C 所在的波束号 K_{AC}, 点 B、D 所在的波束号 K_{BD}, 其中 K_{AC}、K_{BD} 为对应声呐成像数据矩阵的列号, "[···]" 表示取整运算; 并求出回波点 A、B、C、D 在成像数据矩阵中对应的行号 L_A、L_B、L_C、L_D. 这样就确定了回波点 A、B、C、D 对应的像素值, 然后计算出 T 点分别与回波点 A、B、C、D 之间的欧氏距离, 选择拥有最小欧氏距离的那个回波点, 将其对应的像素值填充到点 T 在笛卡儿坐标系中的坐标位置.

Tritech 公司的 Gemini 720i 多波束前视声呐就采用了该算法. 通过对扇形可视区域每个像素点的访问和计算, 该算法就克服了最邻近插值算法无法对声呐扫描盲区的图像插值的困难, 填补了最邻近插值算法中出现的 "空洞", 消除 "Moire" 伪像.

3.4 基于双立方插值的多波束前视声呐数据可视化算法

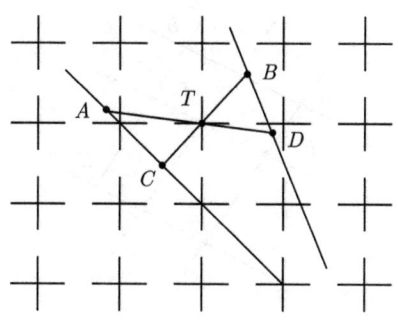

图 3.6 INNIA 算法模型

同样由于扇形图像的特殊性,一些区域的像素点会被重复填充,有的回波数据点并未使用,这样就可能造成信息的丢失或是亮斑的出现;而因为没有考虑其他相邻像素点之间的相关性,插值误差较大,造成插值后图像边缘有明显的锯齿现象.

3. R-Theta 算法

R-Theta 算法同样从扇形图像在显示器中像素点的坐标位置出发,连续访问扇形可视区域中的每个像素点,依据像素点的笛卡儿坐标值,确定该点邻近的 4 个回波点位置,在声呐成像数据矩阵中找到各回波点对应的像素值,然后按照像素点与回波点在空间上的比例关系,运用三次线性插值,计算出像素点的值[15].

假设声呐扇形可视区域中的一个像素点为 T,其相邻的 4 个回波点为 A、B、C、D,其中点 A 和点 C 在同一条波束上,点 B 和点 D 同在相邻的另一条波束上,设 T 点到坐标原点 O 的距离为 r,直线 OT 与点 A、点 C 所在的波束夹角为 β,这样建立的算法模型如图 3.7 所示,同样图中"+"表示显示器像素点坐标位置. 设回波点 A、B、C、D 分别到坐标原点 O 的欧氏距离分别为 L_A、L_B、L_C、L_D,且由波束数学模型已知波束间的开角为 θ,则通过以下运算

$$\begin{cases} U_E = (L_A - r)U_C + (1 - (L_A - r))U_A \\ U_F = (L_B - r)U_D + (1 - (L_B - r))U_B \end{cases} \tag{3-13}$$

$$U_T = (\beta/\theta)U_F + (1 - (\beta/\theta))U_E \tag{3-14}$$

计算出 T 的像素值,其中 U_i 表示 i 对应点的像素值,$i = \{A, B, C, D, E, F, T\}$.

前面已经分析过最邻近插值算法和改进的最邻近插值算法由于点与点之间空间距离的舍入和截断带来了较明显的误差,R-Theta 算法在插值过程中采用了三次线性插值运算,线性插值在算法上就已经将这些误差考虑在内,同时按照一定的误差分布关系调整点与点之间值的相关程度. 因此,R-Theta 算法不仅消除了 "空洞"、"Moire" 伪像,还很好地保留了图像的原始信息,避免了声呐成像数据在拟合成声呐图像后产生的失真,而且还克服了改进的最邻近插值算法出现灰度不连续的

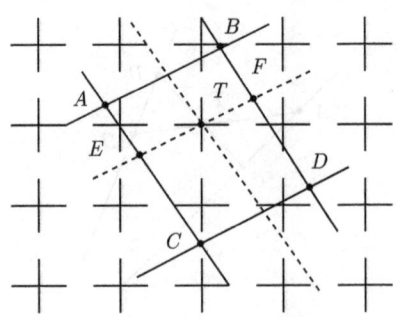

图 3.7 R-Theta 算法模型

缺点. R-Theta 算法虽然考虑了像素点周围 4 个回波点像素值的影响, 但是未考虑到各相邻回波点像素值变化率的影响, 三次线性插值的使用产生了低通滤波器的效果, 插值后声呐图像的高频分量受到损失, 从而使图像轮廓变得模糊, 影响了声呐图像的质量.

3.4.2 线性插值核函数的性能分析

将多波束前视声呐成像数据在显示器上可视化为声呐图像前, 需要根据极坐标下的成像数据和笛卡儿坐标下的回波点的对应关系, 对显示器屏幕上的像素点进行图像插值填充. 从常用的多波束前视声呐数据可视化算法的分析中可知: 最邻近插值算法和改进的最邻近插值算法这两种算法的核心思想相同, 都采用了最近邻插值法; R-Theta 算法的核心思想来源于经典图像线性插值中的双线性插值法. 双立方插值法也是一种常用的图像线性插值方法.

通过对最近邻插值、双线性插值和双立方插值 3 种插值算法的核函数进行性能分析, 能客观地从信号分析的角度去认识各个算法的特性, 也为提出的基于双立方插值的多波束前视声呐数据可视化算法提供理论依据.

1. 图像线性插值模型

从图像的重采样来说, 插值就是用一个二维的连续信号 $s(x,y)$ 的离散采样信号 $s(k,l)(s,x,y \in R; k,l \in N)$, 对该信号进行重建. 因此, 对于二维平面中的像素点 (x,y) 来说, 该点的信号振幅就需要利用周围邻近点的信号值进行估算. 图像插值也就是离散图像采样值和二维连续冲激响应 $h_{2D}(x,y)$ 的卷积[16], 其中 $h_{2D}(x,y)$ 是二维重建滤波器的响应信号, 该滤波器的表达式为

$$s(x,y) = \sum_k \sum_l s(k,l) \cdot h_{2D}(x-k, y-l) \tag{3-15}$$

一般来说, 为了减少计算的复杂度, 常使用对称、可分离的插值核

$$h_{2D}(x,y) = h(x) \cdot h(y) \tag{3-16}$$

3.4 基于双立方插值的多波束前视声呐数据可视化算法

图 3.8 就是对二维平面中的一个像素值点 (x,y), 在其 4×4 的邻域内对该点进行线性插值的模型. 首先在 y 轴方向进行插值, 由相同横坐标的已知点分别生成了与 x 轴方向平行的 4 个插值点, 然后, 根据这 4 个插值点在 x 轴方向对待插值点 (x,y) 进行插值计算.

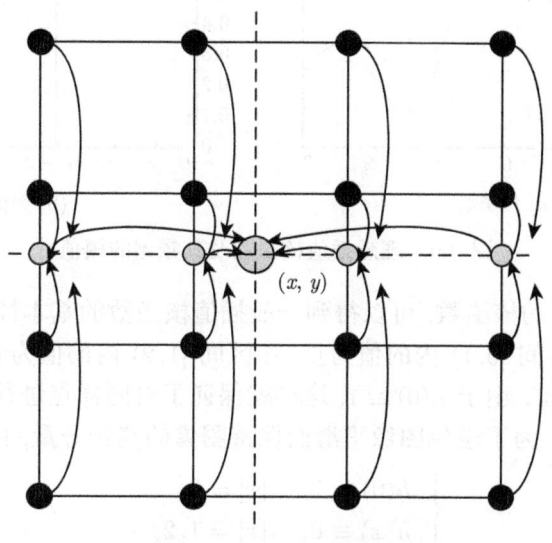

图 3.8　图像线性插值模型

2. 插值分析

根据采样理论, 对连续图像信号 $s(x,y)$ 进行采样, 会使该信号的连续频谱 $S(\mu,\nu)$ 在频域中无限地重复, 即产生周期性延拓. 但由于采样满足奈奎斯特准则, 频谱 $S(\mu,\nu)$ 不会产生频谱混叠效应. 因此, 当且仅当满足奈奎斯特准则时, 原始图像信号 $s(x,y)$ 才能由采样信号 $s(k,l)$ 和频域中的矩形窗函数重建得到.

由插值模型可知, 二维图像插值本质是将二维信号分解成一维信号, 完成对一维信号的插值后, 还原成二维的插值图像, 所以对理想图像插值的研究就是对一维理想插值的研究. 而空间域中, 一维理想插值可由采样信号 $s(k,l)$ 和 sinc 函数的卷积得到, 这样理想插值的核函数为

$$h_I(x) = \frac{\sin(\pi x)}{\pi x} = \mathrm{sinc}(x) \tag{3-17}$$

图 3.9(a) 是理想插值核函数在空间域的曲线图, 图 3.9(b) 是核函数经过傅里叶变换得到的频谱模值, 可以发现, 理想插值核函数在通带内的频谱模值恒为 1, 而在阻带内模值恒为 0.

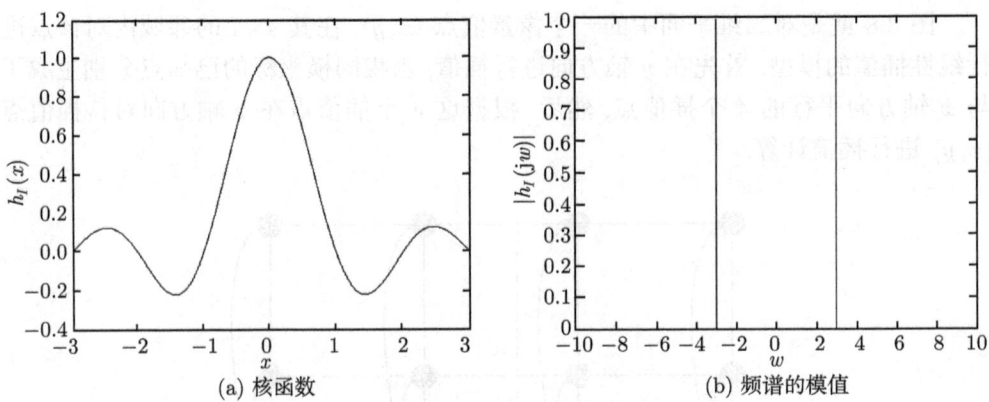

图 3.9 理想插值核函数及其频谱的模值

根据理想插值的核函数,可以得到一般插值核函数的基本性质:

(1) $h_I(x)$ 在区间 $[0,1)$ 内的值为正,在区间 $[1,2)$ 内的值为负,在区间 $[2,3)$ 内的值为正,依次类推. 由于 $h(0) \equiv 1$,这样就保证了对同样点进行重采样,图像都不会发生变化. 因此,为了避免图像平滑而保持图像的高频分量,插值核应该满足

$$\begin{cases} h(0) \equiv 1, & |x| = 0 \\ h(x) \equiv 0, & |x| = 1, 2, \cdots \end{cases} \quad (3\text{-}18)$$

(2) 用采样的插值函数对离散的图像信号进行插值生成了连续的图像信号. 对插值函数进行采样,会使函数的高频分量变成低频分量,但是在理想插值函数 sinc 中就不会发生这种情况. 因此,对一般的插值核函数来说,不仅要考察连续插值核函数 $h(x)$,还要考察采样后离散的插值核函数 $h(k)$. 特别对于任意 $0 \leqslant d < 1$ 位移来说,采样值的和应该恒等于 1

$$\sum_{k=-\infty}^{\infty} h(d+k) \equiv 1 \quad (3\text{-}19)$$

尽管 sinc 函数可以较准确地重建信号 $s(x,y)$,但是该函数在空间域中是无限的,可以通过窗函数 $w(x) = \text{const}(x) = 1$ 和 $w(x) \neq \text{const}(x)$ 对插值核函数加窗来克服这个缺陷. 这样加窗后的表达式如公式 (3-20) 所示,其中,N 表示有限核的支撑点数. 通过这样的定义,$h_N(x)$ 就达到式 (3-18) 的要求

$$h_N(x) = \begin{cases} h_I(x) \cdot w(x), & 0 \leqslant |x| < N/2 \\ 0, & \text{其他} \end{cases} \quad (3\text{-}20)$$

3. 常用插值核函数的性能分析

这里分别介绍最近邻插值、双线性插值和双立方插值的核函数,并对 3 种核函数进行傅里叶分析.

1) 最近邻插值

最近邻插值 (NNI) 是一种最简单的插值方法, 其通过对空间域进行近似 sinc 函数限制. 在插值中, 点 x 的值 $s(x)$ 近似作为离该点最近的点 k 的值, 记为 $s(k)$. 最近邻插值的核函数 $h_{\text{NNI}}(x)$ 就是一个矩形窗函数

$$h_{\text{NNI}}(x) = \begin{cases} 1, & 0 \leqslant |x| < 0.5 \\ 0, & \text{其他} \end{cases} \tag{3-21}$$

图 3.10(a) 是该核函数在空间域的示意图, 图 3.10(b) 是其频谱模值示意图. 可以看到最近邻插值核函数的频谱模值的旁瓣非常明显, 所以, 最近邻插值后图像会产生混叠和降晰.

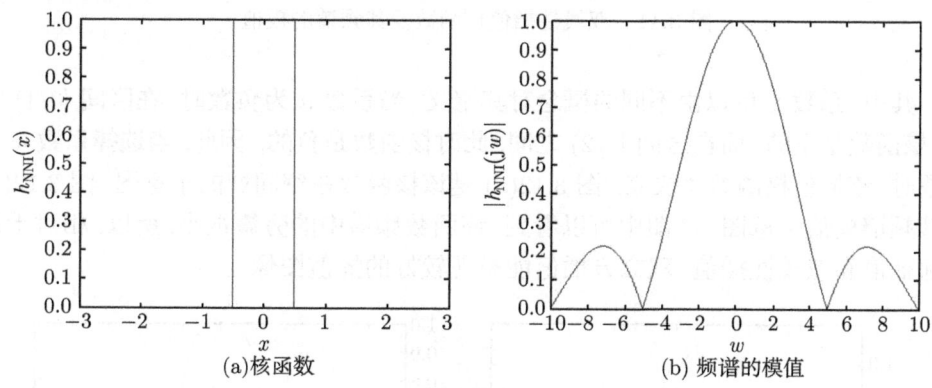

图 3.10 最近邻插值核函数及其频谱的模值

2) 双线性插值

双线性插值 (BLI) 采用了三次线性插值, 在线性插值中, 以邻近两个插值节点和待插值点 $s(x)$ 的距离作为权值, 通过对两个节点值进行加权平均, 来得到待插值点 $s(x)$ 的值. 因此用三角函数作为线性插值核函数 $h_{\text{BLI}}(x)$, 该函数对 sinc 函数是线性近似

$$h_{\text{BLI}}(x) = \begin{cases} 1 - |x|, & 0 \leqslant |x| < 1 \\ 0, & \text{其他} \end{cases} \tag{3-22}$$

图 3.11(a) 是该核函数在空间域的示意图, 图 3.11(b) 是其频谱模值示意图. 从示意图中可以看到, 该核函数频谱有比较明显的旁瓣, 所以高频部分的衰减和截止频率外的高频部分会和低频部分混叠是双线性插值主要缺陷.

3) 双立方插值

双立方插值 (BCI) 核是由三次多项式插值函数得到的[17], 该核函数为

$$h_{\text{BCI}}(x) = \begin{cases} (a+2)|x|^3 - (a+3)|x|^2 + 1, & 0 \leqslant |x| < 1 \\ a|x|^3 - 5a|x|^2 + 8a|x| - 4a, & 1 \leqslant |x| < 2 \\ 0, & \text{其他} \end{cases} \tag{3-23}$$

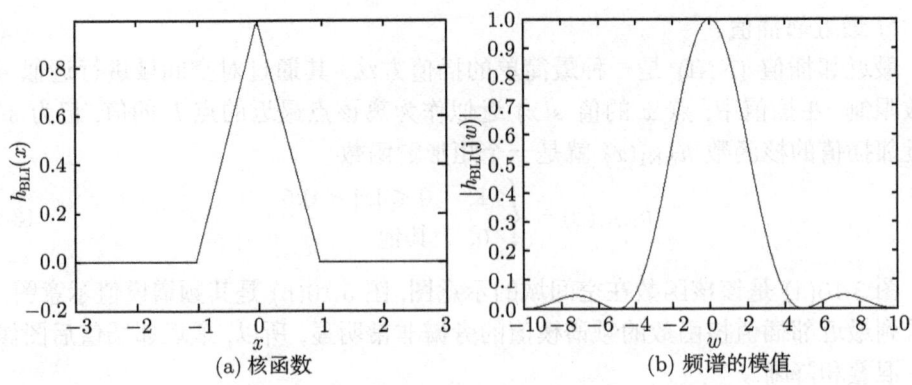

图 3.11 双线性插值核函数及其频谱的模值

其中，系数 a 可以由不同的概念对其定义. 当系数 a 为负数时，在区间 $[0,1)$ 之间，核函数是正的，而在区间 $[1,2)$ 之间，此时核函数是负的. 因此，当选择系数 a 为负数时，该插值核函数才成立. 图 3.12(a) 是该核函数在空间域的示意图，图 3.12(b) 是其频谱模值示意图. 从图中可以看到，该函数频谱中的旁瓣很小，所以，相对于最近邻插值和双线性插值，双立方插值能呈现较好的插值图像.

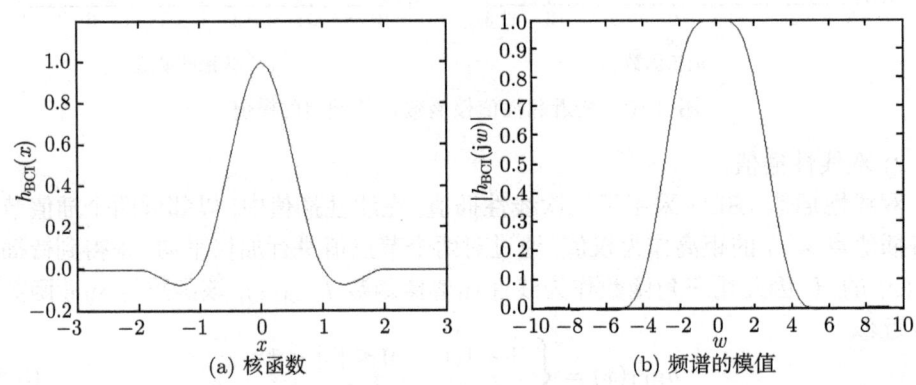

图 3.12 双立方插值核函数及其频谱的模值

4) 核函数的傅里叶分析

在前面介绍常用的线性插值核函数时，已经给出了核函数经过傅里叶变换得到的频谱模值图. 对于核函数在傅里叶域内的质量评价，主要是从以下 3 个方面进行考察[21,22]：①在通带内，核函数与理想插值函数常数增益的偏差；②核函数经傅里叶变换后，在截止频率处的振幅和斜率；③在阻带内，高频部分和低频部分混叠发生率和混叠处振幅，以及旁瓣的发生率和振幅.

根据这 3 个方面的指标，对最近邻插值、双线性插值和双立方插值进行傅里叶分析: 在通带内, 双立方插值核函数与理想插值函数常数增益的偏差是最小的, 而由于在通带内, 信号的衰减会导致图像变模糊, 从而降低图像清晰度, 信号的增益会造成图像的锐化, 也同时放大噪声, 所以双立方插值能较好地保持图像的清晰度; 在截断频率处, 斜率小而振幅大会导致混叠现象, 从前面频谱图中可以看到, 双立方插值在截断频率处的斜率是最大的, 而振幅并不大, 因此, 双立方插值能较好地避免混叠的发生; 在阻带内, 振幅较大的旁瓣会取代离散的图像信号混入通带内, 从而造成图像质量的下降, 从 3 个频谱中可以明显看到, 双立方插值只有较小的旁瓣. 通过上述傅里叶分析, 相比较最近邻插值和双线性插值, 双立方插值有明显的优势, 用其插值可以得到更高质量的图像.

3.4.3 基于双立方插值的多波束前视声呐数据可视化算法

现有的多波束前视声呐数据可视化算法的核函数来源于经典的最近邻插值和双线性插值, 而从 3.4.2 节对常用插值算法的傅里叶分析可知, 最近邻插值和双线性插值都有比较明显的缺陷. 双立方插值的频谱特性更接近理想插值的频谱特性, 而且双立方插值采用了更多的数据点来参加计算, 这样虽然增加了算法的复杂度, 却提高了算法的精度, 能生成高质量的插值图像[20,21].

声呐数据可视化是前视声呐图像处理的前提, 若能提高可视化得到的图像质量, 将有利于后续的图像处理, 因此, 根据双立方插值算法的核心思想和多波束前视声呐成像数据的特性, 提出了基于双立方插值的多波束前视声呐数据可视化算法, 该算法能较好地克服现有可视化算法的不足.

1. 传统双立方插值算法的核函数

由于采用 sinc 函数作为理想插值核函数模型, 而其在空间域内有局限性, 需要找到其他的函数来拟合 sinc 函数, 双立方插值作为一种有效的三阶插值算法, 能较好地近似拟合 sinc 函数, 在克服 sinc 函数缺陷的同时, 能较好地实现 sinc 函数在频谱通带内的特性.

双立方插值核函数来源于 4 点三次插值多项式函数[22], 其中的 4 点是指待插值点所在一维方向的参考点的个数, 该函数为

$$h_4(x) = \begin{cases} A_1|x|^3 + B_1|x|^2 + C_1|x| + D_1, & 0 \leqslant |x| < 1 \\ A_2|x|^3 + B_2|x|^2 + C_2|x| + D_2, & 1 \leqslant |x| < 2 \\ 0, & |x| \geqslant 2 \end{cases} \quad (3\text{-}24)$$

该多项式函数系数 A_i、B_i、C_i、$D_i (i=1,2)$ 可根据以下条件来确定:

(1) $|x| = 1, 2$ 时, $h_4(0) = 1$ 且 $h_4(x) = 1$;

(2) $|x| = 0, 1, 2$ 时, 函数 $h_4(x)$ 是连续的;

(3) $|x| = 0, 1, 2$ 时,函数 $h_4(x)$ 一阶导数也是连续的.

根据上述条件,可以将 8 个未知系数减为 1 个,这样就得到了传统的双立方插值的核函数

$$h(x) = \begin{cases} (a+2)|x|^3 - (a+3)|x|^2 + 1, & 0 \leqslant |x| < 1 \\ a|x|^3 - 5a|x|^2 + 8a|x| - 4a, & 1 \leqslant |x| < 2 \\ 0, & |x| \geqslant 2 \end{cases} \quad (3\text{-}25)$$

根据对系数的研究,使双立方插值核函数近似拟合 sinc 函数,系数 a 必须是负的常量:当 $a = -1.3$ 时,$h(x)$ 经傅里叶变换后与理想矩形函数的误差是最小的;当 $a = -1$ 时,$h(x)$ 和 sinc 函数在 $x = 1$ 处有相同的斜率;当 $a = -3/4$ 时,式 (3-25) 中的 2 个三次多项式的二阶导数在 $x = 1$ 处相等;当 $a = -2/3$ 时,通过图像边缘采样和重建的误差最小.

Keys 通过将多项式函数进行 Taylor 展开,使展开的多项式近似拟合 sinc 函数,从而确定系数 $a = -1/2$[23]. 只有采用 4 点三次且 $a = -1/2$ 的立方核函数时,该核函数的频谱在通带中不会出现过冲现象. 因此,对图像进行双立方插值时,常使用 $a = -1/2$ 作为双立方插值核函数的系数,这样重建出来的图像有较小的误差和较好的图像质量.

2. 基于双立方插值的多波束前视声呐数据可视化算法

最邻近插值算法采用逐点计算极坐标系下每个回波点在笛卡儿坐标系的位置,进而进行像素填充,该算法会出现"空洞",即所谓的"Moire"伪像,而且在计算中会产生舍入或是截断误差. 改进的最邻近插值算法从笛卡儿坐标系出发,找到待插值像素点对应的回波数据进行填充,虽然消除了"Moire"伪像,但是会导致边缘锯齿现象. R-Theta 算法从笛卡儿坐标系出发,通过插值点对应的 4 个邻近回波点,计算插值点的像素值进行填充,该算法克服了边缘锯齿问题,但是边缘模糊现象难以避免. 最邻近插值算法和改进的最邻近插值算法都是以经典最近邻插值作为插值核,R-Theta 算法则以经典双线性插值作为插值核.

针对现有多波束前视声呐数据可视化算法的不足,借鉴一般矩形图像插值重建时采用的双立方插值算法[27,28],提出了一种基于双立方插值的多波束前视声呐数据可视化算法,该算法的核心在于插值权值的构造考虑了相邻波束回波点在距离和方位上的相关性,并依据回波点与待插值点的位置关系计算得到每个回波点的距离权值与角度权值,最终将邻近回波点的加权像素值作为待插值点对应的像素值.

为了清晰地说明算法的核心思想,给出了算法的坐标模型,如图 3.13 所示. 图中,点 T 表示待插值像素点,点 O 表示二维可视平面的原点,即声呐波束的出发点;"+"表示待插值点在笛卡儿坐标中的位置,即显示器像素点位置;与 T 点相邻

的 16 个回波点记为 $P_{ij}(i=1,2,\cdots,4;j=1,2,\cdots,4)$, 其中, j 用于标识相邻的 4 个波束 (从左至右依次标记), i 用于标识同一条波束上相邻的 4 个距离点 (从上至下依次标记); 并记相邻两个波束之间的夹角为 θ, 点 T 到原点 O 的距离为 R, 直线 TO 与点 P_{22} 所在的波束夹角为 α.

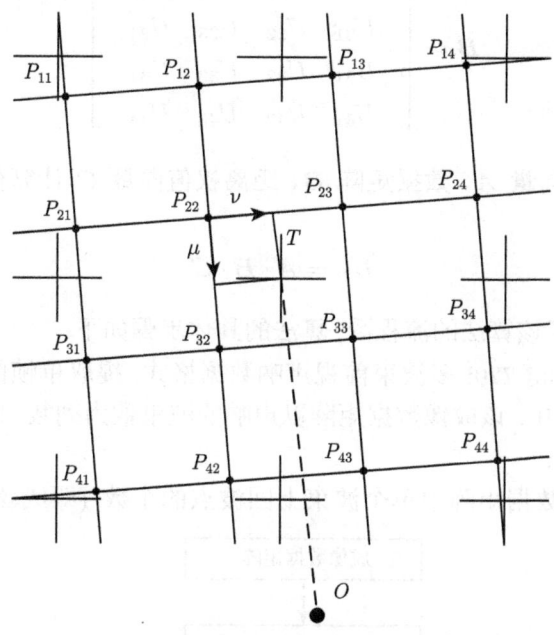

图 3.13 算法模型

首先计算回波点 P_{22} 与待插值的距离权值 μ 和角度权值 ν

$$\begin{cases} \mu = [R] + 1 - R \\ \nu = \alpha/\theta \end{cases} \tag{3-26}$$

其中, $[R]$ 表示取整.

将 $a = -1/2$ 代入式 (3-25) 中得到算法采用的双立方插值核函数 $h(w)$

$$h(w) = \begin{cases} \dfrac{3}{2}|w|^3 - \dfrac{5}{2}|w|^2 + 1, & 0 \leqslant |w| < 1 \\ -\dfrac{1}{2}|w|^3 + \dfrac{5}{2}|w|^2 - 4|w| + 2, & 1 \leqslant |w| < 2 \\ 0, & |w| \geqslant 2 \end{cases} \tag{3-27}$$

由插值核函数 $h(w)$ 和角度权值 ν 构造角度权值向量 $\boldsymbol{A}$, 并由插值核函数 $h(w)$ 和距离权值 μ 构造距离权值向量 $\boldsymbol{C}$

$$\boldsymbol{A} = \begin{bmatrix} h(1+\nu) & h(\nu) & h(1-\nu) & h(2-\nu) \end{bmatrix} \tag{3-28}$$

$$C = [\ h(1+\mu)\quad h(\mu)\quad h(1-\mu)\quad h(2-\mu)\ ]^{\mathrm{T}} \qquad (3\text{-}29)$$

设 U_{ij} 表示 16 个邻近回波点中每一点的像素值，构造数据矩阵 B

$$B = \begin{bmatrix} U_{11} & U_{12} & U_{13} & U_{14} \\ U_{21} & U_{22} & U_{23} & U_{24} \\ U_{31} & U_{32} & U_{33} & U_{34} \\ U_{41} & U_{42} & U_{43} & U_{44} \end{bmatrix} \qquad (3\text{-}30)$$

最后，由角度权值向量 A、数据矩阵 B、距离权值向量 C 计算得到待插值点的像素值 U_T

$$U_T = A \cdot B \cdot C \qquad (3\text{-}31)$$

图 3.14 给出了该算法的流程图，算法的具体步骤如下：

(1) 根据 Gemini 720i 多波束前视声呐数据格式，提取单帧图像成像数据置于一个成像数据矩阵中，该成像数据矩阵以声呐的波束数为列数，以单个波束上接收回波点个数为行数；

(2) 依据成像数据矩阵中单个波束上回波点的个数（即成像数据矩阵的行数）

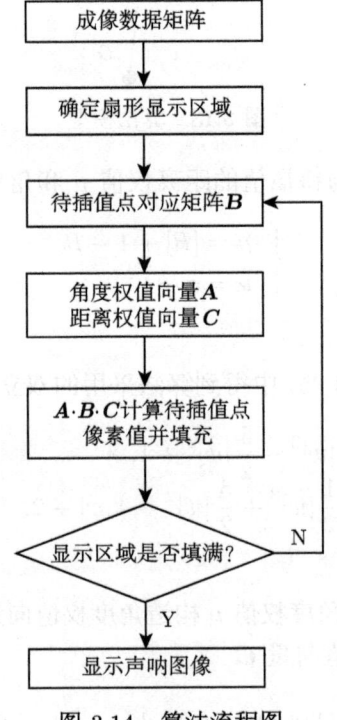

图 3.14　算法流程图

和声呐的波束数(即成像数据矩阵的列数),在二维平面上,确定数据可视化后扇形图像的显示区域,即确定区域的笛卡儿坐标范围;

(3) 在扇形图像显示区域内,计算单个待插值点的笛卡儿坐标,并根据声呐波束数和波束间夹角大小,在成像数据矩阵中找出单个待插值点周围的 16 个邻近回波点的成像数据,并将回波点对应的成像数据置于如式 (3-30) 所示的数据矩阵 B 中;

(4) 依据提出的算法核函数,计算出 16 个回波点与待插值点的角度权值向量 A 和距离权值向量 C;

(5) 由角度权值向量 A、数据矩阵 B、距离权值向量 C 三者计算,得到待插值点的像素值,并将像素值填充到在笛卡儿坐标下对应待插值点的位置;

(6) 按照从左至右、从上至下的顺序,逐个对扇形显示区域内待插值点进行步骤 (3) 至步骤 (5) 的操作,直至扇形显示区域被对应的像素值填满;

(7) 显示扇形声呐图像.

3.4.4 插值实验及结果分析

实验主要分 2 部分进行:第一部分对模拟的多波束前视声呐数据进行仿真测试,验证算法的有效性;第二部分对实际采集的多波束前视声呐数据进行可视化实验,进一步说明该算法实际应用效果.

1. 仿真实验及结果分析

为了对不同算法的可视化效果进行客观评价,首先在笛卡儿坐标下产生模拟前视声呐图像,如图 3.15(a) 所示,其中包括回声区、背景区和阴影区. 然后由模拟前视声呐图像反向生成极坐标下的距离-方位二维回波点成像数据. 最后对回波点成像数据分别采用最邻近插值算法、改进的最邻近插值算法、R-Theta 算法和本书提出的基于双立方插值的算法进行可视化操作,得到的可视化结果如图 3.15(b)~(e) 所示,其局部细节对比图如图 3.16(a)~(c) 所示. 由图 3.15(b) 可以明显看出,最邻近插值算法得到的图像存在明显的 "空洞",即所谓的 "Moire" 伪像,视觉效果很差,所以不再对其进行局部效果对比和定量评价. 实验采用均方误差 (MSE) 和峰值信噪比 (PSNR) 作为可视化效果测度指标,对仿真实验的结果进行定量评价,如表 3.2 所示.

从表 3.2 可以看出,改进的最邻近插值算法的 PSNR 最低,相对应的 MSE 最高,而本节算法的 PSNR 在三种算法中最高,相对应的 MSE 最低. 从定量分析中可知,相对于现有的多波束前视声呐数据可视化算法,本节提出的算法在考虑邻近回波点数据相关性的同时,能较好地重建图像,保留了大量模拟声呐图像的信息.

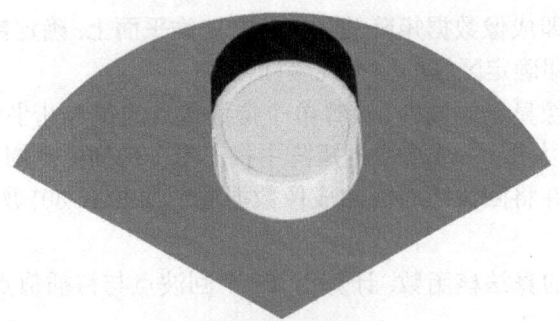

(a) 模拟图像

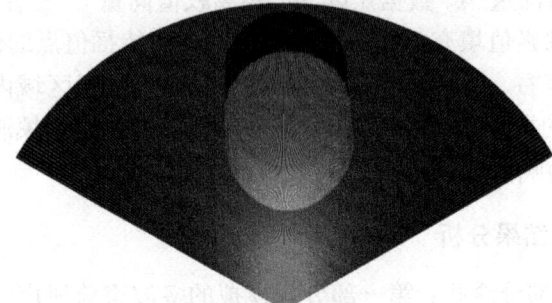

(b) 最邻近插值算法

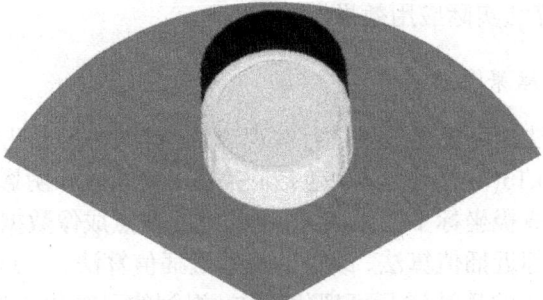

(c) 改进的最邻近插值算法

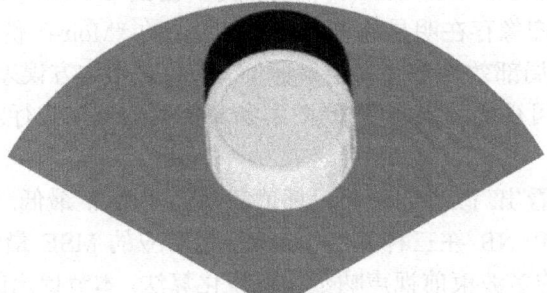

(d) R-Theta 算法

3.4 基于双立方插值的多波束前视声呐数据可视化算法

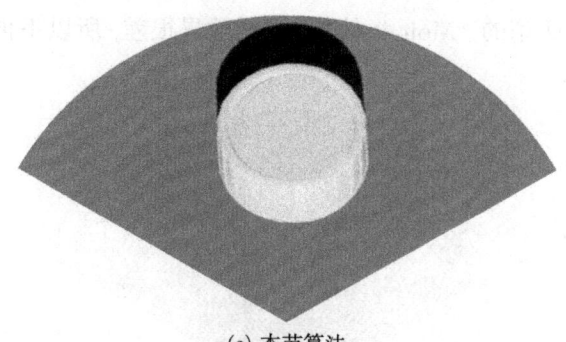

(e) 本节算法

图 3.15 模拟声呐图像采用不同可视化算法的效果图

  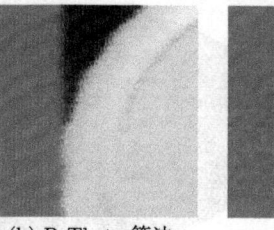

(a) 改进的最邻近插值算法　　(b) R-Theta 算法　　(c) 本书算法

图 3.16 模拟声呐图像采用不同可视化算法的局部对比效果图

表 3.2 模拟数据可视化算法比较

指标	改进的最邻近插值算法	R-Theta 算法	本书算法
MSE	22.0012	18.6832	16.4866
PSNR	34.7063	35.4163	36.1595

从图 3.16(a)~(c) 局部效果对比可以明显看到：改进的最邻近插值算法由于没有考虑相邻回波点数据的相关性，该算法得到的图像中，目标和阴影的边缘成锯齿状；R-Theta 算法虽然考虑了相邻回波点数据的相关性，但没有考虑成像数据的变化率，造成图像部分高频分量的丢失，该算法得到的图像目标和阴影边缘模糊；本书算法克服了上述算法的不足，得到的图像边缘保持效果较好. 定量评价和模拟成像数据的可视化效果均表明本书算法具有成像质量较好的优势.

2. 实际多波束前视声呐数据可视化实验及结果分析

为了进一步说明本节算法的优势，对现场实验采集的声呐数据进行可视化实验比较. 现场实验数据由 Tritech 公司的 Gemini 720i 多波束前视声呐对京杭大运河常州段怀德桥码头处的船锚进行扫描获得. 采用不同可视化算法对现场采集的声呐回波数据得到的可视化结果如图 3.17(a)~(d) 所示，其局部效果比较如图 3.18(a)~(c) 所示. 同样，由图 3.17(a) 可以明显看出，最邻近插值算法得到的实际声呐图像存在明显的"空洞",即所谓的"Moire"伪像,视觉效果很差,所以不再对其进行实际数据的局部效果对比.

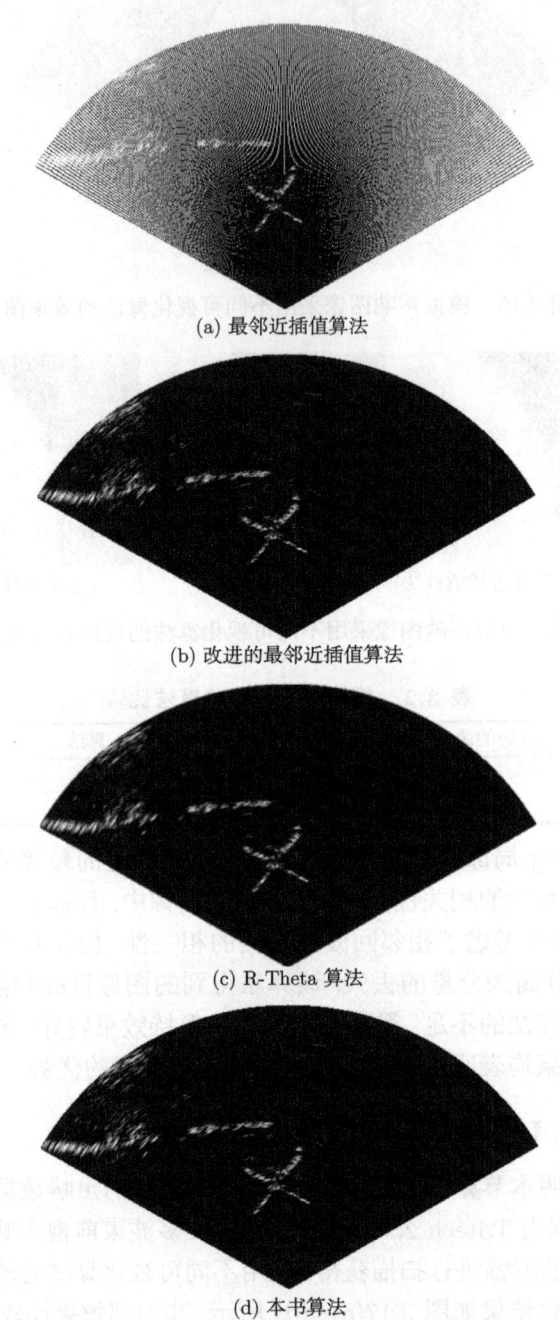

(a) 最邻近插值算法

(b) 改进的最邻近插值算法

(c) R-Theta 算法

(d) 本书算法

图 3.17 实际多波束前视声呐数据可视化实现

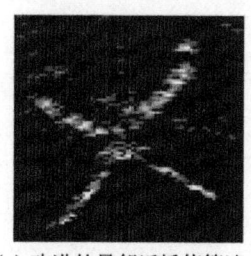 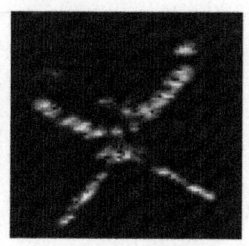 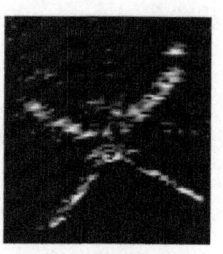

(a) 改进的最邻近插值算法　　　(b) R-Theta 算法　　　(c) 本书算法

图 3.18　实际多波束前视声呐数据可视化局部对比

从实际多波束前视声呐数据可视化局部对比图中可以明显看到: 改进的最邻近插值算法生成的图像中, 船锚边缘成明显的锯齿状; R-Theta 算法生成的图像整体模糊, 该算法的不足造成图中部分高频信息丢失; 而本节算法得到的图像边缘相对比较清晰, 视觉效果较好. 现场实验及仿真实验的视觉效果评价完全一致, 进一步说明了本书算法的优越性.

3.5　针对多波束前视声呐成像数据的空间域滤波

3.5.1　多波束前视声呐图像的噪声特点

由于受到海洋环境多变性、声波传播特性及声呐自身设备的干扰等多方面的影响, 成像声呐系统易受到各种噪声的污染. 对于多波束前视声呐系统而言, 海洋自身不均匀的结构以及起伏不定的海底对声波的散射, 形成的混响噪声尤为突出. 文献 [26, 27] 提出了用斑点噪声来近似描述声呐图像中的混响噪声, 并用大量数据证明, 用瑞利分布来近似描述斑点噪声的统计特性较为合适.

本书采用乘性噪声模型来为多波束前视声呐图像的噪声建模

$$u(x,y) = u_0(x,y) \cdot N(x,y) \tag{3-32}$$

式中, u_0 是未受噪声污染的图像; N 是服从瑞利分布的斑点噪声; u 是含噪图像.

由于海洋环境中加性高斯噪声比斑点噪声小得多, 因此式 (3-32) 未叠加表示高斯噪声的随机变量, 只考虑斑点噪声对声呐图像的影响.

作为随机变量, 一般使用概率密度函数来描述噪声的统计特性. 服从瑞利分布的斑点噪声 N 的概率密度函数为

$$p(z) = \begin{cases} \dfrac{z}{\alpha^2} \exp\left(-\dfrac{z^2}{2\alpha^2}\right), & z > 0 \\ 0, & z \leqslant 0 \end{cases} \tag{3-33}$$

式中, α 为常数, 且 $\alpha > 0$, α 是瑞利分布的衰减参数. 图 3.19 是衰减参数 α 为 0.5 的瑞利分布曲线图.

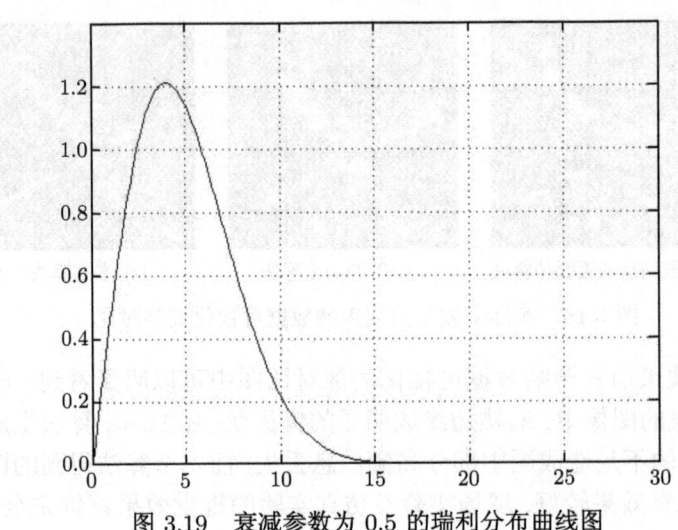

图 3.19　衰减参数为 0.5 的瑞利分布曲线图

现有的针对多波束前视声呐图像的去噪主要采用光学图像去噪方法，大多数的光学图像去噪方法针对高斯噪声有较好的处理效果，而多波束前视声呐图像主要含有的是斑点噪声，直接将针对光学图像的去噪方法用于多波束前视声呐图像的降斑，得到的去噪效果一般较差．因此，需要寻找一种针对该类声呐图像的去噪方法．

3.5.2　传统空间域滤波

空间域滤波是在图像某些邻域内进行处理工作，其工作对象是邻域的图像像素值以及相应的与邻域有相同维数的子图像的值．其中，与某邻域有相同维数的子图像称为滤波掩模，也称滤波模板或窗口，在掩模中的值是图像像素点对应的系数值，而不是像素值．空间域滤波的工作机理是首先确定滤波掩模，在掩模内对待处理像素点进行滤波操作，然后在待处理图像中逐点地移动掩模，重复上述操作，直到符合终止条件．对于图像中每一像素点，滤波器在该点的响应通过事先定义的关系来计算．

对于线性和非线性空间域滤波来说，两者工作机理是一样的，两者的差别是在滤波器响应处的计算不同．对于线性空间域滤波，其响应为掩模系数与掩模覆盖邻域内对应像素值的乘积之和．而对非线性空间域滤波，其响应是对掩模覆盖邻域内的像素值进行统计排序等非线性计算得到的．

1. 传统均值滤波

均值滤波是一种最常用也是最典型的线性空间域滤波．其基本思想是，用滤波掩模覆盖的邻域内所有像素的平均灰度值，来代替图像中相应像素点的值，这种处理减小了随机噪声引起的灰度的"尖锐"变化，从而达到减噪的作用．

设一个图像的像素值表示为 $f(x,y)$, 经过均值滤波器后的响应为 $g(x,y)$, 选择的掩模覆盖的邻域为 S, 掩模包括 M 个点, 则均值滤波的输出为

$$g(x,y) = \frac{1}{M} \sum_{(m,n)\in S} f(m,n) \qquad (3\text{-}34)$$

式中, 点 (x,y) 是掩模中心对应图像中的像素点; $f(m,n)$ 表示掩模覆盖邻域 S 内在图像中对应各个像素点的灰度值.

式 (3-34) 说明, 对含有噪声的原始图像中一个像素点 (x,y) 取一个邻域区域为 S 的掩模, 对邻域中所有对应像素点的值作平均运算, 得到的结果为像素点 (x,y) 经滤波后的像素值 $g(x,y)$. 图 3.20 给出了两种典型均值滤波的掩模模型, 图 3.20(a) 是 3×3 窗口形状的掩模, 图 3.20(b) 是 5×5 窗口形状的掩模, 其中掩模的系数均为 "1".

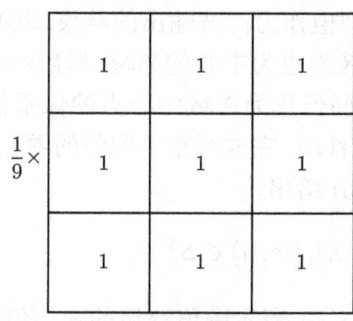
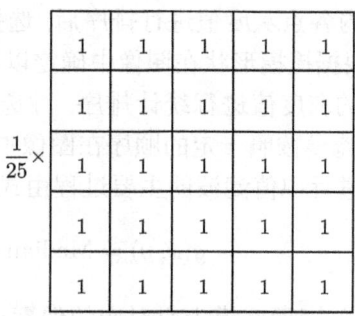

(a) 3×3 均值滤波掩模　　(b) 5×5 均值滤波掩模

图 3.20　两种典型均值滤波掩模模型

与非线性空间域滤波相比, 均值滤波对随机噪声的抑制能力较为突出, 因而在基本的均值滤波基础上, 为了进一步提高滤波效果, 一些学者提出了多种改进的均值滤波方法:

1) 加权均值滤波

加权均值滤波考虑到处于掩模中心位置的点与邻域内其他点的距离关系, 将这样的距离关系转换成权值大小, 在邻域内用各像素样本点的灰度值加权平均来作为掩模中心对应像素点的灰度值[28].

2) K 邻点平均法

K 邻点平均法是在掩模中心点位置对应的像素点邻近范围内, 寻找出像素值与该中心点像素值最接近的 K 个邻点, 将该 K 个邻点的灰度均值作为滤波后中心点的像素值, 其中 K 的大小根据掩模的大小进行相应的变化[29].

3) 梯度倒数加权平滑法

梯度倒数加权平滑法的主要依据是: 在离散图像中, 相邻区域的灰度变化大于

区域内的灰度变化,则边缘区域的梯度绝对值大于区域内部的梯度绝对值[30].该方法能平滑噪声,却不至于模糊边缘和细节.

4) 维纳滤波

维纳滤波的主要依据是最小均方误差准则:将含噪图像滤波后与原始图像相比较,两者之间的均方误差最小[31].该方法采用了最小均方误差准则,对图像去噪的效果要比一般线性空间域滤波的效果好.但是其有着明显的缺陷,即需要预先知道图像的统计特性,而在实际情况下,各种干扰的统计特性往往是变化无常的,因而对于在更加复杂的水下环境生成的声呐图像,维纳滤波就不太适合.

2. 传统中值滤波

中值滤波是基于统计排序理论的一种典型的非线性空间域滤波方法.这种滤波也是一种针对邻域的卷积运算,其不同于均值滤波进行平均计算,而是对掩模覆盖的邻域内各点灰度值进行排序后,选择中间值作为滤波输出的结果.其基本原理是:首先根据掩模形状在图像中确定以某个像素点为中心的邻域;然后对邻域内各个像素点的灰度值进行统计排序,并选取中间值作为邻域中心点的像素值进行替换;最后,掩模按照一定的顺序在图像中进行移动,完成对整个图像的卷积运算.对二维图像进行中值滤波的主要过程由式 (3-35) 给出

$$g(x,y) = \text{Median}\{f(m,n), (m,n) \in S\} \tag{3-35}$$

式中, (x,y) 表示掩模中心对应的像素点; $g(x,y)$ 表示中值滤波的输出值; Median $\{\cdots\}$ 表示进行排序取中间值运算; (m,n) 表示掩模覆盖邻域 S 内的各个像素点; $f(m,n)$ 表示各像素点对应的灰度值.

中值滤波一般采用和均值滤波相同的 3×3 窗口形状和 5×5 窗口形状的掩模,与均值滤波不同的是,中值滤波不进行线性计算,所以其掩模中没有对掩模系数的设置.

中值滤波主要有以下特性:中值滤波的输出与噪声密度分布相关,输出响应的方差与输入噪声密度函数的平方成反比,因而能较好地抑制窄脉冲干扰;某些特定的信号经过中值滤波后保持不变,因而能较好地保留图像细节信息;中值滤波的频谱特性是比较平稳的.为了进一步提高图像去噪的效果,一些学者提出了多种改进的中值滤波方法:

1) 加权中值滤波

在基本中值滤波中,掩模内各个像素点对最终输出的影响是不同的,加权中值滤波将这种影响考虑进去,对掩模覆盖邻域内各个像素点赋予不同的权重,越接近掩模中心,该像素点的权重就越大,反之越小[32].加权中值滤波较好地保留了图像的细节,但由于权重的选择,实际操作存在一定的难度.

2) 多级中值滤波

多级中值滤波的基本思想是：以待滤波的像素点为中心，分别在水平、垂直和两个对角线方向上设置 4 个形状为一字形的掩模，先在各掩模内取中间值，再将中心点像素值和 4 个中间值排序，从中计算得出中间值作为滤波结果[33]。虽然多级中值滤波考虑到图像的边缘和细节，但其相应的对噪声的抑制能力降低。

3) 自适应中值滤波

在实际图像中，噪声污染是非均匀的，自适应中值滤波针对这一情况，在对图像不同区域的污染程度作出判定后，选择合适尺寸掩模进行滤波[34]。虽然该类滤波考虑了实际图像污染的不均匀性，但对图像污染程度的判断存在困难。

4) 递归中值滤波

递归中值滤波的主要思路是，先对掩模覆盖的邻域进行初次中值滤波，然后将初次滤波结果作为滤波的输入值，再进行中值滤波，如此递归运算，直到二维信号达到收敛[35]。递归中值滤波的高收敛性使得滤波后的图像具有较好的细节特征，但是由于难以判定实际二维信号的收敛性，有时滤波的效果较差。

3.5.3 常用空间域滤波掩模模型分析

图像空间域滤波是一种利用滤波掩模对图像中的像素点进行卷积运算的图像平滑方法，而图像中由于受到噪声的污染程度、像素点之间的相关性以及图像灰度变化率等因素的影响，因此选择大小、形状和方向合适的掩模对空间域滤波最终抑制噪声的效果有着重要的意义。在 3.5.2 节已经介绍了几种基本的滤波掩模模型，本节给出一些其他较常用的掩模，并对这些掩模进行基本的分析，以此来说明掩模的大小和形状的选择对去噪效果的影响。

图 3.21 给出了几种常用的均值滤波的掩模模型，图 3.21(a) 是 5 邻域和 9 邻域的"十"形掩模模型，图 3.21(b) 是 5 邻域和 9 邻域的"X"形掩模模型，不考虑邻域内各点权重，掩模的系数都为 1，各模型的几何对称中心为掩模中心，即滤波输出值对应的像素点位置。

从信号能量的角度来看，图像中有用信号能量主要分布在低频区，而对于噪声信号，在低频区噪声能量所占的比例较小，在高频区噪声能量所占的比例较大，已经远大于高频区内的有用信号，因此，对图像噪声的抑制主要是在高频区进行的。采用图 3.21(a) 所示的掩模进行均值滤波，既对水平和垂直方向的噪声进行了平滑，同时较好地保留了对角线方向的低频信息；采用图 3.21(b) 所示的掩模进行均值滤波，既抑制了对角线方向的噪声，同时保留了水平和垂直方向的低频信息。根据图像中噪声污染程度的不同，可以选择邻域大小不同的掩模，对噪声污染严重的和较轻的图像分别进行处理，能更好地提高去噪后图像的质量。

图 3.22 给出了几种常用的中值滤波的掩模模型，图 3.22(a) 是 9 邻域的"十"

形掩模模型, 图 3.22(b) 是 9 邻域的 "X" 形掩模模型, 图 3.22(c) 是 13 邻域的菱形掩模模型, 图 3.22(d) 是 17 邻域的 "米" 形掩模模型, 各模型的几何对称中心为掩模中心, 即滤波输出值对应的像素点位置.

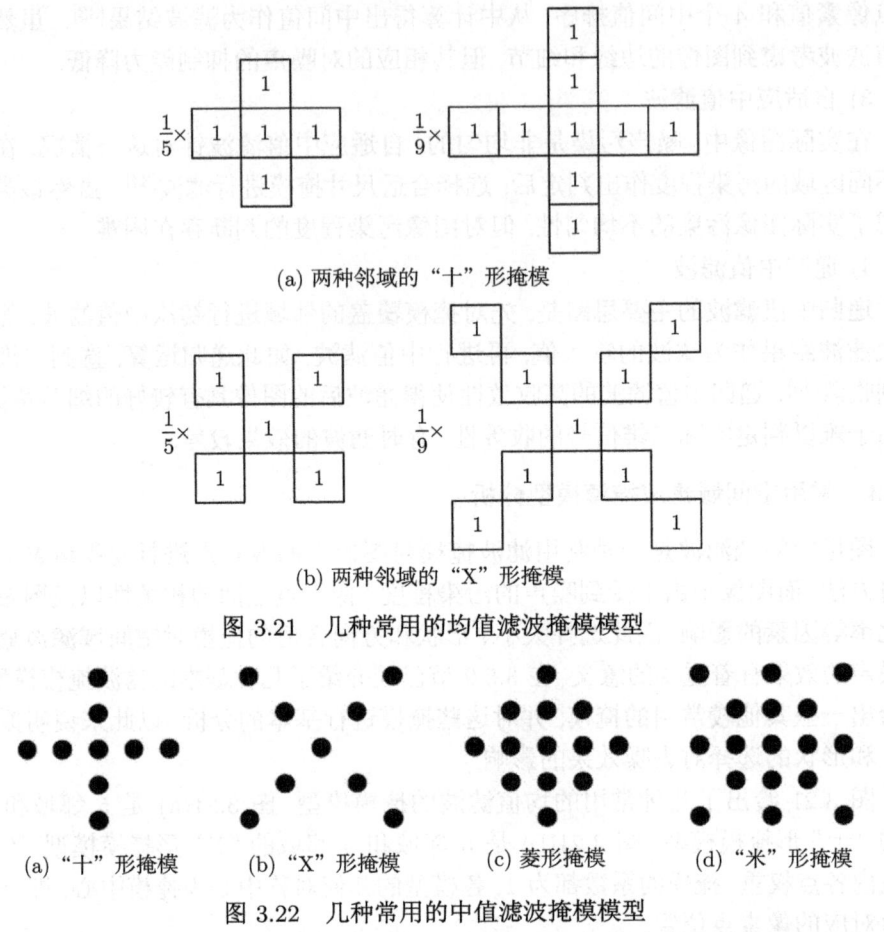

(a) 两种邻域的 "十" 形掩模

(b) 两种邻域的 "X" 形掩模

图 3.21 几种常用的均值滤波掩模模型

(a) "十" 形掩模　　(b) "X" 形掩模　　(c) 菱形掩模　　(d) "米" 形掩模

图 3.22 几种常用的中值滤波掩模模型

由于中值滤波是通过统计排序进而取中间值对邻域内的像素点进行去噪的, 这样相对于均值滤波, 中值滤波去噪的同时能较好地保持图像的边缘. 同样从信号能量的角度来看, 根据图像内容和应用要求的差异, 采用图 3.22 中所示的掩模模型进行中值滤波, 在去除掩模覆盖邻域内的噪声信息的同时, 能较好地保留图像低频信息, 保护了图像的细节部分. 为了减少计算量, 在不影响平滑效果的前提下, 选择尺寸较小的掩模, 能改进图像去噪的实时性.

3.5.4 针对多波束前视声呐成像数据的空间域滤波

现有针对斑点噪声的空间域滤波[40,41]主要有: 传统均值滤波、自适应加权均值滤波和传统中值滤波等. 这些方法采用常用的滤波掩模直接对图像进行处理, 对多波束前视声呐图像的去噪效果较差. 根据多波束前视声呐成像特点, 针对多波束前视声呐成像数据, 提出采用阶梯形掩模的空间域滤波, 提高了图像去噪效果.

1. 针对多波束前视声呐成像数据的掩模模型

多波束前视声呐是对一个扇形空间区域进行扫描的, 其收集的声呐数据只是在二维扇形投影平面上, 对固定角度和固定间距的回波点像素的描述, 各个回波点和声呐同处于一个极坐标内. 如果将声呐成像数据不经过坐标转换, 直接在屏幕上进行可视化显示, 所成的图像无法将实际的扇形二维图像真实地呈现出来. 因此, 多波束前视声呐成像数据需要经过数据可视化处理, 这样显示出来的图像才能较好地还原实际扫描的扇形区域.

现有的声呐图像空间域滤波是直接对声呐图像进行去噪的, 而对多波束前视声呐成像数据可视化是根据成像数据进行插值计算后, 对计算机显示器的像素点进行填充, 可视化后的图像中部分信息是声呐成像数据放大后的结果, 因此对可视化处理后的图像进行滤波的过程中存在对放大后的噪声的处理, 这样采用传统空间域滤波方法就不能较好地抑制或是去除图像噪声.

对于上述存在的问题, 借鉴空间域滤波在对实时图像进行去噪时具有简便、快速的优点, 同时根据多波束前视声呐成像特点以及声呐成像数据对应的回波点在空间中的相关性, 提出了一种阶梯形掩模模型, 采用该掩模先对声呐成像数据去噪, 再经过可视化为声呐图像, 从而实现对多波束前视声呐图像的去噪. 本节是对空间域滤波掩模模型进行改进, 未对滤波算法作进一步研究. 本节提出的滤波掩模模型既适合均值滤波, 又适合中值滤波. 图 3.23 给出了本节提出的阶梯形掩模模型, 图 3.23(a) 是 9 邻域阶梯形掩模, 图 3.23(b) 是 15 邻域阶梯形掩模, 其中, 模型的几何中心为滤波掩模中心点. 根据回波点相关程度的差异以及噪声强度的不同, 可以选择不同邻域的阶梯形掩模进行去噪.

图 3.23 本节提出的阶梯形掩模模型

多波束前视声呐图像是声呐成像数据可视化生成的, 成像数据中的部分噪声在可视化后被放大, 而通过对成像数据进行去噪, 可以避免直接对声呐图像去噪所带来的效果不佳的缺陷. 多波束前视声呐成像数据中对应回波点在二维平面上呈扇形分布, 相邻波束、相同声波传播时间的回波点之间的欧氏距离随着声波的传播时间变长而变大，考虑到回波点欧氏距离对相邻回波点回波强度之间相关性的影响，即距离越大，两点间的相关性就越小，采用阶梯形掩模模型对回波点成像数据进行去噪，就能较好地处理此类影响，进一步提高去噪的效果．

2. 针对多波束前视声呐成像数据的空间域滤波

在针对多波束前视声呐成像数据的滤波掩模的基础上，本节研究了针对多波束前视声呐成像数据的空间域滤波．由于研究只是针对空间域滤波掩模的改进，因而选择基本均值滤波和中值滤波进行滤波实验．虽然这两种空间域滤波在滤波卷积上的算法是不同的，但是对于具体图像，两者在滤波掩模上的选择可以是相同的．因此，本节针对多波束前视声呐成像数据提出的阶梯形掩模在均值滤波和中值滤波中均适用．由于只是卷积处理的不同，因此以下在阐述空间域滤波的具体步骤时，对相同步骤进行统一叙述，在两种滤波有差异的地方分别描述．

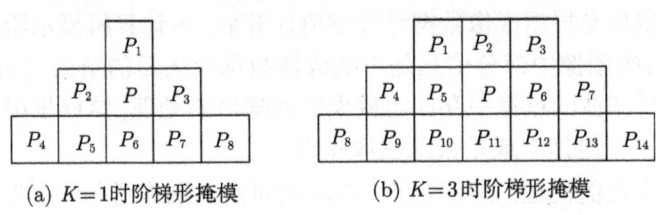

图 3.24 本节滤波方法的阶梯形掩模具体模型

图 3.24 给出了本节提出的滤波方法的阶梯形掩模具体模型，结合掩模具体模型，方法的具体步骤是：

(1) 根据多波束声呐成像数据特性，并以声呐波束数为列，单条声呐波束上的回波点个数为行，利用采集的声呐成像数据，生成可以描述二维平面上声呐回波点的成像数据矩阵，每个矩阵元素对应一个声呐回波点的像素值．

(2) 建立一个阶梯形掩模模型，该模型一共 3 行，每行的列数从上至下依次为 K、$K+2$、$K+4$，其中 K 取奇整数．当 $K=1$ 时，其掩模模型如图 3.24(a) 所示，将第 2 行、第 2 列掩模点记为 P，对应像素值记为 p，剩余点从上到下、从左到右依次记为 $P_i(i=1,2,\cdots,8)$，各点对应像素值依次为 $p_i(i=1,2,\cdots,8)$．当 $K=3$ 时，其掩模模型如图 3.24(b) 所示，将第 2 行、第 3 列掩模点记为 P，对应值记为 p，剩余点从上到下、从左到右依次记为 $P_i(i=1,2,\cdots,14)$，各点对应像素值依次记为 $p_i(i=1,2,\cdots,14)$．其中，P 点为掩模的中心．

(3) 将步骤 (1) 得到的成像数据矩阵中的单个数据作为步骤 (2) 得到的阶梯形掩模中心对应回波点的数据值，并根据选择的掩模模型和数据矩阵确定掩模模型中剩余点对应回波点的数据值．当剩余点在矩阵中无对应值时，该点置空．

(4) 依据选择的掩模以及对应的回波点数据值，进行滤波卷积处理：

① 均值滤波的卷积处理。

对掩模中剩余点是否都有对应值进行判定. 若掩模中剩余点都有对应值, 即无空值点, 均值滤波的卷积处理通过以下过程进行

$$\begin{cases} S = K + (K+2) + (K+4) = 3K+6 \\ R = \dfrac{1}{S}\left(p + \sum_{i=1}^{S-1} p_i\right) \end{cases} \quad (3\text{-}36)$$

式中, S 表示掩模中对应回波点的总个数; R 表示滤波后输出的结果; p 表示掩模中心对应回波点的像素值; p_i 表示掩模中剩余回波点的像素值.

若掩模中剩余点并不都有对应值, 即有空值点, 则对掩模中所有非空值点进行均值运算, 并将均值运算的结果作为滤波的输出结果.

② 中值滤波的卷积处理。

对掩模中剩余点是否都有对应值进行判定. 若掩模中剩余点都有对应值, 即无空值点, 中值滤波的卷积处理通过以下过程进行

$$\begin{cases} S = K + (K+2) + (K+4) = 3K+6 \\ R = \text{Median}\{p, p_1, \cdots, p_{S-1}\} \end{cases} \quad (3\text{-}37)$$

式中, S 表示掩模中对应回波点的总个数; R 表示滤波后输出的结果; p 表示掩模中心对应回波点的像素值; p_i 表示掩模中剩余回波点的像素值, Median 表示进行中间值运算.

若掩模中剩余点并不都有对应值, 即有空值点, 则对掩模中所有非空值点进行中间值运算, 并将中值运算的结果作为滤波的输出结果.

(5) 在初次卷积处理后, 建立一个行、列数和成像矩阵相同的新矩阵, 按照掩模中心对应回波点在成像矩阵中的位置, 将步骤 (4) 得到的滤波结果填充至新矩阵所对应位置.

(6) 判断滤波是否完成, 即判定新矩阵是否被填充满, 若滤波未完成, 按照滤波顺序, 选择成像数据矩阵中下一个回波数据点, 返回步骤 (3) 继续滤波.

(7) 采用扇形可视化方法对由步骤 (6) 得到的滤波后成像数据矩阵进行可视化处理, 得到去噪后的多波束前视声呐图像.

图 3.25 给出本节方法具体步骤的流程图.

3.5.5 实验与结果分析

实验主要从 2 部分进行测试: 第一部分对模拟的多波束前视声呐成像数据进行仿真测试, 验证方法的可行性; 第二部分对实际采集的多波束前视声呐成像数据进行空间域滤波实验, 进一步说明方法的实际应用效果.

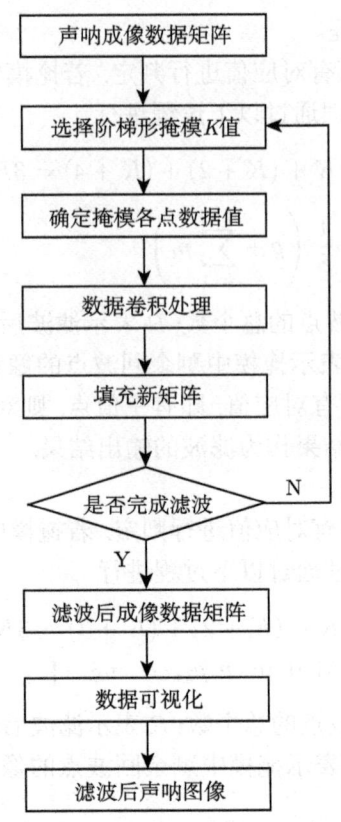

图 3.25 本节滤波方法的流程图

1. 仿真实验与结果分析

为了对本节提出的空间域滤波方法进行客观评价,首先在笛卡儿坐标下产生模拟前视声呐图像,如图 3.26 所示,其中包括回声区、背景区和阴影区. 然后由模拟前视声呐图像反向生成极坐标下的距离-方位二维回波点成像数据. 本节提出的空间域滤波掩模既适合均值滤波,又适合中值滤波,因此对模拟成像数据分别进行均值滤波和中值滤波的实验和分析. 本节在仿真和实际数据的空间域滤波实验中均采用了 R-Theta 算法进行可视化的处理.

1) 仿真数据的均值滤波实验与分析

为模拟多波束前视声呐图像中的混响噪声,对模拟成像数据分别加入方差为 0.02、0.04 和 0.06 的乘性斑点噪声,采用传统 3×3 和 5×5 掩模对含噪的模拟成像数据在可视化处理后进行均值滤波实验,并采用本节提出的 $K=1$ 和 $K=3$ 两种阶梯形掩模对含噪的模拟声呐成像数据先均值滤波再进行可视化处理实验. 实验采用峰值信噪比 (PSNR) 作为定量指标来衡量实验结果,如表 3.3 所示.

3.5 针对多波束前视声呐成像数据的空间域滤波

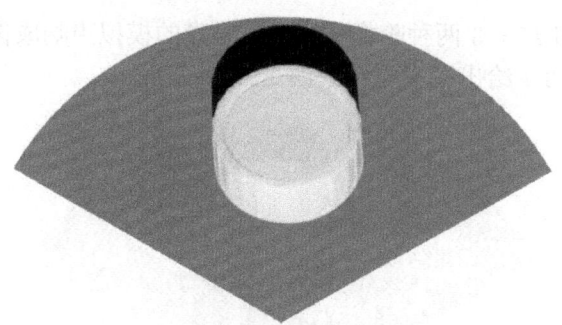

图 3.26 模拟多波束前视声呐图像

表 3.3 采用均值滤波仿真实验结果 PSNR 分析表

噪声方差值	0.02	0.04	0.06
含噪图	22.1803	19.4272	17.8163
3×3 均值滤波	26.7307	24.4899	23.0079
5×5 均值滤波	28.2659	26.5536	25.2257
本节方法均值滤波 ($K=1$)	29.7088	27.7767	26.3889
本节方法均值滤波 ($K=3$)	29.9121	28.3788	27.1863

从表 3.3 可以发现, 相比传统的均值滤波, 在不同程度噪声情况下, 采用本节提出的 $K=1$ 和 $K=3$ 两种阶梯形掩模进行滤波实验的峰值信噪比都有较明显的提升, 其中采用 $K=3$ 掩模实验的定量分析结果又较优于采用 $K=1$ 掩模实验的定量分析结果. 从定量分析中可知, 与直接对图像进行去噪的传统均值滤波相比, 本节提出对成像数据均值滤波后进行可视化的方法能较有效地抑制斑点噪声.

限于篇幅, 此处给出对加入噪声方差为 0.02 的声呐成像数据进行实验的效果图, 如图 3.27 所示. 图 3.27(a) 为含噪模拟数据直接可视化后的图像; 图 3.27(b) 为采用传统 3×3 掩模直接对含噪图像进行均值滤波后的图像; 图 3.27(c) 为采用传统 5×5 掩模直接对含噪图像进行均值滤波后的图像; 图 3.27(d) 为采用本节方法中 $K=1$ 时的阶梯形掩模对含噪的模拟成像数据进行阶梯形均值滤波后可视化得到的声呐图像; 图 3.27(e) 为采用本节方法中 $K=3$ 时的阶梯形掩模对含噪的模拟成像数据进行阶梯形均值滤波后可视化处理得到的声呐图像.

从视觉效果上看图 3.27(d)、图 3.27(e) 的视觉效果较好, 平坦区域已几乎看不到斑点效应, 而图 3.27(b)、图 3.27(c) 还存在着明显的斑点噪声, 滤波的效果较差. 定量分析和模拟成像数据的均值滤波实验均表明本节方法具有较好抑制斑点噪声的优势.

2) 仿真数据的中值滤波实验与分析

对加入方差为 0.02、0.04 和 0.06 的斑点噪声的模拟成像数据, 分别采用传统 3×3 和 5×5 掩模对含噪的模拟成像数据在可视化后进行中值滤波实验, 并采用本

节提出的 $K=1$ 和 $K=3$ 两种阶梯形掩模对含噪的模拟声呐成像数据先中值滤波再进行可视化. 表 3.4 给出了实验结果的 PSNR 分析.

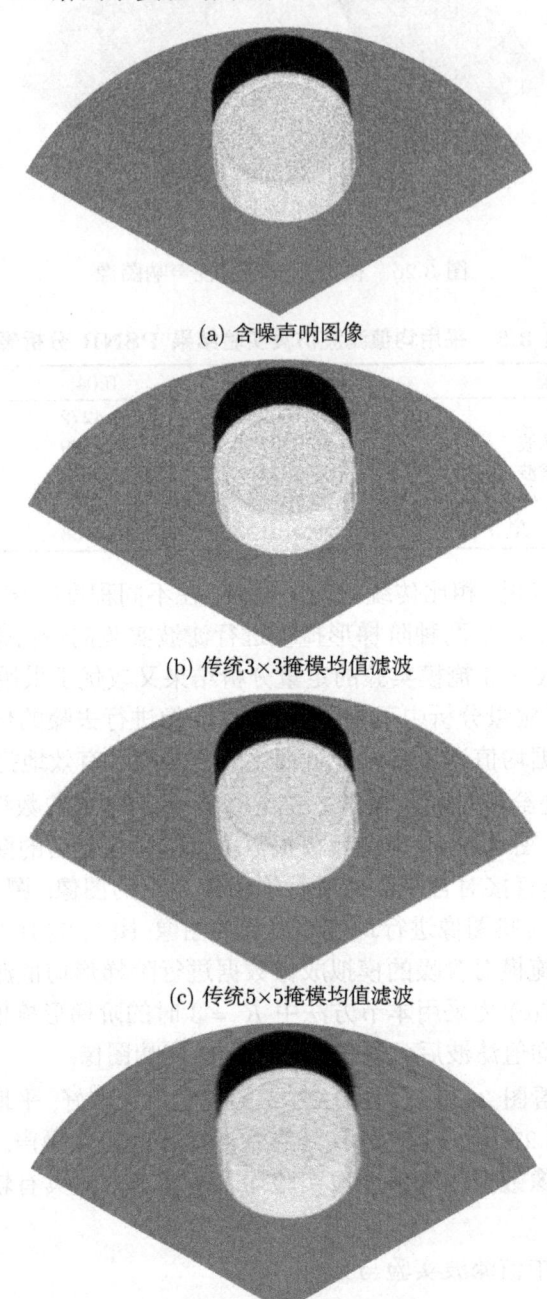

(a) 含噪声呐图像

(b) 传统3×3掩模均值滤波

(c) 传统5×5掩模均值滤波

(d) 本节均值滤波方法 ($K=1$)

3.5 针对多波束前视声呐成像数据的空间域滤波

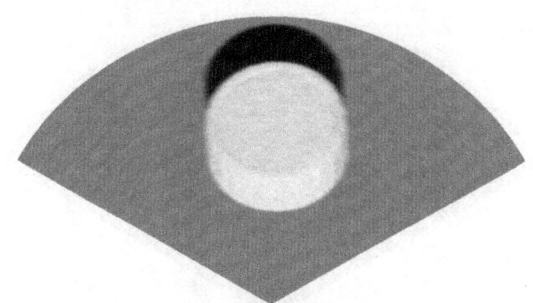

(e) 本节均值滤波方法 ($K=3$)

图 3.27 几种均值滤波方法的仿真实验效果对比

表 3.4 采用中值滤波仿真实验结果 PSNR 分析表

噪声方差值	0.02	0.04	0.06
含噪图	22.1803	19.4272	17.8163
3×3 中值滤波	25.0358	22.1854	20.5676
5×5 中值滤波	27.4906	24.6080	22.9288
本节方法中值滤波 ($K=1$)	28.5933	25.8952	24.2958
本节方法中值滤波 ($K=3$)	30.2599	27.4974	26.9794

从表 3.4 可以看出，在添加的噪声方差相同时，采用本节提出的两种掩模进行中值滤波实验的 PSNR 较高，而采用 3×3 掩模对声呐图像进行中值滤波的 PSNR 最低。从定量分析中可知，本节提出的中值滤波方法较传统中值滤波能较有效地抑制斑点噪声。

出于篇幅考虑，此处给出对加入噪声方差为 0.02 声呐成像数据进行实验的效果图，如图 3.28 所示。图 3.28(a) 为含噪模拟数据直接可视化后的图像；图 3.28(b) 为采用传统 3×3 掩模直接对含噪图像进行中值滤波后的图像；图 3.28(c) 为采用传统 5×5 掩模直接对含噪图像进行中值滤波后的图像；图 3.28(d) 为采用本节方法中 $K=1$ 时的阶梯形掩模对含噪的模拟成像数据进行中值滤波后，继而可视化得到的声呐图像；图 3.28(e) 为采用本节方法中 $K=3$ 时的阶梯形掩模对含噪的模拟成像数据进行中值滤波后，经可视化处理得到的声呐图像。

从视觉效果上看图 3.28(d)、图 3.28(e) 的视觉效果较好，平坦区域的斑点效应得到了有效的抑制，而图 3.28(b)、图 3.28(c) 中目标物体和背景区域还存在着明显的斑点状噪声，去噪的效果较差。而且本节提出的中值滤波方法在抑制斑点噪声的同时，还能较好地保留边缘信息。定量评价和模拟成像数据的中值滤波实验均表明本节方法具有抑制噪声较好的优势。

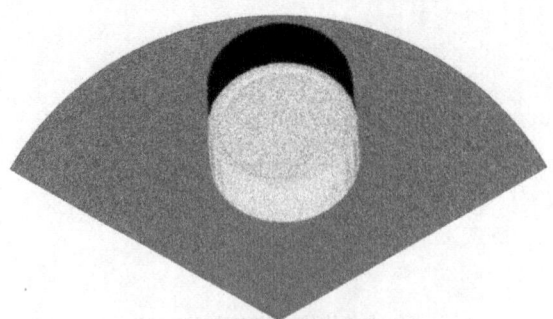
(a) 含噪声呐图像

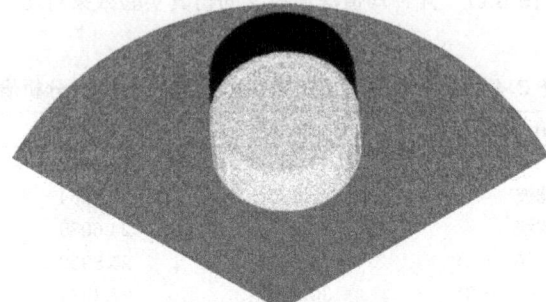
(b) 传统3×3掩模中值滤波

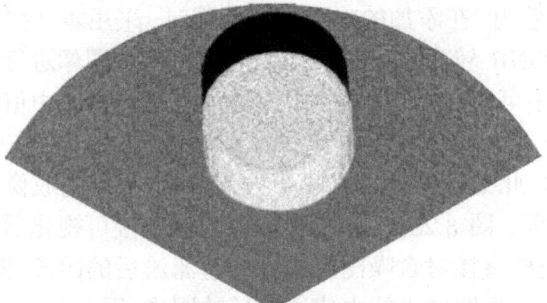
(c) 传统5×5掩模中值滤波

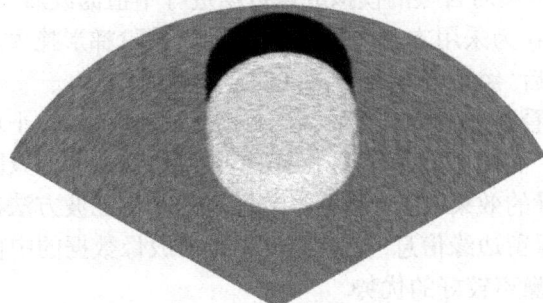
(d) 本节中值滤波方法($K=1$)

3.5 针对多波束前视声呐成像数据的空间域滤波

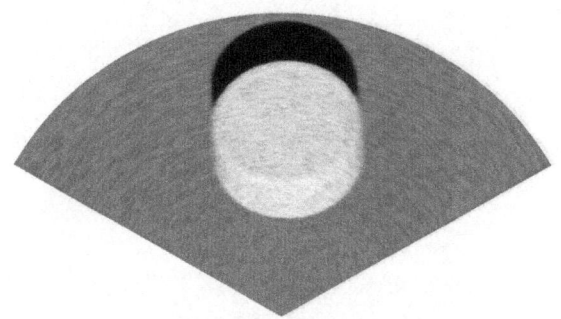

(e) 本节中值滤波方法($K=3$)

图 3.28　几种中值滤波方法的仿真实验效果对比

2. 实际前视声呐成像数据空间域滤波实验及结果分析

为了进一步说明本节方法的优势,对现场实验采集的声呐数据进行空间域滤波实验比较. 现场实验数据由 Gemini 720i 多波束前视声呐对消防水池中一段绳索扫描获得,并分别进行均值滤波和中值滤波的实验和分析. 图 3.29 给出实际现场采集的带噪多波束前视声呐成像数据,经可视化得到的实际声呐图像.

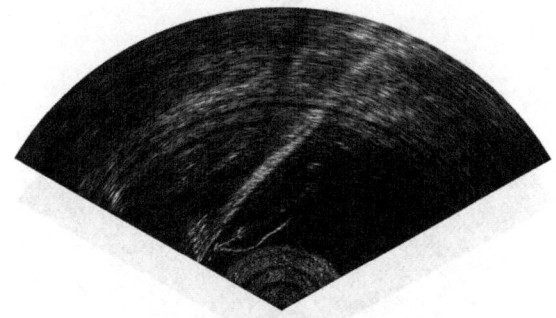

图 3.29　实际多波束前视声呐图

1) 实际多波束前视声呐成像数据的均值滤波实验与分析

对图 3.29 所示的实际多波束前视声呐图像分别采用传统3×3掩模和传统5×掩模进行均值滤波,得到的去噪后图像分别如图 3.30(a) 和图 3.30(b) 所示;对可视化前的实际声呐成像数据分别采用本节方法中 $K=1$ 时的阶梯形掩模和 $K=3$ 时的阶梯形掩模进行均值滤波,滤波后经可视化得到的声呐图像如图 3.30(c) 和图 3.30(d) 所示.

从图 3.30 中几种均值滤波去噪后的声呐图像对比效果看出,传统均值滤波直接对声呐图像去噪,可视效果一般,噪声并没有被较好地抑制,噪声残留比较明显,而本节提出的均值滤波方法能较好地抑制声呐图像中的噪声,尤其对去除斑点状噪声的效果最好. 现场实验及仿真实验的视觉评价完全一致,进一步说明了本节方法的有效性.

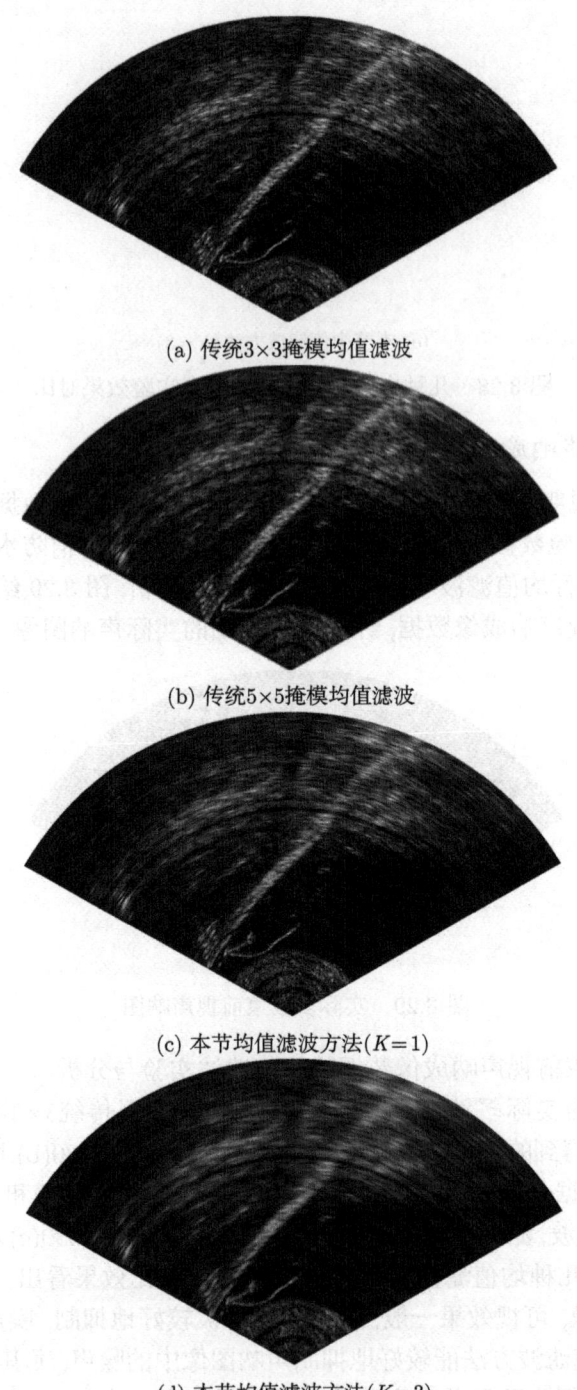

(a) 传统3×3掩模均值滤波

(b) 传统5×5掩模均值滤波

(c) 本节均值滤波方法($K=1$)

(d) 本节均值滤波方法($K=3$)

图 3.30 几种均值滤波方法的实际数据实验效果对比

3.5 针对多波束前视声呐成像数据的空间域滤波

2) 实际多波束前视声呐成像数据的中值滤波实验与分析

对实际多波束前视声呐图像直接采用传统 3×3 掩模和传统 5×5 掩模进行中值滤波，得到的降噪后图像如图 3.31(a) 和图 3.31(b) 所示；对进行可视化处理的实际声呐成像数据分别采用本节方法中 $K=1$ 时的阶梯形掩模和 $K=3$ 时的阶梯形掩模进行中值滤波，再经可视化得到的声呐图像如图 3.31(c) 和图 3.31(d) 所示.

将图 3.31 中几种中值滤波去噪后的声呐图像以及图 3.29 所示带噪的原始声呐图像对比发现，采用传统中值滤波直接对声呐图像去噪，去噪后的图像中噪声残留比较多，视觉效果较差，而本节提出的中值滤波方法能较好地抑制声呐图像中的噪声.

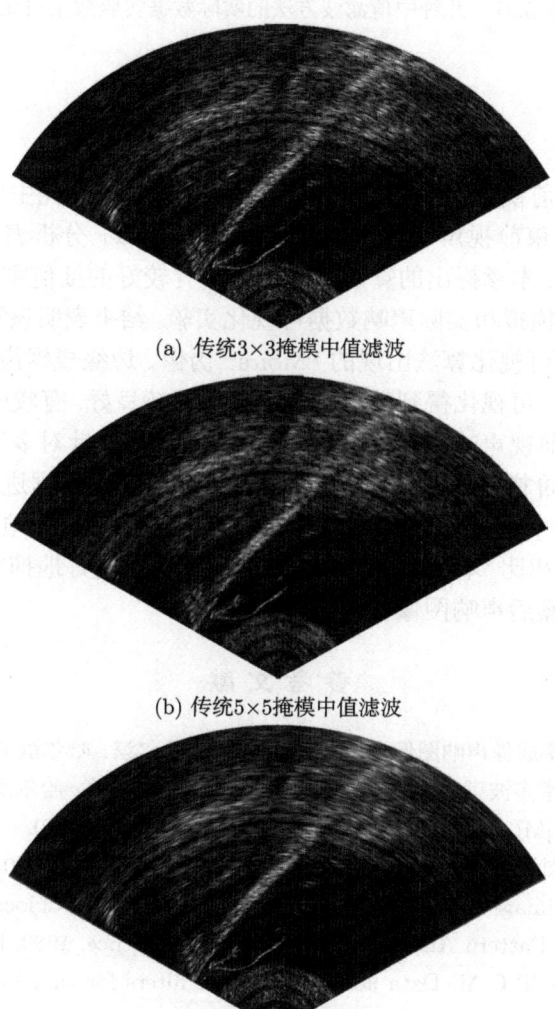

(a) 传统3×3掩模中值滤波

(b) 传统5×5掩模中值滤波

(c) 本节中值滤波方法 ($K=1$)

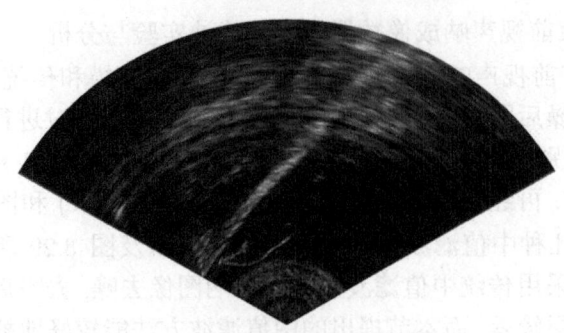

(d) 本节中值滤波方法 ($K=3$)

图 3.31　几种中值滤波方法的实际数据实验效果对比

3.6　本章小结

为提高多波束前视声呐扇形可视化的视觉效果，本章首先主要讨论了一种基于双立方插值的多波束前视声呐数据可视化算法. Fourier 分析表明，相比于现有可视化算法的核函数，本章提出的算法的核函数具有较好的插值重建图像能力. 对本章提出的算法进行模拟和实际声呐数据可视化实验，结果表明该算法克服了现有多波束前视声呐数据可视化算法出现的 "Moire" 伪像、边缘成锯齿状、轮廓模糊、高频信息丢失等不足，可视化得到的声呐图像边缘保持良好，有较好的视觉效果.

其次，为去除前视声呐图像中存在的各种噪声，本章针对多波束前视声呐成像数据，提出了一种阶梯形掩模，并用该掩模先对声呐成像数据进行空间域滤波，再经过可视化生成声呐图像，从而实现对声呐图像的降噪. 实验结果表明，与传统均值滤波和中值滤波相比，本章提出的空间域滤波方法能较好地抑制声呐图像中的斑点噪声，提高了去噪后声呐图像视觉效果.

参 考 文 献

[1] 刘晨晨. 高分辨率成像声呐图像识别技术研究 [D]. 哈尔滨: 哈尔滨工程大学, 2006.
[2] 张小平. 高分辨率多波束成像声呐关键技术研究 [D]. 哈尔滨: 哈尔滨工程大学, 2005.
[3] 田坦. 声呐技术 [M]. 2 版. 哈尔滨: 哈尔滨工程大学出版社, 2010.
[4] 石红. 声呐图像处理关键技术研究 [D]. 哈尔滨: 哈尔滨工程大学, 2011.
[5] Lee J S. Digital image enhancement and noise filtering by use of local statistics[J]. IEEE Transactions on Pattern Analysis and Machine Intelligence, 1980, PAMI-2(2): 165-168.
[6] Huang H C, Lee T C M. Data adaptive median filters for signal and image denoising using a generalized sure_criterion[J]. IEEE Signal Processing Letters, 2006, 13(9): 561-564.

参考文献

[7] Xu J, Zhao J, Yan Z P. Prediction of AUV moving target based on forward looking sonar using grey prediction principle[C]. International Conference on Mechatronics and Automation, 2009: 627-631.

[8] Kim K, Neretti N, Intrator N. Mosaicing of acoustic camera images[J]. Radar, Sonar and Navigation, IEEE Proceedings, 2005, 152(4): 263-270.

[9] Hurtos N. Fourier-based registrations for two-dimensional forward-looking sonar image mosaicing[C]. IEEE/RSJ International Conference on Intelligent Robots and Systems. Vilamoura, Algarve, Portugal, 2012: 5298-5305.

[10] Trucco A, Palmese M, Repetto S. Image projection and pomposition with a front-scan sonar system: methods and experimental results[J]. IEEE Journal of Oceanic Engineering, 2003, 28(4): 687-698.

[11] Marani G, Choi S K. Underwater target localization[J]. IEEE Robotics & Automation Magazine, 2010, 17(1): 64-70.

[12] Repetto S, Palmese M, Trucco A. Projection and mosaicking of real data gathered with a front-scan sonar system[C]. OCEANS'02 MTS/IEEE, 2002(4): 2466-2471.

[13] 吴丽媛, 徐国华, 余琨. 基于前视声呐的成像与多目标特征提取 [J]. 计算机工程与应用, 2013, 49(2): 222-225.

[14] 冯若. 超声诊断设备原理与设计 [M]. 北京: 中国医药科技出版社, 1993: 539-542.

[15] 周健, 钱进. B超图像的计算机实时成像研究 [J]. 声学技术, 2003, 22(3): 195-198.

[16] Lehmann T M, Gonner C, Spitzer K. Survey: interpolation methods in medical image processing [J]. IEEE Transaction on Medical Imaging, 1999, 18(11): 1049-1075.

[17] Hajizadeh M, Helfroush M S, Tashk A. Improvement of image zooming using least directional differences based on linear and cubic interpolation[C]. IC4 2009, 2nd International Conference on Computer, Control and Communication, 2009: 1-6.

[18] Tsai C S, Liu H H, Tsai M C. Design of a scan converter using the cubic convolution interpolation with canny edge detection[C]. 2011 International Conference on Electric Information and Control Engineering (ICEICE), 2011: 5813-5816.

[19] Maeland E. On the comparison of interpolation methods[J]. IEEE Transactions on Medical Imaging, 1988, 7(3): 213-217.

[20] Vijayaraghavan K, Parpyani K, Thakwani S A. Methods of increasing spatial resolution of digital images with minimum detail loss and its applications[C]. ICIG' 09, Fifth International Conference on Image and Graphics, 2009: 685-689.

[21] Bozek J, Grgic M, Delac K. Comparative analysis of interpolation methods for bilateral asymmetry[C]. ELMAR, 2010 PROCEEDINGS, 2010: 1-7.

[22] Miklos P. Comparison of convolutional based interpolation techniques in digital image processing[C]. SISY 2007. 5th International Symposium on Intelligent Systems and Informatics, 2007: 87-90.

[23] Keys R G. Cubic convolution interpolation for digital image processing[J]. IEEE Transaction on Acoustics, Speech and Signal Processing, 1981, 29(6): 1153-1160.

[24] Lin C C, Sheu M H, Chiang H K. The efficient VLSI design of bi-cubic convolution interpolation for digital image processing[C]. IEEE International Symposium on Circuit and Systems, 2008: 480-483.

[25] 浦利, 金伟其, 刘玉树, 等. 基于混合双立方的 MPMAP 超分辨力图像插值处理算法 [J]. 北京理工大学学报, 2007,27(2): 161-165.

[26] Reed S, Petillot Y, Bell J. An automatic approach to the detection and extraction of mine features in sidescan sonar[J]. IEEE Journal of Oceanic Engineering, 2003, 28(1): 90-105.

[27] Mignotte M, Collet C, Perez P. Sonar image segmentation using an unsupervised hierarchical MRF model[J]. IEEE Transactions on Image Processing, 2000, 9(7): 1216-1231.

[28] 陈大力, 薛定宇, 高道祥. 图像混合噪声的模糊加权均值滤波算法仿真 [J]. 系统仿真学报, 2007,19(3): 527-530.

[29] Teramoto A, Horiba I, Sugie N. Improvement of image quality in MR image using adaptive k-nearest neighbor averaging filter[C]. ICICS, Processing of 1997 Internatioanl Conference on Information, Communications and Signal Processing, 1997, 1: 190-194.

[30] Wang D C C, Vagnucci A H, Li C C. Gradient inverse weighted smoothing sheme and the evaluation of its performance[J]. Computer Graphics and Image Processing, 1981, 15(2): 167-181.

[31] Kazubek M. Wavelet domain image denoising by thresholding and wiener filtering[J]. IEEE Signal Processing Letters, 2003, 10(11): 324-326.

[32] Yin L, Yang R, Gabbouj M. Weighed median filters: a tutorial[J]. IEEE Transactions on Circuits and Systems II: Analog and Digital Signal Processing, 1996, 43(3): 157-192.

[33] Arce G R, Foster R E. Detail-preserving ranked-order based filters for image processing[J]. IEEE Transactions on Acoustics, Speech and Signal Processing, 1989, 37(1): 83-98.

[34] Hwang H, Haddad R A. Adaptive median filters: new algorithms and results[J]. IEEE Transactions on Image Processing, 1995, 4(4): 499-502.

[35] Qiu G. An improved recursive median filtering scheme for image processing[J]. IEEE Transactions on Image Processing, 1996, 5(4): 646-648.

[36] Chanussot J, Maussang F, Hetet A. Scalar image processing filters for speckle reduction on synthetic aperture sonar images[C]. OCEANS '02 MTS/IEEE, 2002, 4: 2294-2301.

[37] Wu C C, Huang C J, Wang J H. Speckle noise reduction for ultrasonic images[C]. IEEE International Conference on Systems, Man and Cybernetics, 2003, 5: 4165-4170.

第4章 多尺度几何变换域侧扫声呐图像的去噪

4.1 图像去噪

图像在采集、传输过程中会不可避免地受到噪声的污染,去噪的目的是在尽可能多地保留图像特征的前提下去除噪声污染.传统的图像去噪可以在空间域进行,也可以在频域进行.空间域方法中,基本的有均值滤波、中值滤波等方法,就是通过求像素灰度的平均值或中值来达到降噪目的.频域方法则利用噪声和信号在频域上的不同分布规律,即信号主要分布在低频区域,而噪声主要分布在高频区域,采用低通滤波技术,突出图像的期望特征.然而,由于图像的细节部分也属于高频信号,图像去噪中存在如何在降低图像噪声和保留图像细节上保持平衡的一个两难问题.传统的低通滤波方法将图像的高频成分滤除,虽然能够达到降低噪声的效果,但也破坏了图像细节.

近几年来,利用小波变换对图像进行去噪处理已成为一个热门的研究方向.小波对含噪图像进行处理时,可有效地滤除噪声、保留图像高频信息,实现原图像的恢复.小波去噪中最重要的各种阈值处理方法相继出现,使得小波在去噪上取得了很好的成果.然而,小波是各向同性的,只能较好地恢复主要含水平线和垂直线的噪声图像,对于其他方向的图像边缘去噪效果往往不是很好.

小波变换的不足使人们开始寻求更好的非线性逼近工具——多尺度几何分析. Curvelet 变换作为一种典型的多尺度几何分析工具,自 1999 年问世以来得到了相关研究者的高度重视,在图像处理和分析中已经取得了很多研究成果. Curvelet 变换的出现,开辟了图像去噪的新领域. Curvelet 变换用于图像去噪已经取得了较为成功的应用,它有效地克服了传统去噪算法中产生的细节模糊问题,去噪后的图像纹理、边缘保持较好,视觉效果更为突出.

作为水下成像探测的主要工具之一,侧扫声呐在海底勘探、水雷探测、管线定位等国防与民生应用领域发挥了重要作用.对侧扫声呐而言,主要考虑海底散射,海底的起伏不平整、表面的粗糙度及存在于海底附近的各种散射体对声波的散射作用,形成的海底混响,造成声呐图像斑点噪声突出、边缘模糊、纹理较弱,给后续的检测识别等处理带来困难.

鉴于 Curvelet 变换在图像边缘表达和去噪方面的明显优势,依据声呐成像机理、声呐图像特点,本章在 Curvelet 变换域对声呐图像进行去噪.主要考虑海底混响的影响，首先从混响的散射数学模型出发，得到混响的瑞利分布乘性噪声的理论模型. 基于该乘性模型，对侧扫声呐图像中噪声及信号的 Curvelet 系数建模，并在借鉴贝叶斯统计理论在医学超声图像、SAR 图像斑点噪声去除中的广泛应用的基础上，提出了一种基于贝叶斯统计的 Curvelet 域局部自适应性去斑算法. 该方法在理论上具有解析表达式，实验结果证明了该方法的有效性.

4.2 多尺度几何分析理论及其在声呐图像处理中的应用研究

4.2.1 多尺度几何分析理论发展背景

1. 从傅里叶分析到小波分析

傅里叶分析是分析学中的一个重要分支，起源于 18 世纪初期. 1822 年法国数学家 J. Fourier 系统地运用了三角级数和三角积分来处理热传导问题，奠定了以 Fourier 命名的级数理论的基础，这一理论是研究周期现象不可缺少的工具.

傅里叶分析揭示了时间函数与频谱函数之间的内在联系，反映了信号在整个时间范围内的"全部"频谱成分. 它的重要意义是引进了频率的概念，把信号的处理从时域搬到频域进行，是研究周期现象不可缺少的工具. 傅里叶变换虽然有很强的频域局部化能力，但并不具有时间局部化能力. 时间上的局部化对于非平稳信号处理工作是至关重要的.

小波分析的理论和方法是从傅里叶分析演变而来的. 小波变换以牺牲部分频域定位性能来取得时–频局部性的折中，其不仅能提供较精确的时域定位，而且能提供较精确的频域定位. 真实的物理信号更多地表现出非平稳的特性，而小波变换恰恰是处理非平稳信号的有力工具. 小波分析理论的兴起，得益于其对信号的时、频局域分析能力及其对一维有界变差函数类的最优逼近性能，也得益于 Stéphane Mallat 和 Yves Meyer 等引入的多分辨分析概念，以及 Mallat 提出的快速小波变换实现方法.

下面将从函数逼近的角度概括地比较小波变换与傅里叶变换之优劣，从而引出多尺度几何分析.

设 $B = \{g_m\}_{m \in N}$ 是 Hilbert 空间 H 的一组标准正交基，则 $\forall f \in H$ 可分解为

$$f = \sum_{m=0}^{+\infty} \langle f, g_m \rangle g_m \tag{4-1}$$

$f_M = \sum_{m \in I_M} \langle f, g_m \rangle g_m$ 称为 f 的非线性逼近，其中 I_M 为对应于最大系数幅值

$|\langle f, g_m \rangle|$ 的 M 个向量. 非线性逼近误差为

$$\varepsilon_n[M] = \|f - f_M\|^2 = \sum_{m \notin I_M} |\langle f, g_m \rangle|^2 \tag{4-2}$$

逼近误差体现了用基 B 表示函数 f 时的"稀疏程度"或者分解系数的能量集中程度.

定义全变差范数

$$\|f\|_V = \int_0^1 |f'(t)| \mathrm{d}t \tag{4-3}$$

如果 $\|f\|_V \leqslant +\infty$, 则称 f 是有界变差的, 记为: $f \in BV[0,1]$. 大多数一维信号, 如连续可导的光滑信号和具有有限不连续点的不连续信号, 都属于有界变差函数的范畴.

1) 非线性傅里叶逼近

傅里叶基 $\{e^{i2\pi mt}\}_{m \in Z}$ 组成 $L^2[0,1]$ 的一组标准正交基, $\forall f \in L^2[0,1]$ 可以分解为傅里叶级数

$$f(t) = \sum_{-\infty}^{+\infty} \langle f(u), e^{i2\pi mu} \rangle e^{i2\pi mt} \tag{4-4}$$

若函数 f 不连续但具有有界变差, 傅里叶基对函数 f 的非线性逼近误差为 $\varepsilon_n^F[M] = O(M^{-1})$, 即 $\varepsilon_n^F[M]$ 有 M^{-1} 级的衰减速度[1].

2) 非线性小波逼近

$[\{\phi_{J,n}\}_{0 \leqslant n \leqslant 2^{-J}}, \{\psi_{j,n}\}_{l \leqslant j \leqslant J, 0 \leqslant n \leqslant 2^{-j}}]$ 定义了 $L^2[0,1]$ 中逼近空间 V_l 的一组规范正交基[2], 记为 $\phi_{J,n} = \psi_{J+1,n}$, 则 $f \in L^2[0,1]$ 的非线性小波逼近为

$$f_M^W = \sum_{(j,n)} \langle f, \psi_{j,n} \rangle \psi_{j,n} \tag{4-5}$$

逼近误差为

$$\varepsilon_n^W[M] = \|f - f_M^W\|^2 = \sum_{(j,n) \notin I_M} |\langle f, \psi_{j,n} \rangle|^2 \tag{4-6}$$

若 f 是点态正则的, 则当 M 增大时, $\varepsilon_n^W[M]$ 将快速衰减, 孤立的不连续点只影响到少数几个小波系数, 然而这样的小波系数并不多, 误差衰减依赖于这些不连续点之间的均匀正则性. 对于一维分段光滑函数, 有如下定理:

定理 4.1[2]: 设 f 在 $[0,1]$ 上具有有限个不连续点, 且在这些不连续点之间是一致 Lipschitz $\alpha(\alpha < q)$ 的, 则

$$\varepsilon_n^W[M] \leqslant O(M^{-2a}) \tag{4-7}$$

此时函数 f 的傅里叶非线性逼近误差 $\varepsilon_n^W[M]$ 只有 M^{-1} 的衰减级. f 在不连续点之间的正则性越高, 小波非线性逼近相对于傅里叶非线性逼近的改进就越大.

对有界变差函数, 小波具有最优的逼近性能 [3], 有如下定理:

定理 4.2[2]　　存在常数 C, 使得对所有的 $f \in BV[0,1]$, 有

$$\varepsilon_n^W[M] \leqslant C \|f\|_V^2 M^{-2} \tag{4-8}$$

毫无疑问, 小波分析比傅里叶分析能更 "稀疏" 地表示一维分段光滑或者有界变差函数, 这是小波分析在众多学科领域中取得巨大成功的一个主要原因.

2. 多尺度几何分析

小波分析在一维时具有的优异特性并不能简单地推广到二维或更高维. 由一维小波张成的可分离小波只具有有限的方向性, 不能 "最优" 表示具有线奇异性或面奇异性的高维函数. 而事实上具有线奇异性或面奇异性的函数在高维空间中非常普遍, 例如, 自然物体光滑边界使得自然图像的不连续性往往体现为光滑曲线上的奇异性, 而并不仅仅是点奇异.

自然图像的主要组成单位是 "线" 和 "面", 图像中的 "面" 又可以看作是由若干条 "线" 组成的, 甚至有时可以看作是更低分辨率下的 "线", 而并不仅仅是点奇异. 采用小波分解只具有有限方向, 即水平、垂直、对角, 方向性的缺乏使小波变换不能充分利用图像本身的几何正则性.

神经生理学家的研究结果表明[4], 哺乳动物的视觉皮层的接收场具有局部、方向、带通的特性. 1996 年, B. A. Olshausen 和 D. J. Field 的实验结果表明[5], 视觉皮层的接收场特性使得人类的视觉系统只用最少的视觉神经元就能 "捕获" 自然场景中的关键信息, 这相当于对自然场景的最稀疏表示, 或者说是对自然场景的 "最稀疏" 编码.

根据生理学家对人类视觉系统的研究结果和自然图像的统计模型, 一种 "最优" 的图像表示方法应该具有如下 3 个特征[6]:

(1) 多分辨. 能够对图像从粗分辨率到细分辨率进行连续逼近, 即 "带通" 性.
(2) 局域性. 在空域和频域, 这种表示方法的 "基" 应该是 "局部" 的.
(3) 方向性. 其 "基" 应该具有 "方向" 性, 不仅仅局限于二维小波的 3 个方向.

图 4.1 表示了用二维小波变换来逼近图像中奇异曲线的过程. 由一维小波张成的二维小波基具有正方形的支撑区间, 不同分辨率下, 其支撑区间为不同尺寸大小的正方形. 二维小波逼近奇异曲线的过程, 最终表现为用 "点" 来逼近线的过程. 尺度为 j, 小波支撑区间的边长近似为 2^{-j}, 幅值超过 2^{-j} 的小波系数个数至少为 $O(2^j)$ 阶, 当尺度变细时, 非零小波系数的数目则以指数形式增长, 出现了大量不可忽略的系数, 最终表现为不能 "稀疏" 地表示原函数.

图 4.2 为某种我们所希望的变换, 这种变换为了能充分利用图像的几何正则性, 其基的支撑区间表现为"长条形", 从而达到以最少的系数来逼近奇异曲线. 基的"长条形"支撑区间实际上是"方向"性的一种体现, 也称这种基具有"各向异性". 我们称这种变换为"多尺度几何分析"[7].

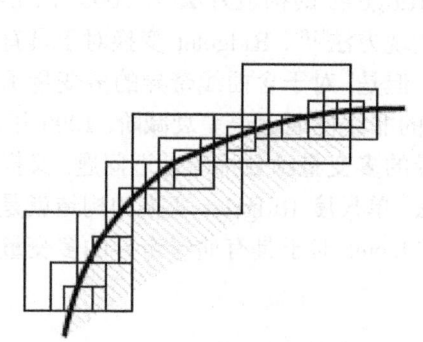
图 4.1 小波变换逼近奇异曲线

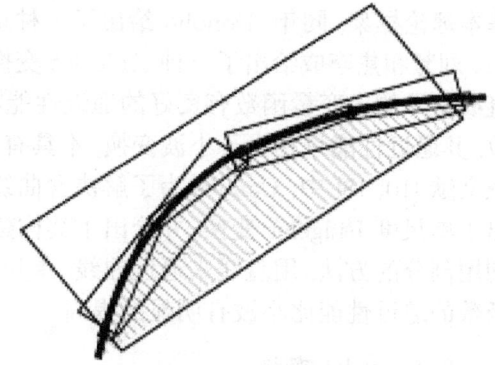
图 4.2 所希望的变换逼近奇异曲线

目前, 多尺度几何分析方法主要有: E. J. Candès 和 D. L. Donoho 提出的 Ridgelet Transform[8,9] (脊波变换)、Monoscale Ridgelet Transform[10](单尺度脊波变换) 和 Curvelet Transform[11](曲波变换), E. Le Pennec 和 Stéphane Mallat 提出的 Bandelet Transform[12](带状波变换), 以及 M. N. Donoho 和 Martin Vetterli 提出的 Contourlet Transform[13] (轮廓波变换) 等.

这些方法的提出, 都是针对小波分析在高维情况下并不能充分利用数据本身的几何特征、并不是最优的或者说"最稀疏"的函数表示方法这样的问题. 多尺度几何发展的目的和动力是要致力于发展一种新的高维函数的最优表示方法. 可以证明[14], 对于含有奇异曲线的二维光滑函数 (奇异曲线的光滑指数为 $\alpha, \alpha \geqslant 2$, 用 M 个系数的非线性逼近误差 $\varepsilon(M) = \|f - f_M\|^2$ 的衰减速度 (其中 f 和 f_M 分别为原函数和用 M 个系数构成的逼近函数), Curvelet 变换逼近误差能达到 $O((\log M)^{1/2} M^{-2})$, Bandelet 变换能达到 $O(M^{-\alpha})$, Contourlet 变换能达到 $O((\log M)^3 M^{-2})$; 而小波变换和傅里叶变换分别只能达到 $O(M^{-1})$ 和 $O(M^{-1/2})$. 由此可见, 多尺度几何分析技术在稀疏表示二维光滑函数方面比小波变换有了很大的提高, 其意义丝毫不亚于小波分析相对于傅里叶分析逼近性能的提高. 多尺度几何分析的典型代表是 Curvelet 变换和 Contourlet 变换.

4.2.2 多尺度几何变换

1. Ridgelet 变换

Ridgelet 变换理论由 E. J. Candés 在 1998 年提出,是一种非自适应的高维函数表示方法. E. J. Candès 在其博士论文[8]及文献 [15] 中给出了 Ridgelet 变换的基本理论框架,同年,Donoho 给出了一种正交 Ridgelet 的构造方法[9]. 2003 年,侯彪、刘芳和焦李成给出了一种 Ridgelet 变换的实现方法[16]. Ridgelet 变换对于具有直线奇异的多变量函数有良好的逼近性能[8,17],但是,对于含曲线奇异的多变量函数,其逼近性能只相当于小波变换,不具有最优的非线性逼近误差衰减阶. 1999 年,在文献 [10, 18] 中,Candès 为了解决含曲线奇异的多变量函数稀疏逼近问题,又提出了单尺度 Ridgelet 变换,并给出了其构建方法. 单尺度 Ridgelet 变换的构造就是利用剖分的方法,用直线来逼近曲线. 单尺度 Ridgelet 对于具有曲线奇异的多变量函数的逼近性能比小波有明显的提高.

2. Curvelet 变换

Ridgelet 变换是一个很好的数学工具,对于具有直线奇异的多变量函数有良好的逼近性能. 但对一般的目标函数,例如图像,边缘是图像的不连续性所在,即具有奇异性 (一维奇异性或线状奇异性) 的地方,而通常的边缘不是直线型的. Ridgelet 变换、Radon 变换和小波变换具有这样的关系:在二维情况下,标准正交的 Ridgelet 分析等价于 Radon 域中的非正交小波分析. 对一个具有曲线 (而非直线) 奇异性的目标来说,经 Radon 变换后,奇异性仍旧体现为一条曲线,而不是一个点,因此该奇异性的小波表示将不是稀疏的,它的 Ridgelet 表示的系数也不是稀疏的. 为了解决这个问题,E. J. Candès 提出了一种方案,即用单尺度 Ridgelet 来表示这种曲线奇异性,并构造了 $L^2[0, 1]^2$ 上的局部 Ridgelet 框架. 单尺度 Ridgelet 是在一个基准尺度 S 上进行 Ridgelet 变换. 对应于单尺度 Ridgelet,E. J. Candès 和 D. L. Donoho 构造了 Curvelet[11,19] 或者称为多尺度 Ridgelet,它是在所有可能的尺度 $S \geqslant 0$ 进行 Ridgelet 变换. 在二维情况下,当图像具有奇异曲线并且曲线是二次可微时,Curvelet 可以自适应地 "跟踪" 这条奇异曲线. 并且他们构造了 Curvelet 的紧框架,对于具有光滑奇异性曲线的目标函数,Curvelet 提供了稳定、高效和近于最优的表示.

针对第一代 Curvelet 变换实现过程复杂的缺点,2005 年,E. J. Candès 等又提出了实现更为简单、更便于理解的快速 Curvelet 变换算法,即第二代 Curvelet 变换[20,21](也称快速曲波变换, fast curvelet transform). 第二代 Curvelet 变换和第一代 Curvelet 变换在构造上已经完全不同. 它脱离了 Ridgelet 变换理论,直接在频域中定义,两者之间的相同点仅在于紧支撑、框架等数学意义.

3. Contourlet 变换

2002 年, M. N. Donoho 和 Martin Vetterli 提出了一种"真正"的图像二维表示方法——Contourlet 变换[13], 也称金字塔形方向滤波器组 (pyramidal directional filter bank, PDFB). Contourlet 变换是另一种多分辨的、局域的、方向的图像表示方法.

Contourlet 变换是一种不可分离的多尺度信号表示方法, 继承了 Curvelet 变换的各向异性尺度关系, 因此在一定意义上可以认为是 Curvelet 变换的另一种实现方式. Contourlet 基的支撑区间具有随尺度的长宽比变化的"长条形"结构. Contourlet 变换的基本思想是首先用一个类似小波的多尺度分解捕捉边缘奇异点, 再根据方向信息将位置相近的奇异点汇集成轮廓段. 采用拉普拉斯塔式滤波器结构 (Laplacian pyramid, LP) 对图像多分辨率分解来捕捉奇异点. LP 分解首先产生原始信号的一个低通采样逼近及原始图像与低通预测图像之间的一个差值图像, 对得到的低通图像继续分解得到下一层的低通图像和差值图像, 如此逐步滤波得到图像的多分辨率分解. 二维方向滤波器组 (directional filter bank, DFB)[22] 应用于 LP 分解得到的每一级高频分量上, 在任意尺度上可分解得到 2 的 n 次方数目的方向子带. 图像每次经 LP 子带分解产生的高通子带输入 DFB, 逐渐将点奇异连成线形结构, 从而捕获图像中的轮廓. LP 与 DFB 结合形成双层滤波器组结构, 称为塔形方向滤波器组 PDFB, 由于该变换以轮廓段形式的基函数逼近原始图像, 因此也称为离散 Contourlet 变换.

Contourlet 变换的低频子带和高频子带均存在频率混叠现象, 造成了同一方向的信息会在不同的方向子带中同时出现, 从而在一定程度上削弱了其方向选择性. 为了增强 Contourlet 变换的方向选择性和平移不变性, A. L. Cunha、J. P. Zhou 和 M. N. Do 等对其进行改进, 于 2006 年利用非下采样塔式分解和非下采样滤波器组构造出了非下采样 Contourlet 变换 (NSCT)[23]. NSCT 是一种多分辨、多方向、平移不变的超完备变换, 具有更强的细节保护能力.

4. 其他多尺度几何变换

1) Brushlet 变换

Brushlet[24] 也是一种方向图像分析和图像压缩的新工具, Francois G. Meyer 和 Ronald R. Coifman 构造了频率域中仅仅局部化在一个峰值周围的自适应的函数基.

有效地分析和描述纹理结构是图像分析和图像压缩中一项很重要的任务, 而边缘和纹理可能在图像的任何方向、位置和尺度上表现出来. 小波可以提供频率域的基于倍频带的分解方式, 但方向的分辨率却很低. 小波包能自适应地构造傅里叶平面最优瓦片分割. 然而两个实值的小波包的张量积在傅里叶平面会产生四个对称的峰值, 因此不可能有选择性地局部化在一个唯一的频率. 方向滤波器被设计用于图像的方向信息检测上, 然而方向滤波器不会产生傅里叶平面的任意分割. Steerable 滤波器也被设计用来实现傅里叶平面的任意分割, 但是这些滤波器是相当完备的, 产生的分解系数将是非常多的, 不适合于图像压缩的应用. 最重要的是这些滤波器都不是正交的, 因此, 并没有有效地算法来自适应地选择描述特定图像的最优基.

为了得到较好的方向分辨率, Francois G. Meyer 等将 Fourier 平面扩展成加窗的 Fourier 基, 称之为 Brushlet. Brushlet 是一个具有相位的复值函数, 二维 Brushlet 的相位提供了 Brushlet 的方向上的有用信息. 而且为了获得最精确的和最简洁的图像表示形式, 依据各个可能的方向、频率和位置的方向性纹理, 可以自适应地选择 Brushlet 的大小和方向.

2) Beamlet 变换

2001 年, Donoho 和 Huo 构造了一种方向信息的表示工具 Beamlet[25], 同小波一样也具有多尺度特性, 在 Beamlet 框架中, 线段扮演了小波分析中点的角色, 即小波分析能有效地分析点的奇异性, 而 Beamlet 能有效地分析线段的奇异性.

Beamlet 框架由 5 个关键的部分构成: Beamlet 字典是一组具有二进结构剖分的线段, 并在各个二进位置、尺度和方向上展开; 图像 $f(x,y)$ 的 Beamlet 变换是 $M(d(x_i,y_i)) \geqslant T$ 沿 Beamlet 字典中的二进线段的积分; 合成图像 $f(x,y)$ 的信息存储在 Beamlet 金字塔分解信息中; Beamlet 图的结构是将图像中的像素作为顶点, Beamlet 作为边缘, Beamlet 图中的一个路径相应于原图像中的一个多边形; 通过挖掘前四个构成部分, 可以产生基于 Beamlet 的算法, 并能有效地区分和抽取具有特定性质的 Beamlet 和 Beamlet 链.

3) Wedgelet 变换

Wedgelet[26] 是 Donoho 研究从含噪数据中恢复原图像的问题中提出的一种方向信息检测模型, 他研究了简单的"水平模型", 这类模型中的边缘具有 α-Holder 正则性. 采用计算调和分析的思想, Donoho 给出了一种新的超完备的原子 (基元素) 的结合, 称之为 Wedgelet. Wedgelet 采用二进剖分的思想, 把各种位置、尺度和方向上的二进楔形区域上的特征函数作为基元素, 它提供了 "水平模型" 的近于最优的表示, 并用极小极大描述长度来度量, 同时 Donoho 也研究了星型集合上特征函数模型的 Wedgelet 逼近问题, 表明基于惩罚复杂度的 Wedgelet 剖分达到了极小极大风险估计.

设 $S(k_1,k_2,j) = \{(x_1,x_2) : [k_1/2^j,(k_1+1)/2^j] \times [k_2/2^j,(k_2+1)/2^j]\}$(其中 $0 \leqslant k_1,k_2 \leqslant 2^j, j \geqslant 0$ 为一个整数) 为二进正方形中的点的集合, 设 n 为一个 $n \times n$ 的正方形格 (例如一幅图像), 这里 $n = 2^J$, 则共有 n^2 个包含独立像素的格 $S(k_1,k_2,J)(0 \leqslant k_1,k_2 \leqslant n)$, 称连接两个顶点 $(k_1/n,k_2/n)$ 处的像素点的线段为

edgel, 并且这两个顶点可以在同一条二进正方形的边上. 进一步, 把所有的 edgel 中两个顶点不在同一条二进正方形的边上的 edgel 成为 Edgelet, 则 Wedgelet 由以下的函数构成: 每一个 Edgelet 和所在的二进正方形的边构成的楔形区域上的特征函数称为 Wedgelet. 用这样的函数作为基元素的集合来逼近一个二维函数.

4) Bandelet 变换

Bandelet 变换[27,28]是一种基于边缘的图像表示方法, 能自适应地跟踪图像的几何正则方向. Pennec 和 Mallat 认为: 在图像处理任务中, 若是能够预先知道图像的几何正则性, 并充分予以利用, 无疑会提高图像变换方法的逼近性能.

构造 Bandelet 变换的中心思想是定义图像中的几何特征为矢量场, 而不是看成普通的边缘的集合. 矢量场表示了图像空间结构的灰度值变化的局部正则方向. Bandelet 基并不是预先确定的, 而是以优化最终的应用结果来自适应地选择具体的基的组成. Pennec 和 Mallat 给出了 Bandelet 变换的最优基快速寻找算法, 与普通的小波变换相比, Bandelet 变换在去噪和压缩方面体现出了一定的优势和潜力.

5) Directionlet 变换

Directionlet[29] 最初是由 Vladan Velisavljevic 和 Baltasar Beferull-Lozano 等于 2004 年提出的. 它是一种基于边缘的图像表示方法, 能自适应地跟踪图像的几何正则方向.

在图像处理的很多领域, 寻找高效的图像逼近工具是一个非常基础的问题, 例如去噪、压缩和特征抽取. 这样的变换需要满足稀疏性的要求, 即图像经大量的信息变换后必须包含在变换后的少数系数中.

Directionlet 能解决小波变换在应用中的缺点, 并能提供比 Ridgelet、Curvelet 等更稀疏的表示, 而且采用方向格变换, 为图像处理、图像检测、图像压缩和图像去噪等提供了各向异性的奇异性分析工具.

可分形式的图像逼近, 例如小波、局部 cos 基及 Fourier 并不能利用图像结构的几何正则性, 特别是逼近剧变图像的边缘时, 当然解决的方法之一就是把边缘认为是分段光滑的曲线, 这样可以在一定程度上提高逼近阶. 研究图像的几何正则性是改进图像压缩质量、去噪效果等的关键, 因为图像通常包含丰富的边缘信息. Directionlet 可以有效地解决这样的问题.

Directionlet 采用基于格的最佳重构 (PR) 和临界抽样来构造各向异性的多方向小波变换. 该变换保留了可分滤波、子抽样、计算简单性和经由标准二维小波变换设计滤波器的特性. 相应的各向异性基函数 (directionlet) 具有沿着任何两个方向的有理的方向消失矩 (DVM). 进一步, 该变换提供了一种高效非线性逼近图像的工具, 逼近速率为 $O(N^{-1.55})$, 这个速率优于小波变换等其他过采样变换.

5. 多尺度几何变换的特性比较

图像的多尺度几何分析方法分为自适应和非自适应两类. 自适应方法以 E. L. Pennec 和 S. Mallat 提出的 Bandelet 为代表. 自适应方法一般先进行边缘检测, 再利用边缘信息对原函数进行最优表示. 因为自适应的图像多尺度几何分析方法需要预先知道图像本身的几何特征, 这在实际图像处理中经常是一个很困难的问题, 所以对一般图像处理该类方法不具有普遍性, 本书不做详细研究.

非自适应的图像多尺度几何分析方法并不需要先验地知道图像本身的几何特征, 其典型代表为 Curvelet 变换和 Contourlet 变换, 发展潜力最大, 在图像处理中获得了广泛的应用. 因此, 本书主要研究 Curvelet 变换域和 Contourlet 变换域的数字图像处理算法及其在声呐图像中的应用.

在文献 [14] 中对各种多尺度几何变换的特性进行了较详细的论证, 表 4.1 列出了各种变换及各自擅长处理的图像特征, 表 4.2 给出了各种变换对应的适合捕获的图像特征. 从表中可以看到, 在处理具有线状的图像时, Fourier 变换和 Wavelet 变换均不能获得较好的逼近阶, 而 Ridgelet、Curvelet、Wedgelet、Brushlet、Beamlet、Bandelet、Directionlet 及 Contourlet 变换均能有效地捕获直线、曲线、楔形及目标轮廓等特征.

表 4.1 各种变换及各自擅长处理的图像特征比较

变换	函数或空间	逼近阶
Fourier	$H(x) = \{1_{\{x>0\}}, x \in [-\prod, \prod]\}$ 和区间 $T = [0, 2\pi]$ 上的所有函数的类 $BV(1)$	$O(N^{-1/2})$
Wavelet	Sobolev 空间	$O(N^{-s})$(对每一个可能的 s)
	阶梯函数 $H(u \cdot x - t)(u, x$ 为 $\mathbf{R}^d$ 中的向量), 定义在 $\mathbf{R}^d$ 的单位圆 Q 里	$O(N^{-2(d-1)})$
	区间 $T = [0, 2\pi]$ 上的所有函数的类 $BV(1)$	$O(N^{-1})$
Ridgelet	Ridgelet 空间 $F = R_{p \cdot q}^s(C) = \{f, \|f\|_{R_{p \cdot q}^s} \leqslant C\}$	$O(N^{-(s-1)})$
	$f(x) = 1_{\{u \cdot x - b > 0\}} g(x)$(其中 $g(x)$ 是属于 Sobolev 空间 H^s 的连续函数, u 和 x 为 $\mathbf{R}^d$ 空间中的向量)	$O(N^{-s/d})$
Curvelet	光滑平面上的 C^2 的闭曲线	$O(N^{-2}(\log N)^3)$
Wedgelet	简单的 "水平模型", 这类模型中的边缘具有 α-Holder 正则性	$O(N^{-\alpha})(1 \leqslant \alpha \leqslant 2)$
Brushlet	具有 Brush-stroke 的图像	和小波包等同
Beamlet	具有直线段的图像	$> O(\log N^2)$
Bandelet	f 具有 C^α 的等高线, 且远离这些曲线是 C^α 的	$O(N^{-\alpha})$(对每一个可能的 α)
Directionlet	Mondrain(k_1, k_2) 类函数	$O((k_1\alpha + k_2/\alpha)N)$
Contourlet	$f(\bar{x}) = g(\bar{x}) 1_{\{x_2 \leqslant \Gamma(x_1)\}}$	$O(N^{-2/3} \log N)^3$

表 4.2　各种变换对应的适合捕获的图像特征

变换	适合捕获的图像特征
Fourier	均匀构成的光滑图像
Wavelet	点
Ridgelet	直线
Curvelet	光滑平面上 C^2 连续的闭曲线
Wedgelet	楔形
Brushlet	梳状
Beamlet	直线段
Bandelet	光滑平面上 C^α 连续的闭曲线 ($\alpha \geqslant 2$)
Directionlet	交叉直线
Contourlet	具有分段光滑轮廓的区域

图像去噪是图像处理中的一个基本的研究课题,不同的图像变换由于对图像具有不同的表示能力,它们的去噪效果也会有所不同. 为了比较各种多尺度几何变换对图像的表示能力, 在文献 [14] 中, 使用简单的硬阈值去噪方法对常用的 3 个测试图像 Lena、House 和 Pepper 进行了去噪处理. 为测试各种去噪方法在不同噪声水平下的性能, 原始图像分别叠加标准差为 10、15、20、25 和 30 的高斯白噪声. 实验结果表明, Curvelet 变换的去噪效果是优于 Wavelet 与 Contourlet 的, 当然它的冗余度也是比较大的. 从图像处理的效果方面讲, Curvelet 变换在图像去噪、增强等方面是有优势的, 表现出了优异的性能, 但计算冗余度高和分块操作所带来的 "边缘效应" 等成为了该变换的不足之处.

4.2.3　多尺度几何变换域声呐图像处理研究现状

近年来, 海洋安全和开发、水利工程等国防和国民经济领域的重大需求, 使得水下信息获取与处理技术越来越受到重视, 其中水下成像技术作为获取水下信息的一个重要方面, 广泛应用于水下地形测绘、底质分类、资源勘探、港口航道疏浚、水利工程监测等领域. 水下声呐成像技术主要有侧扫声呐、多波束声呐、合成孔径声呐等. 其中, 侧扫声呐被广泛用于海底地形测绘、海上资源勘探、港口航道疏浚、水利工程监测、海底底质分类、搜寻失事飞机船只的残骸、探测突出的礁石及水雷等[30-33].

目前, 在声呐成像技术商业化应用方面, 主要还是西方的发达国家占据着主要市场. 比较典型的有: 美国 RESON 公司生产的 SeaBat 系列多波束测深仪和侧扫声呐; 英国 Tritech 国际有限公司推出的 Gemini 多波束成像声呐和 Starfish 侧扫声呐; 美国 DIDSON 水下声频图像识别声呐等. 我国中国科学院声学所和哈尔滨工程大学也在声呐产品研究方面有所研究, 但没有大范围地推广应用.

水作为声波的传输介质, 与水面、水底一起构成了声传播通道 (水声信道). 水声信道的水介质及边界具有非常复杂的特性[34]. 水声信道的传播特性、声波的透射特性及侧扫声呐的工作特点决定了侧扫声呐图像主要有以下 3 个特点[34-37]:

(1) 噪声干扰严重, 斑点噪声突出. 存在海洋环境噪声、舰艇自噪声、探测目标的辐射噪声及海洋中存在的杂乱分布的散射体以及起伏不平的界间 (包括水底和水面) 造成的混响效应. 混响是主动声呐需要考虑的最主要因素, 特别是在浅水环境下, 水底介质起伏不平造成的混响效应尤为突出, 其在声呐成像上表现为斑点噪声突出.

(2) 图像分辨率低, 目标边缘模糊、残缺. 水声成像取决于声辐射特性. 一方面, 为了保证较远的探测距离 (常用的侧扫声呐的最大探测距离通常在 200m 左右), 侧扫声呐采用的声波波长较长, 工作频率较低, 因此导致图像分辨率较低, 图像模糊, 很难形成细微、精确的目标特征; 另一方面, 目标的成像受水底地形环境、混响和噪声的影响较大, 在水底地形起伏、混响、噪声严重的情况下, 可能会出现目标遮挡、边界残缺等情形.

(3) 图像通常可分为目标区、阴影区和背景混响区 3 类. 经国内外研究者用大量的实测数据证明, 图像中最主要的背景混响区可用瑞利分布来描述, 目标区像素灰阶在低信噪比情况下服从瑞利分布, 高信噪比情况下近似为高斯分布, 阴影区中像素灰阶的分布则可用高斯分布来描述.

水声成像技术的实际应用开始于 20 世纪 50 年代. 声呐图像是一种灰度图像, 一般都是以伪彩色的方式显示. 早期对水下声呐图像的解释和判别主要依靠人工来进行. 20 世纪 80 年代初, 由于数字信号处理、数字图像处理等技术的发展, 声呐图像处理的研究也进入了一个新阶段, 很多光学图像处理的常规方法被应用于声呐图像处理中, 比如差分法、中值滤波法、维纳滤波法、Otsu 算法、数理统计的方法、神经网络方法、Markov 随机场模型理论以及小波域处理方法等[36-46], 以上方法推进了水声图像处理技术的发展.

然而, 需要注意的是, 相对于光学图像来说, 水声图像边缘模糊、纹理较弱, 而声呐图像中的目标边缘是目标识别的有效特征, 纹理则是底质分类的有效特征, 因此特别要求处理算法对图像边缘、纹理等奇异性的敏感度要高, 避免破坏较弱的边缘和纹理, 给后续的识别和分类等处理带来困难. 然而, 经典的中值滤波、维纳滤波等并未考虑边缘和纹理; 小波变换对含点状奇异的目标函数是最优基, 但是由一维小波张成的可分离小波只具有有限的方向, 不能 "最优" 表示含线或者面奇异的高维函数, 因此, 小波域处理方法虽然较之维纳滤波等方法能够取得更好的边缘、纹理保持效果, 但是仍然不尽理想.

针对水声图像边缘模糊、纹理较弱的特点以及 Curvelet、Contourlet 变换在描述图像纹理和边缘特性上的优势, 将多尺度几何分析理论应用到水下声呐图像处理的研究中, 无疑具有一定的理论价值和实际意义. 由于声呐技术应用领域的特殊性质,较之于光学成像技术,声呐成像技术相对滞后,相关的研究人员较少,因此,目前国内外有关水下声呐图像的多尺度几何分析的研究非常少见.国内见诸文献的基于多尺度几何分析变换的声呐图像处理方法主要来自哈尔滨工程大学,文献[47]考虑高斯加性噪声的影响,提出将 Curvelet 变换方法应用到水下声呐图像去噪中,文献[48]考虑脉冲噪声及高斯加性噪声的影响,采用非降采样 Contourlet 变换对水下声呐图像进行去噪.两种方法取得了一定的效果,但忽视了对声呐图像而言更为主要的混响的影响.

基于此,本书在深入研究侧扫声呐等的成像机理的基础上,建立声呐图像的噪声模型,并结合 Curvelet、Contourlet 等多尺度几何变换在边缘稀疏表达上的优势,探索变换域系数的统计特性,基于噪声与信号的变换域统计特性对声呐图像进行去噪、增强、分类、边缘检测等处理.

4.3 水下侧扫声呐图像的特性研究

4.3.1 侧扫声呐图像的成像

1) 侧扫声呐图像像素灰度变化特点

侧扫声呐图像是根据每条扫描线中的像素的灰度变化,形成灰阶强弱反差,较强灰度的灰阶形成一定大小的几何形态反映目标图像.扫描线的灰度随目标的反向散射强度的变化而变化,使侧扫声呐图像的扫描线能够反映目标图像.当然,侧扫声呐图像经常也采用伪彩色来显示灰度变化.迎着声波照射面的目标的反向散射强度较强,呈现较强灰度图像;背向声波照射面的目标的反向散射基本没有,呈现灰度值很低,接近于零.

依据以上所述侧扫声呐图像反映目标图像特征的灰度变化,可以把声图的目标图像归结为水底凸起和水底凹洼两类目标.目标在水底凸起,反映在声图上呈现前部为目标实体的强灰度值的灰阶图像,后部为目标阴影的灰度值接近于零的图像.目标在水底凹洼,反映在声图上呈现前部为目标阴影的灰度值接近于零的图像,后部为目标实体的强灰度的灰阶图像.各类声图图像都可以认为是这两类声图基本图像在灰阶的灰度反差强弱、形状、大小、位置和布局等特征的排列组合.

2) 侧扫声呐图像目标在背景中的成像特征

侧扫声呐图像反映的声信号不仅有换能器基阵发射声波的反向散射信号,还有外界各种声波信号和电信号.因此,声图上不仅有目标图像,还混杂分布有各种干扰信号形成的背景图像.光学图像的背景物一般反映具体现实,而声图背景反映呈一定灰度的灰阶几何形态,不具备具体真实图像.声图判读时首先要在二维声图上的背景中检测出目标图像,然后判读目标性质.目标在背景中成像给声图判读带来困难.由于声图这种目标在背景中的成像特征,要求声图判读者必须对声图各种信号形成的图像特征有较全面的认识,才能提高从声图背景中检测出目标的概率.而且还要求声图判读者具备多方面的专业知识,才能正确判读目标性质,正确识别目标.

4.3.2 侧扫声呐图像特性

水声信道复杂多变,声波本身具有散射特性,任何声呐探测系统的性能都会受到感知的局限性和自然非结构地形的约束.主动声呐的接收阵收到的回波是发射的探测声波在遇到目标物体之后反射产生的一种物理过程,所以物体的一些主要特征都可以体现在回波信号当中,同时也夹杂很多无意义的干扰.这些干扰可以分为3种:环境噪声、混响及声呐自噪声.

环境噪声是水中任一特定位置、任一时刻都普遍存在的、不期望的声背景,是水中这种大量无规则因素的叠加,是不可避免的、无法预知的、无法控制的.可以认为水中的环境噪声在一定范围和时间内是一个遵从高斯分布的随机信号.

混响定义为水听器所接收到的来自水中边界或非均匀体的那部分散射声能,是由主动声呐本身所产生的特有的噪声,因此混响的频谱特性本质上与发射信号相同.混响强度随散射体的距离而变化,也随发射信号的强度而变化,是限制主动声呐对近距离目标探测的主要因素.

另外声呐的电力噪声、机械噪声,以及由于水下温度、盐度等参数的变化造成的声波传播速度的非线性变换都是声呐的自噪声,影响计算的准确性.并且由于声波的折射,会造成波束的非线性传播,会在声呐图像中形成斑点噪声,降低目标边缘的清晰度.

声呐图像是在二维空间上的灰度数字图像,具有如下特性:分辨率低;噪声干扰严重、成分复杂;目标边缘模糊、残缺;图像可分为目标高亮区、阴影区和背景混响区3类,而且声图背景呈一定灰度的灰阶几何形态,不具备具体真实图像.

4.3.3 噪声模型分析

我国领海北起鸭绿江口,南至南沙群岛,有一个显著的特点,就是200m以内的浅海水域比较多,除中国台湾以东和南海海域水较深之外,黄海、北海、东海都具有浅海的明显特征[34].由于我国领海的这一特点,我国水声研究的科学家与工程技术人员,在浅海声传播、浅海声场分析、预报、浅海混响、浅海信道的研究方面取得了令国外同行瞩目的成绩.混响是声呐发射的声波在海面、海底和海水体积上散射而返回到接收器的所有散射成分的总和[49],一般分为体积混响、海面混响和海底混响3类,而后两类又统称为界面混响.文献[50]指出,混响是主动声呐的主要干扰,特别是在浅海环境下,更是必须考虑的主要因素.

4.3 水下侧扫声呐图像的特性研究

声呐成像时，其发射的声波遇到目标、海底、海面等发生反射、散射，海洋中有大量的散射体，入射声波照射到散射体上的时间也有先后，因而，所有的散射波不是都在同一时刻到达接收器的，某一时刻的混响是在该时刻所有到达接收器的散射波的总和。以体积混响为例，根据球面扩展假设，设发射的声脉冲的宽度为 τ，声脉冲在海水中形成了一个厚度为 $c\tau$ 的扰动球壳层，以声速 c 逐渐向远方传播。考虑发射脉冲结束后 $t/2$ 时刻的声传播情况，由图 4.3 可知，该球层的内、外半径[51]分别为

$$r_1 = tc/2, \quad r_2 = tc/2 + c\tau \tag{4-9}$$

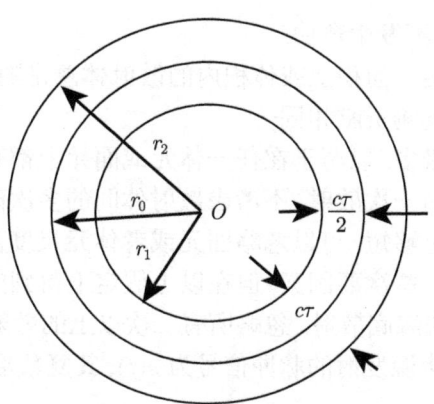

图 4.3 体积混响散射层

考虑双程传播，因脉冲宽度为 τ，脉冲前沿在半径为 $r_0 = tc/2 + c\tau/2$ 的球面上的散射波和脉冲后沿在 $r_1 = tc/2$ 的散射波，是在同一时刻 t 到达接收器的，对于 t 时刻的回波有贡献的，将是位于 r_0 和 r_1 之间的所有散射体，该壳层的厚度为 $c\tau/2$。海底、海面混响与体积混响类似，但又有一点不同，体积混响是球壳，而海底、海面混响是平面的圆环。图 4.4 给出了海底混响的散射层示意图。

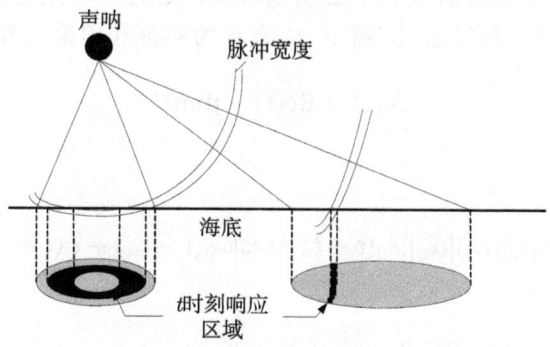

图 4.4 海底混响散射层示意图

图 4.4 中给出了声呐分别向正下方和侧方发射声波的海底混响层示意图,图中灰色部分表示散射层,可以看到,在向正下方发射时,混响散射层为圆环,在向侧方发射时又有不同,混响散射层为一小段圆环,显然,海底混响散射层和脉冲宽度、波束开角、发射方向及距离远近均有关,对工作于指定方向的侧扫声呐来讲,主要取决于距离分辨率 (对应于脉冲宽度) 和方位分辨率 (对应于波束开角).

由上可知,声呐回波由分辨率单元对应的散射层内的所有散射体产生的散射声波在接收点叠加形成,由于单个散射体的幅度和相位是不可观测的,不同散射体之间的回波相干相消,从而导致观测的回波幅度 (或强度) 出现了起伏. 在散射模型中,通常作以下假定[51]:

(1) 声线直线传播, 不发生弯曲;

(2) 任一瞬间位于某一面积上或体积内的散射体总是随机均匀的, 保持动态平衡, 同时每个散射体对混响贡献相同;

(3) 散射体的数量极多, 以至于在任一体元或面元上都有大量的散射体;

(4) 只考虑散射体的一次散射, 不考虑散射体间的多次散射;

(5) 入射脉冲时间足够短, 可以忽略面元或者体元尺度范围内的传播效应.

上述假设,忽略了一些次要因素,但在以上假定下得到的结果仍具有一般意义. 对于侧扫声呐,主要考虑海底散射. 忽略所有二次以上的散射,根据 Middleton 提出的海底混响模型[52],设声源发射的脉冲信号为 $s(t)$,其复数形式为 $|s_0(t)|\exp(j\psi(t))$,那么 t 时刻的混响

$$X(t) = \sum_{n=1}^{N} g(r_n)f(r_n)|\alpha_n||s_0(t-t_n)|\exp[j(\omega_0(t-t_n)+\psi(t-t_n)+\psi_n)] \quad (4\text{-}10)$$

式中, $g(r_n)$ 表示位于 r_n 处的每个散射微元 ΔV_n 中散射体的数目, 取值为 0 或者 1 的随机变量; $|\alpha_n|$ 是每个散射体对应的散射系数 α_n 的幅度; ψ_n 是散射系数 α_n 的相位; $f(r_n)$ 表示散射微元 ΔV_n 中散射体的散射回波的双程传播衰减因子; t_n 为回波到达的时刻; ω_0 为发射信号的中心角频率; N 是对 t 时刻有贡献的散射微元的总数; $g(r_n)$、$|\alpha_n|$、ψ_n 相互独立. 将 $X(t)$ 表示为实部和虚部之和

$$X(t) = \text{Re}(t) + j\text{Im}(t) \quad (4\text{-}11)$$

从而有

$$\text{Re}(t) = \sum_{n=1}^{N} g(r_n)f(r_n)|\alpha_n||s_0(t-t_n)|\cos[\omega_0(t-t_n)+\psi(t-t_n)+\psi_n] \quad (4\text{-}12)$$

$$\text{Im}(t) = \sum_{n=1}^{N} g(r_n)f(r_n)|\alpha_n||s_0(t-t_n)|\sin[\omega_0(t-t_n)+\psi(t-t_n)+\psi_n] \quad (4\text{-}13)$$

假设 $V_n(t)$ 表示第 n 个散射体的瞬时幅值,$\varphi_n(t)$ 表示第 n 个散射体的瞬时相位值,即

$$V_n(t) = g(r_n)f(r_n)|\alpha_n||s_0(t-t_n)| \tag{4-14}$$

$$\varphi_n(t) = \omega_0(t-t_n) + \psi(t-t_n) + \psi_n \tag{4-15}$$

则可得

$$\mathrm{Re}(t) = \sum_{n=1}^{N} V_n(t)\cos\varphi_n(t) \tag{4-16}$$

$$\mathrm{Im}(t) = \sum_{n=1}^{N} V_n(t)\sin\varphi_n(t) \tag{4-17}$$

依据中心极限定理[53],当 N 足够大时,$\mathrm{Re}(t)$ 与 $\mathrm{Im}(t)$ 均符合高斯分布,其均值

$$\langle \mathrm{Re}(t) \rangle = \sum_{n=1}^{N} \langle V_n(t)\cos\varphi_n(t) \rangle \tag{4-18}$$

$$\langle \mathrm{Im}(t) \rangle = \sum_{n=1}^{N} \langle V_n(t)\sin\varphi_n(t) \rangle \tag{4-19}$$

对随机相位散射体来说,$V_n(t)$ 和 $\varphi_n(t)$ 为相互独立的随机变量,其中,$\varphi_n(t)$ 可认为在 0 到 2π 之间均匀分布[54]. 因此,有以下两式成立

$$\langle \mathrm{Re}(t) \rangle = \sum_{n=1}^{N} \langle V_n(t)\cos\varphi_n(t) \rangle = \sum_{n=1}^{N} \left[\langle V_n(t) \rangle \cdot \frac{1}{2\pi}\int_0^{2\pi}\cos\varphi_n(t)\mathrm{d}(\varphi_n(t))\right] = 0 \tag{4-20}$$

$$\langle \mathrm{Im}(t) \rangle = \sum_{n=1}^{N} \langle V_n(t)\sin\varphi_n(t) \rangle = \sum_{n=1}^{N} \left[\langle V_n(t) \rangle \cdot \frac{1}{2\pi}\int_0^{2\pi}\sin\varphi_n(t)\mathrm{d}(\varphi_n(t))\right] = 0 \tag{4-21}$$

同时,可证 $\langle \mathrm{Re}(t)\mathrm{Im}(t) \rangle = 0$,由于 $\mathrm{Re}(t)$ 与 $\mathrm{Im}(t)$ 均符合高斯分布,这意味着 $\mathrm{Re}(t)$ 与 $\mathrm{Im}(t)$ 相互独立. 若随机变量 Re、Im 相互独立,且都服从高斯分布,均值为 0,方差相同,则随机变量 $\sqrt{\mathrm{Re}^2 + \mathrm{Im}^2}$ 服从瑞利分布. 故可知混响幅值 $|X(t)| = \sqrt{\mathrm{Re}^2(t) + \mathrm{Im}^2(t)}$ 服从瑞利分布,其概率密度函数为

$$p_X(x) = \begin{cases} 0, & x < 0 \\ \dfrac{x}{\alpha^2}\exp\left(-\dfrac{x^2}{2\alpha^2}\right), & x \geqslant 0 \end{cases} \tag{4-22}$$

式中,α 是瑞利分布的衰减参数. 考虑到接收机的增益,虽然混响的相对起伏大小和混响统计特性并未发生改变,但混响的范围和平均值可能发生改变. 基于这一点,

仍保留瑞利分布，引入偏移量 m，由此得到了平移瑞利分布，其概率密度函数[36] 为

$$p_X(x) = \begin{cases} 0, & x \leqslant m \\ \dfrac{x-m}{\alpha^2} \exp\left(-\dfrac{(x-m)^2}{2\alpha^2}\right), & x > m \end{cases} \quad (4\text{-}23)$$

基于以上分析，由于散射体的大量存在，每个像素的单次测量值随机起伏，其幅度的概率密度函数服从瑞利分布，强度的概率密度函数服从指数分布[55]. 在每个散射体的幅度和相位均独立且相位服从均匀分布的情况下，可以证明强度的平均值取决于所有散射体平均强度的非相干加和，并独立于散射体的几何构造. 在每个分辨率单元的散射体的总数保持不变的情况下，散射体的位置改变虽然会改变相位关系，但不会改变散射强度. 通过对同一像素点进行多次测量，由其平均值可得到该点的散射强度值，在这个意义上，也可认为每个像素点的观测强度是确定的[56]. 由此，产生了相干斑的乘性噪声模型，即认为每个像素的信息由其多次测量的平均值决定，引入随机分布的相干斑变量 n，则可将每一像素的观测值[55] 表示如下

$$X = r \cdot n \quad (4\text{-}24)$$

式中，r 代表期望得到的真实强度 (或幅度)，对应 X 多次测量的平均值；n 为与 X 同分布的随机变量. 显然，对于幅度图像，n 和 X 同服从平移瑞利分布，且 n 均值为 1.

4.4 Curvelet 变换域水下侧扫声呐图像的去噪

4.4.1 Curvelet 变换域的噪声统计建模

由 4.3.3 节可知，声呐图像中的斑点噪声同超声图像、SAR 图像等的斑点噪声相似，可以用同样的乘性模型来描述

$$I = RZ \quad (4\text{-}25)$$

式中，I 为观测到的含斑信号；R 为期望恢复的真实信号；Z 为斑点噪声随机变量. 若考虑水下环境噪声的影响，还应加上环境噪声随机变量. 考虑到相对于乘性斑点噪声，加性环境高斯噪声的影响要小得多，因此本书仅考虑最主要的水底散射引起的斑点噪声. Curvelet 变换去噪基于高斯加性噪声模型，则需要首先对噪声图像取对数，得到含有近似高斯加性噪声的声呐图像，再进行 Curvelet 变换. 公式表示为

$$\ln I = \ln R + \ln Z \quad (4\text{-}26)$$

4.4 Curvelet 变换域水下侧扫声呐图像的去噪

对式 (4-25) 进行 Curvelet 变换, 得到

$$c_d^l(i,j) = x_d^l(i,j) + \varepsilon_d^l(i,j) \qquad (4\text{-}27)$$

式中, l、d、(i,j) 分别表示 Curvelet 系数的尺度、方向与位置.

简单起见, 将式 (4-27) 简记为

$$c = x + \varepsilon \qquad (4\text{-}28)$$

基于贝叶斯理论的 Curvelet 域斑点噪声去除, 首先应对噪声和有用信号的统计特性建模, 再根据模型的先验知识对信号进行估计.

式 (4-26) 中, 记 $n = \ln Z$, 则可基于随机变量的函数分布并结合式 (4-23) 求解 n 的精确分布. n 的精确分布虽易求解, 但其形式较为复杂, 不便于进一步的分析与应用. 此处, 本书进行近似处理. 首先将 $n = \ln Z$ 按泰勒级数展开

$$n = Z - 1 - \frac{1}{2}(Z-1)^2 + \cdots \qquad (4\text{-}29)$$

考虑到 Z 的绝大多数分布值接近于 1, $Z - 1$ 的值通常很小, 取幂级数展开的首项, 可得

$$n \approx Z - 1 \qquad (4\text{-}30)$$

由式 (4-30) 并结合式 (4-23) 可得 n 的分布为

$$p_n(n) = \begin{cases} 0, & n < m-1 \\ \dfrac{n-(m-1)}{\alpha^2} \exp\left(-\dfrac{(n-(m-1))^2}{2\alpha^2}\right), & n \geqslant m-1 \end{cases} \qquad (4\text{-}31)$$

考虑到 $m \approx 1$, 式 (4-31) 可近似为瑞利分布

$$p_n(n) = \begin{cases} 0, & n < 0 \\ \dfrac{n}{\alpha^2} \exp\left(-\dfrac{n^2}{2\alpha^2}\right), & n \geqslant 0 \end{cases} \qquad (4\text{-}32)$$

由于 Curvelet 系数在分布上呈正负对称, 则斑点噪声 n 对应的 Curvelet 系数 ε 的概率密度函数可用阶跃函数 $U(\varepsilon)$ 表示为

$$p_\varepsilon(\varepsilon) = \frac{\varepsilon}{2\alpha^2} \exp\left(-\frac{\varepsilon^2}{2\alpha^2}\right) U(\varepsilon) - \frac{\varepsilon}{2\alpha^2} \exp\left(-\frac{\varepsilon^2}{2\alpha^2}\right) U(-\varepsilon) \qquad (4\text{-}33)$$

4.4.2 Curvelet 变换域的信号统计建模

对于代表信号的小波等变换域系数的统计模型, 文献 [57] 提出可以用广义高斯分布 (GGD) 来建模. 文献 [58] 提出可用均值为 0 的高斯分布来近似广义高斯分布. 考虑到取对数变换之后, 信号的动态范围被压缩, 分布更加对称, 重拖尾现象较

轻,因此,本书采用文献 [58] 提出的高斯分布模型来近似刻画信号的 Curvelet 系数分布,其概率密度函数如下

$$p_x(x) = \frac{1}{\sqrt{2\pi}\sigma_x} \exp\left(-\frac{x^2}{2\sigma_x^2}\right), \quad -\infty < x < \infty \tag{4-34}$$

该分布只有一个模型参数,即方差 σ_x^2,表达式较为简单,结合贝叶斯理论可得到理论的解析解,所以受到了一些学者的青睐[58,59]。

4.4.3 Curvelet 变换域自适应去噪算法

1. 基于最大后验概率估计的解析表达式

贝叶斯统计理论中,最大后验概率估计是常用的方法,即在给定观测数据 c 的条件下,使后验概率密度最大的 x 即为估计的真实值.

$$\hat{x}(c) = \arg\max_x p_{x|c}(x|c) \tag{4-35}$$

基于贝叶斯准则,式 (4-35) 可改写为

$$\begin{aligned}\hat{x}(c) &= \arg\max_x p_{c|x}(c|x) p_x(x) \\ &= \arg\max_x p_\varepsilon(c-x) p_x(x)\end{aligned} \tag{4-36}$$

考虑到 ε 对称分布,式 (4-36) 可以进一步简化为

$$\hat{x}(c) = \arg\max_x p_n(|c-x|) p_x(x) \tag{4-37}$$

式 (4-37) 与下式等价

$$\hat{x}(c) = \arg\max_x \left[\ln(p_n(|c-x|)) + \ln(p_x(x))\right] \tag{4-38}$$

将式 (4-32) 与式 (4-34) 代入式 (4-38) 得

$$\hat{x}(c) = \arg\max_x \left[\ln\left(\frac{|c-x|}{\alpha^2}\right) - \frac{(c-x)^2}{2\alpha^2} - \ln(\sqrt{2\pi}\sigma_x) - \frac{x^2}{2\sigma_x^2}\right] \tag{4-39}$$

考虑极值点,式 (4-39) 等价于求解方程

$$\left.\frac{-1}{c-x} + \frac{c-x}{\alpha^2} - \frac{x}{\sigma_x^2}\right|_{x=\hat{x}} = 0 \tag{4-40}$$

解方程 (4-40) 得

$$\hat{x}(c) = \operatorname{sgn}(c) \left(|c| - \frac{\alpha^2 |c| + \sqrt{\alpha^4 c^2 + 4\alpha^4 \sigma_x^2 + 4\alpha^2 \sigma_x^4}}{2(\alpha^2 + \sigma_x^2)}\right)_+ \tag{4-41}$$

式 (4-41) 的解析表达式是噪声瑞利分布衰减参数 α 及信号高斯分布方差 σ_x^2 的函数。为确定最终的解,需要预知瑞利分布衰减参数 α 及高斯分布方差 σ_x^2 的值。

2. 参数的估计

瑞利分布衰减参数 α 与变换域的噪声方差 σ^2 相关. 根据式 (4-33), ε 的均值为 0, 方差为

$$\sigma^2 = \int_{-\infty}^{+\infty} \varepsilon^2 p_\varepsilon(\varepsilon) \mathrm{d}\varepsilon = 2\alpha^2 \tag{4-42}$$

因此, 可得

$$\alpha = \sigma/\sqrt{2} \tag{4-43}$$

噪声方差 σ^2 的估计采用 Donoho 的鲁棒性方法[60]

$$\hat{\sigma}^2 = \left[\frac{M}{0.6745}\right]^2 \tag{4-44}$$

式中, M 为 Curvelet 变换域最细子带的中值.

考虑到式 (4-28) 中, x 与 ε 相互独立, 因此有

$$\sigma_c^2 = \sigma_x^2 + \sigma^2 \tag{4-45}$$

式中, σ_c^2 为包含噪声的 Curvelet 系数值 c 的方差.

由于经过 Curvelet 变换之后, 每个子带内的 Curvelet 系数存在一定的相关性, 特别是在相对较小的邻域内, 系数之间表现出强局部相关性. 因此, 以当前系数为中心, 用其邻域窗口的系数估计当前系数的方差. 考虑到 c 为 0 均值的随机变量, c 的方差可由下式近似求解

$$\hat{\sigma}_c^2 = \frac{1}{M} \sum_{(p,q) \in N(i,j)} c^2(p,q) \tag{4-46}$$

式中, $N(i,j)$ 表示以当前系数 $c(i,j)$ 为中心的邻域窗口; M 表示邻域窗口中的系数个数.

进一步, 结合式 (4-45), 可得局部的高斯分布方差 σ_x^2 的估计值

$$\hat{\sigma}_x^2 = \max(\hat{\sigma}_c^2 - \hat{\sigma}^2, 0) \tag{4-47}$$

最后, 将由式 (4-44) 与式 (4-43) 求得的 $\hat{\alpha}$ 值及由式 (4-44)、式 (4-46) 与式 (4-47) 求得的 $\hat{\sigma}_x^2$ 值代入到解析表达式 (4-41), 即可得到对应观测数据 c 的信号估计值 $\hat{x}$.

3. 自适应的邻域窗口确定方法

在局部自适应去噪的窗口选取上, 通常可选取以当前系数为中心的 3×3、5×5 或者 7×7 等固定大小的邻域窗口. 固定大小邻域窗口的选择可以简化求解过程, 但

考虑到图像的边缘和纹理特征,不同系数的局部相关性并不相同,过大或过小的窗口选择难于在系数保留和系数"过扼杀"之间保持平衡,导致出现系数噪声保留较多的情况或者出现明显的 Gibbs 现象. 基于此,可考虑自适应的邻域窗口确定方法.

通过计算方差一致性测度 (VHM)[61] 来扩展邻域,自适应确定邻域窗口大小. 选取以当前系数 $c(i,j)$ 为中心且窗口大小按 2×2 增长的多个邻域:$r_0(i,j)$, $r_1(i,j)$, $\cdots$, $r_{Q-1}(i,j)$,其中 $r_0(i,j)$ 为初始的 3×3 小邻域,$r_1(i,j)$ 为 5×5 邻域等. 对每一个邻域 $r_m(i,j)(m=0,1,\cdots,Q-1)$,设其对应方差为 σ_m^2,则其相对于初始的 3×3 邻域 $r_0(i,j)$ 的方差一致性测度定义如下

$$\text{VHM}_m(i,j) = |\sigma_m^2 - \sigma_0^2|/\sigma_0^2 \tag{4-48}$$

式中,VHM 用来衡量扩展后的大邻域 $r_m(i,j)$ 与初始的 3×3 小邻域 $r_0(i,j)$ 的一致性程度,记 VHM 的阈值为 T_l. T_l 是与尺度相关的阈值,具体定义为

$$T_l = \beta/2^{L-l} \tag{4-49}$$

式中,l 表示 Curvelet 分解尺度,$l=L$ 表示最粗尺度;β 为 VHM 的阈值调节常数,一般可选为 0.8[61],可由实验进一步调整.

基于以上分析,自适应的邻域窗口确定方法如下:

(1) 初始化 $N(i,j) = r_0(i,j)$, $m=1$.

(2) 循环操作,直到 $\text{VHM}_m(i,j) > T_l$ 或者 $m=Q-1$. 对邻域 $r_m(i,j)$,计算其相对于初始邻域 $r_0(i,j)$ 的方差一致性测度 $\text{VHM}_m(i,j)$. 判断 $\text{VHM}_m(i,j) < T_l$ 是否成立,若 $\text{VHM}_m(i,j) < T_l$ 成立,则 $N(i,j) = r_m(i,j)$, $m=m+1$,继续循环操作;否则,中断循环.

4. 算法的具体步骤

本书提出的基于瑞利分布乘性噪声模型 Curvelet 变换域自适应去噪算法的具体步骤如下.

步骤 1,对含有斑点噪声的侧扫声呐图像进行对数变换;

步骤 2,对步骤 1 得到的对数变换图像进行 Curvelet 变换;

步骤 3,根据式 (4-44) 求得噪声方差 σ^2 的估计值 $\hat{\sigma}^2$,进一步由式 (4-43) 求得瑞利分布衰减参数 α 的估计值 $\hat{\alpha}$;

步骤 4,对每一个带通方向子带的系数进行以下处理:

① 依据自适应的邻域窗口确定方法确定最终的自适应的邻域窗口 $N(i,j)$,Q 选取为 4,即最大的邻域窗口大小为 9×9;

② 由式 (4-46) 求得 σ_c^2 的估计值 $\hat{\sigma}_c^2$,进一步由 $\hat{\sigma}^2$ 的值及式 (4-47) 求得 σ_x^2 的估计值 $\hat{\sigma}_x^2$;

③ 依据式 (4-41) 对当前系数 $c(i,j)$ 进行阈值处理.

步骤 5, 对步骤 4 的结果做 Curvelet 逆变换;

步骤 6, 对步骤 5 的结果做指数变换, 得到斑点噪声去除后的恢复图像.

4.4.4 实验结果与分析

为了评价本章所提出的去噪算法的性能, 用仿真图像及实际侧扫声呐图像进行去噪实验, 并同中值滤波、同态 Wiener 滤波[62]、BayesShrink 小波软阈值去噪[57]、Pizurica 提出的基于分析模型的去斑算法[63]、Curvelet 硬阈值滤波[64] 等方法进行对比. 其中, BayesShrink 小波软阈值去噪、Curvelet 硬阈值滤波均先对图像进行对数变换, 最后再做指数变换.

考虑到声呐图像和超声图像成像机理相似, 选取合成的无噪超声图像作为仿真的参考图像, 图像来自 http://telin.ugent.be/~sanja/. 为验证方法的有效性, 利用模拟图像进行定量分析. 采用文献 [63] 中 Pizurica 提出的加斑方法得到噪声服从瑞利分布的加噪图像, 该方法较好地模拟了斑点噪声的形成过程, 具体步骤如下:

(1) 产生一个复高斯随机场, 该复高斯随机场的实部和虚部是均值同为 1、标准差相同 (记为 σ) 的独立同分布的高斯随机变量;

(2) 考虑斑点噪声的邻域相关性, 对该复高斯随机场进行 3×3 低通平均滤波, 取滤波输出的幅度, 最后与参考图像相乘, 得到模拟的加斑图像.

实验从信噪比 (SNR)、边缘保持度 β[65] 这两个客观指标结合图像主观视觉效果来评价各种算法的性能.

SNR 的定义如下:

$$\mathrm{SNR} = 10\lg\left(\frac{\sum_{m=1}^{M}\sum_{n=1}^{N}x^2(m,n)}{\sum_{m=1}^{M}\sum_{n=1}^{N}(x(m,n)-\hat{x}(m,n))^2}\right) \tag{4-50}$$

通常 SNR 越大, 表明滤波后得到的图像质量越好.

去斑算法应该在抑制斑点噪声的同时, 尽量保留图像的边缘、纹理等奇异性信息, 可以用边缘保持度 β 来衡量算法的边缘保持情况, β 定义如下:

$$\beta = \frac{\Gamma(\Delta S - \overline{\Delta S}, \hat{\Delta S} - \overline{\hat{\Delta S}})}{\sqrt{\Gamma(\Delta S - \overline{\Delta S}, \Delta S - \overline{\Delta S})\Gamma(\hat{\Delta S} - \overline{\hat{\Delta S}}, \hat{\Delta S} - \overline{\hat{\Delta S}})}} \tag{4-51}$$

式中,

$$\Gamma(S_1, S_2) = \sum_{i=1}^{K} S_1(i)S_2(i) \tag{4-52}$$

式 (4-51)、式 (4-52) 中 K 为图像的像素数；ΔS 和 $\Delta \hat{S}$ 分别是原始图像 S 和滤波得到的图像 $\hat{S}$ 通过 3×3 标准拉普拉斯算子的高通滤波结果；β 的理想值为 1.

各种去噪方法对模拟加斑图像去噪的实验数据如表 4.3 所示, 包括信噪比 SNR 及边缘保持度 β 值这两种客观评价指标. 图 4.5 给出了噪声标准差 $\sigma=0.6$ 的情况下, 不同算法对模拟加斑图像的降斑效果图. 去噪方法通常要求在去除噪声的同时, 保留更多的边缘细节. 从图 4.5 可以看出：由于中值滤波、同态 Wiener 滤波近似于低通滤波, 虽然较为平滑, 但丢失了图像细节, 图像整体非常模糊; BayesShrink 小波软阈值去噪、Pizurica 提出的基于分析模型的去斑算法边缘保留较好, 但残余噪声较多; Curvelet 硬阈值滤波较为平滑, 边缘保持尚可, 但划痕较多. 本书提出的方法在噪声去除和边缘保持上都具有更好的效果. 表 4.3 的客观评价指标进一步说明了这一点：中值滤波、同态 Wiener 滤波具有较好的 SNR 值, 但由于破坏了边缘信息, 在所有方法中 β 值最低; BayesShrink 小波软阈值去噪、Pizurica 提出的基于分析模型的去斑算法 β 值较高, 但由于噪声残留多, SNR 值在几种方法中最低;

表 4.3 参考图像用不同方法去噪后的信噪比 SNR 值与边缘保持度 β 值比较

噪声水平	去噪方法	去斑算法评价指标	
		SNR/dB	β
$\sigma=0.4$	含斑图像	7.08	0.9331
	中值滤波	7.37	0.6475
	同态 Wiener 滤波	7.67	0.4132
	BayesShrink 算法	7.11	0.9382
	Pizurica 提出的算法	7.10	0.9472
	Curvelet 硬阈值算法	7.32	0.7861
	本章方法	**7.92**	**0.9497**
$\sigma=0.6$	含斑图像	6.25	0.8685
	中值滤波	6.96	0.6175
	同态 Wiener 滤波	7.27	0.4032
	BayesShrink 算法	6.31	0.8792
	Pizurica 提出的算法	6.32	0.8923
	Curvelet 硬阈值算法	6.65	0.7061
	本章方法	**7.43**	**0.9075**
$\sigma=0.9$	含斑图像	5.09	0.7669
	中值滤波	6.37	0.5472
	同态 Wiener 滤波	6.81	0.3824
	BayesShrink 算法	5.22	0.7844
	Pizurica 提出的算法	5.23	0.8026
	Curvelet 硬阈值算法	5.72	0.5856
	本章方法	**6.83**	**0.8258**

4.4 Curvelet 变换域水下侧扫声呐图像的去噪

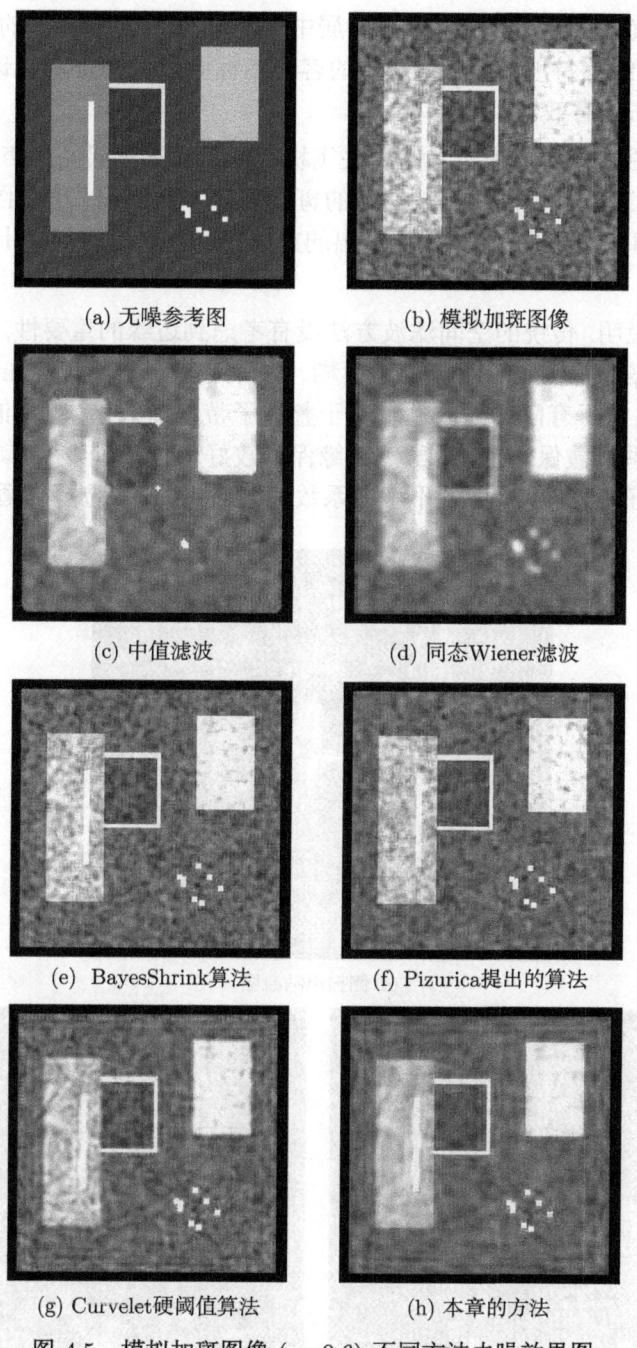

图 4.5 模拟加斑图像 ($\sigma=0.6$) 不同方法去噪效果图

Curvelet 硬阈值方法的 SNR 值及 β 值居中, 整体一般; 本章提出的方法则具有最高的 SNR 及边缘保持度 β 值. 表 4.3 的客观指标同图像视觉质量评价相一致, 进一步说明了方法的有效性.

图 4.6 和图 4.7 分别是实际的海底飞机残骸、水下沉船侧扫声呐图像的各种去斑方法的效果对比. 原图中有较明显的斑点噪声. 对比各种方法的处理效果图可得到同图 4.5 相似的主观评价, 本书提出的方法在降斑和边缘保持上都具有更好的效果.

实验结果说明, 传统的空间滤波方法没有考虑到边缘的重要性, 因此在去噪时往往损失边缘信息, 得到的图像过于模糊. 基于小波的 BayesShrink 方法考虑了图像的边缘, 但由于有限的方向性及基于整个子带估计方差, 窗口的选择过大, 导致过多的噪声系数被保留下来, 虽然边缘保持较好, 但噪声较多. Curvelet 变换虽然本身具有更好的方向性, 但若不考虑系数邻域的相关性, 选择合适的阈值处理方

(a) 侧扫声呐原图

(b) 中值滤波

(c) 同态Wiener滤波

4.4 Curvelet 变换域水下侧扫声呐图像的去噪

(d) BayesShrink算法

(e) Pizurica提出的算法

(f) Curvelet硬阈值算法

(g) 本章的方法

图 4.6 海底飞机残骸侧扫声呐图像不同方法去噪效果图

(a) 侧扫声呐原图

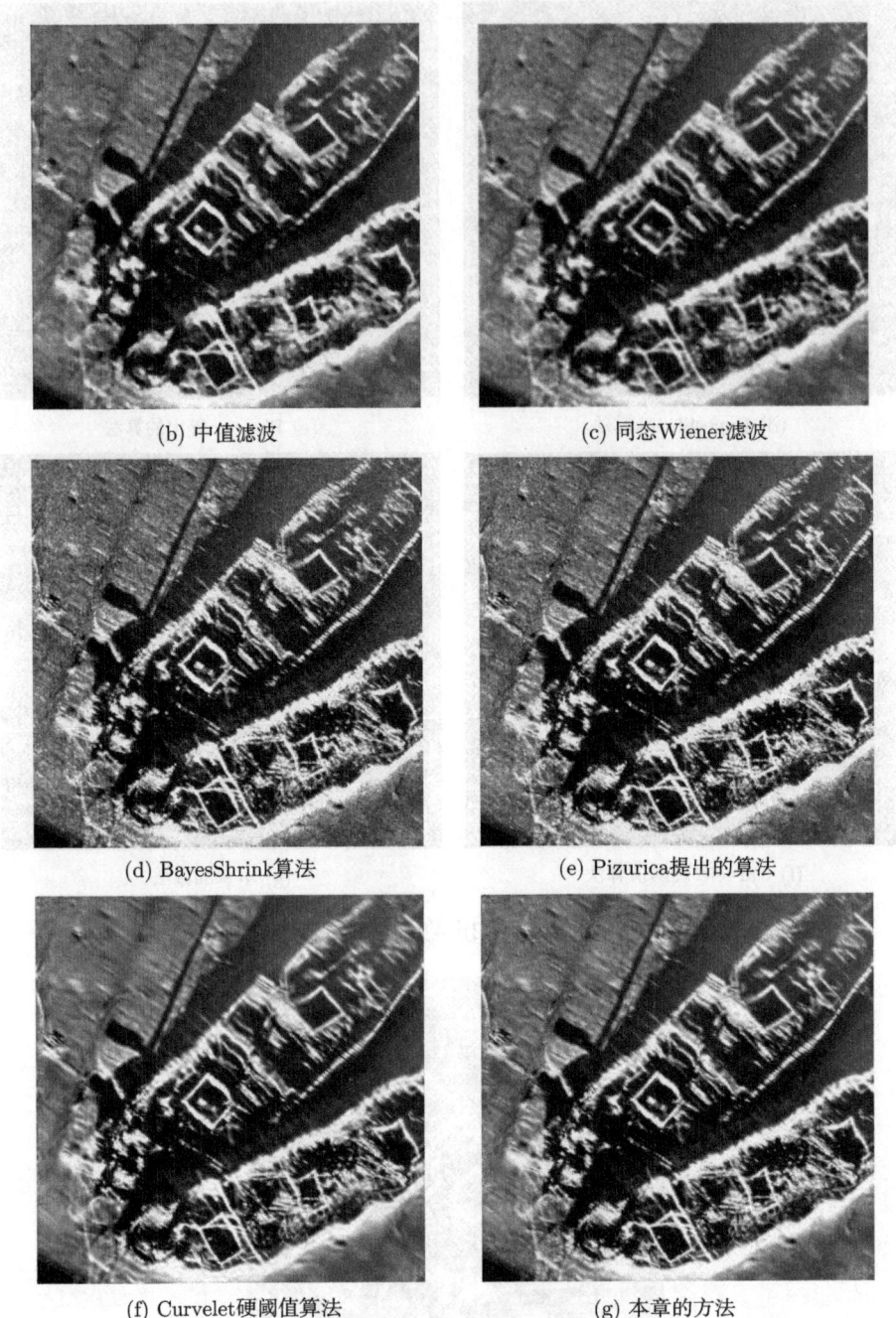

图 4.7 水下沉船侧扫声呐图像不同方法去噪效果图

法，也不会取得突出的效果，硬阈值方法证实了这一点，其由于没有考虑邻域系数的相关性，降斑后的图像划痕较多，整体效果并不理想．本书提出的阈值方法利用了 Curvelet 的各向异性，同时考虑了邻域系数的相关性并采用自适应的邻域窗口确定方法，因此具有较好的适应性，得到噪声较少、边缘保持更优的降斑图像．

4.5 本章小结

随着我国海洋开发的推进和声呐技术的发展，声呐图像处理成为当前研究的一个热点问题．本章首先分析研究了多尺度几何分析理论及其在声呐图像处理中的应用．然后，针对声呐图像普遍存在的斑点噪声突出现象，分析其形成机理，依据海底混响的散射模型，得到斑点噪声的瑞利分布乘性噪声模型．进一步，通过对含斑图像进行对数变换和 Curvelet 分解，并利用噪声系数的瑞利分布、信号系数的高斯分布模型，结合贝叶斯统计理论的最大后验概率估计方法，提出了一种基于贝叶斯估计的 Curvelet 域局部自适应斑点噪声去除算法．算法具有理论解析表达式，同时考虑了邻域窗口大小的自适应选取，具有较好的局部自适应性．对模拟斑点噪声声呐图像和真实声呐图像的实验仿真结果表明，在客观评价指标和主观视觉效果方面，新算法均取得了优于传统的空间滤波和基于小波的方法的性能，说明了本章方法的有效性．

参考文献

[1] Vetterli M. Wavelets, approximation, and compression[J]. IEEE Signal Processing Magazine, 2001, 18(5): 59-73.

[2] Mallat S. A Wavelet Tour of Signal Processing [M]. 3rd ed. Boston: Academic Press, 2008.

[3] Devore R A. Nonlinear approximation[J]. Acta Numerica, 1998, 7: 51-150.

[4] Hubel D H, Wiesel T N. Receptive fields, binocular interaction and functional architecture in the cat's visual cortex[J]. Journal of Physiology, 1962, 160: 106-154.

[5] Olshausen B A, Field D J. Emergence of simple-cell receptive field properties by learning a sparse code for natural images[J]. Nature, 1996, 381: 607-609.

[6] Donoho D L, Flesia A G. Can recent innovations in harmonic analysis 'explain' key findings in natural image statistics[J]. Network: Computation in Neural Systems, 2001, 12(3): 371-393.

[7] Mallat S G. A theory for multiresolution signal decomposition: the wavelet representation[J]. IEEE Trans. on Pattern Analysis and Machine Intelligence, 1989, 11(7): 674-693.

[8] Candès E J. Ridgelets: theory and applications[D]. USA: Department of Statistics, Stanford University, 1998.

[9] Donoho D L. Orthonormal ridgelets and linear singularities[R]. Technical Report, Department of Statistics, Stanford University, 1998.

[10] Candès E J. Monoscale ridgelet for the representation of images with edges[R]. Dept. Statist., Stanford Univ., Stanford, CA, Tech. Rep., 1999.

[11] Candès E J, Donoho D L. Curvelets[R]. USA: Department of Statistics, Stanford University, 1999

[12] Le Pennec E, Mallat S. Image compression with geometrical wavelets[C]//Image Processing, 2000. Proceedings. 2000 International Conference on. IEEE, 2000, 1: 661-664.

[13] Donoho M N, Vetterli M. Contourlets[A]. Stoeckler J, Welland G V. Beyond Wavelets[C]. Academic Press, 2002: 1-27.

[14] 焦李成, 侯彪, 王爽, 等. 图像多尺度几何分析理论与应用[M]. 西安: 西安电子科技大学出版社, 2008.

[15] Candès E J. Harmonic analysis of neural networks[J]. Applied and Computational Harmonic Analysis, 1999, 6: 197-218.

[16] 侯彪, 刘芳, 焦李成. 基于脊波变换的直线特征检测 [J]. 中国科学 (E), 2003, 33(1): 65-73.

[17] 焦李成, 侯彪, 刘芳. 基函数网络逼近: 进展与展望 [J]. 工程数学学报, 2002, 19(1): 21-36.

[18] Candès E J. On the representation of mutilated sobolev functions[J]. SIAM J. Math. Anal., 1999, 33: 2495-2509.

[19] Candès E J, Donoho D L. Curvelets: a surprisingly effective nonadaptive representation for objects with edges. Curves and Surfaces, Nashville: Vanderbilt Univ. Press, 1999.

[20] Candès E J, Donoho D L. New tight frames of curvelets and optimal representations of objects with C^2 singularities [J]. Commun. on Pure and Appl. Math, 2004,57(2): 219-266.

[21] Candès E J, Emanet L D, Donoho D L. Fast discrete curvelet transforms [R]. Applied and Computational Mathematics, California Institute of Technology, 2005:1-43.

[22] Donoho M N. Directional multiresolution image representations[D].Lausanne Swiss Federal Institute of Technology, 2001.

[23] Cunha A L, Zhou J P, Do M N. The nonsubsampled contourlet transform: theory, design and applications [J]. IEEE Transactions on Image Processing, 2006, 15(10): 3089-3101.

[24] Meyer F G, Coifman R R. Breshlets: a tool for directional image analysis and image compression[J]. Applied and Computational Harmonic Analysis, 1997, 5: 147-187.

[25] Donoho D L, Huo X M. Beamlets and Multiscale Image Analysis[M]. Berlin: Springer Berlin Heidelberg, 2002.

[26] Donoho D L. Wedgelets: Nearly minimax estimation of edges[J]. The Annals of Statistics, 1999, 27(3): 859-897.

[27] Pennec E L, Mallat S. Image compression with geometrical wavelets[C]. In Proc. of ICIP'2000, Vancouver, Canada, September 2000: 661-664.

[28] Pennec E L, Mallat S. Nonliear image approximation with bandelets [R]. Tech. Report, CMAP Ecole Polytechnique, 2003.

[29] Velisavljevic V, Beferull-Lozano B, Vetterli M, et al. Directionlets: anisotropic multi-directional representation with separable filtering [J]. IEEE Trans. on Image Processing, 2006, 15(7): 1916-1933.

[30] Waite A D. Sonar for Practising Engineers [M]. 3rd ed. New York: John Wiley and Sons, 2002.

[31] Lucieer V L. Object-oriented classification of sidescan sonar data for mapping benthic marine habitats[J]. International Journal of Remote Sensing, 2008, 29(3): 905-921.

[32] Dura E, Bell J, Lane D. Superellipse fitting for the recovery and classification of mine-like shapes in sidescan sonar images[J]. IEEE Journal of Oceanic Engineering, 2008, 33(4): 434-444.

[33] 叶秀芬, 王兴梅, 张哲会, 等. 改进 MRF 参数模型的声呐图像分割方法 [J]. 哈尔滨工程大学学报, 2009, 30(7): 768-774.

[34] 李启虎. 声呐信号处理引论 [M]. 北京: 科学出版社, 2012.

[35] Nguyen H, Fablet R, Ehrhold A, et al. Keypoint-based analysis of sonar images: application to seabed recognition[J]. IEEE Transactions on Geoscience and Remote Sensing, 2012, 50(4): 1171-1184.

[36] Celik T, Tjahjadi T. A novel method for sidescan sonar image segmentation[J]. IEEE Journal of Oceanic Engineering, 2011, 36(2):186-193.

[37] Ye X F, Zhang Z H, Liu P X, Guan H L. Sonar image segmentation based on GMRF and level-set models[J]. Ocean Engineering, 2010, 37(10):891-901.

[38] 桑恩方, 沈郑燕, 高云超. 小波域声呐图像自适应增强[J]. 哈尔滨工程大学学报, 2009, 30(4): 411-415.

[39] 张济博, 潘国富. 基于小波变换的侧扫声呐图像镶嵌研究 [J]. 地球物理学进展, 2010, 25(6): 2221-2226.

[40] 王雷, 叶秀芬, 王天. 模糊聚类的侧扫声呐图像分割算法 [J]. 华中科技大学学报: 自然科学版, 2012, 40(9): 30-34.

[41] Groen J, Hansen R, Callow H. Shadow enhancement in synthetic aperture sonar using fixed focusing[J]. IEEE Journal of Oceanic Engineering, 2009, 34(3): 269-284.

[42] Calder B R, Linnett L M, Carmichael D R. Bayesian approach to object detection in sidescan sonar[J]. IEEE Proceedings: Vision, Image and Signal Processing, 1998, 145(3): 221-228.

[43] Foristi G L, Gentili S. A vision based system for object detection in underwater images[J]. International Journal of Pattern Recognition and Artificial Intelligence, 2001, 14(2): 167-188.

[44] 赵四能, 张丰, 杜震洪, 等. 基于提升小波的方向扩散算法实现侧扫声呐图像去噪[J]. 浙江大学学报: 理学版, 2012, 39(5): 593-598.

[45] 桑恩方, 沈郑燕, 卞红雨, 等. 形态小波域声呐图像去噪算法[J]. 数据采集与处理, 2010, 25(3): 324-329.

[46] 喻琪, 夏顺仁, 丛卫华, 等. 基于小波系数相关性和模糊理论的声呐图像处理[J]. 浙江大学学报: 工学版, 2008, 42(12): 2151-2155.

[47] 尚政国, 赵春晖, 冯敏. 基于 Curvelet 变换水下声呐图像去噪研究[J]. 应用科技, 2007, 34(5): 11-15.

[48] 汤春瑞, 刘丹丹. 基于 NSCT 循环抽样的声呐图像去噪方法[J]. 计算机应用, 2009, 29(1): 68-70.

[49] Chotiros N. Non-rayleigh distributions in underwater acoustic reverberation in a patchy environment[J]. IEEE Journal of Oceanic Engineering, 2010, 35(2): 236-241.

[50] 刘建萍, 凌国民, 许钢灿. 主动声呐混响模拟及性能分析[J]. 舰船电子工程, 2009, 29(3): 139-142.

[51] 刘伯胜, 雷家煜. 水声学原理[M]. 2 版. 哈尔滨: 哈尔滨工程大学出版社, 2010.

[52] Middleton D. A statistical theory of reverberation and similar first order scattered fields[J]. IEEE Transactions on Information Theory, 1967, 13(3): 372-414.

[53] 盛骤, 谢式千, 潘承毅. 概率论与数理统计[M]. 4 版. 北京: 高等教育出版社, 2008.

[54] Yahya N, Kamel N S, Malik A S. Subspace-based technique for speckle noise reduction in SAR images[J].IEEE Transactions on Geoscience and Remote Sensing, 2014, 52(10): 6257-6271.

[55] Hellequin L, Boucher J M. Processing of high-frequency multibeam echo sounder data for seafloor characterization[J]. IEEE Journal of Oceanic Engineering, 2003, 28(1): 78-89.

[56] Oliver C, Quegan S. Understanding Synthetic Aperture Radar Images[M]. London:Artech House, 1998.

[57] Chang S G, Yu B, Vetterli M. Adaptive wavelet thresholding for image denoising and compression[J]. IEEE Transactions on Image Processing, 2000, 9(9): 1532-1546.

[58] Mıhcak M K, Kozintsev I, Ramchandran K, et al. Low complexity image denoising based on statistical modeling of wavelet coefficients[J]. IEEE Signal Processing Letters, 1999, 6 (12): 300-303.

[59] Gupta S, Chauhan R C, Saxena S C. Locally adaptive wavelet domain Bayesian processor for denoising medical ultrasound images using Speckle modeling based on Rayleigh distribution[J]. IEEE Proceedings Vision, Image and Signal Processing, 2005, 152(1): 129-135.

[60] Donoho D L. De-noising by soft-thresholding[J]. IEEE Transactions on Information Theory, 1995, 41(3): 613-627.

参考文献

[61] 金炜, 尹曹谦. Contourlet 域超声图像自适应降斑算法研究 [J]. 光电子·激光, 2008, 19(5): 696-699.

[62] Jain A K. Fundamentals of Digital Image Processing[M]. Englewood Cliffs, NJ: Prentice-Hall, 1989.

[63] Pizurica A, Philips W, Lemahieu I, et al. A versatile wavelet domain noise filtration technique for medical imaging[J]. IEEE Trans. on Medical Imaging, 2003, 22(3): 323-331.

[64] Starck J L, Candes E J, Donoho D L. The Curvelet transform for image denoising[J]. IEEE Transactions on Image Processing, 2002, 11(6): 670-684.

[65] Achim A, Bezerianos A, Tsakalides P. Novel bayesian multiscale method for speckle removal in medical ultrasound images[J]. IEEE Trans. on Medical Imaging, 2001, 20(8): 772-783.

第5章 多尺度几何变换域侧扫声呐图像的增强

5.1 图像增强

图像中明亮部分与阴暗部分灰度的差别称为对比度,高对比度图像中的物体轮廓分明,低对比度的图像中物体轮廓模糊不清. 为保证获取图像的分辨率,侧扫声呐、前视声呐等成像声呐的中心频率都在几百千赫以上. 但是海水介质对声波能量的吸收随其中心频率的增长以平方次增长,并伴有传播中的体积扩散,这就使高频声波在海水中损失掉很多能量[1]. 如果不采用增益补偿措施,则显示的声呐图像在远端将会很暗,这是因为距离越远,传播损失越大,信号越弱,声呐接收机中的 TVG 可以按球面扩展加介质吸收随距离变换的规律 (对应为传播损失与时间的关系) 进行灰度校正[2]. 考虑到海水的空时变特性,这一校正难免存在偏差. 另外,目标的散射强度和入射角有很大的关系,最佳的增益补偿还应考虑换能器的指向性,然而,波浪起伏造成的船体颠簸使得很难估计换能器波束的指向性进而实现理想的增益补偿,导致获得的声呐图像难免出现局部灰度畸变、对比度不高、目标易被掩盖的特点. 因此,声呐图像,特别是工作于大场景、远距离的侧扫声呐图像,通常需要进行灰度校正与均衡化等增强处理. 然而,噪声等干扰的存在,使得声呐图像的灰度校正更为复杂化,需要在处理的时候避免扩散噪声[3].

图像增强的目的是改善图像的视觉效果,针对给定图像的应用场合,有目的地加强图像的整体或局部特性,扩大图像中不同物体特征之间的差别,满足某些特殊分析的需要. 其方法是通过一定手段对原图像附加一些信息或变换数据,有选择地突出图像中感兴趣的特征或抑制掩盖图像中某些不需要的特征,使图像与视觉响应特性相匹配[4]. 图像增强方法通常分为空间域和变换域两大类. 空间域方法直接对图像像素的灰度进行处理,主要包括灰度拉伸、直方图修正[5]、反锐化掩模[6]、Retinex 增强[7] 等. 变换域方法是在图像的某个变换域中对变换系数进行处理,然后通过逆变换获得增强图像,主要包括傅氏变换、DCT 变换、小波变换和基于多尺度几何变换的增强方法.

直方图均衡化增强、Retinex 增强等方法在声呐图像增强领域得到了应用[8-10]. 直方图均衡化方法能够很好地提升图像整体对比度,但仅考虑全局灰度信息不仅会扩散声呐图像中的噪声,也会出现局部增强不足或过增强的现象,反而破坏了部分边缘细节. Retinex 增强边缘保持效果较好,但由于采用高斯核函数进行卷积求解,图像灰度呈现中心正态分布,灰化效应明显,容易造成视觉疲劳. 随着小波技术的发展,小波变换也被应用到声呐图像增强领域中[11]. 较之空域增强方法,小波变换等变换域增强方法将图像分解成高频分量和低频分量,通过抑制高频分量中的噪声、拉伸低频分量可以同时兼顾增强和去噪. 小波变换的子带系数增强法在抑制噪声方面有了很大改进,但是,小波变换只能反映信号的点奇异性 (零维),而对二维图像中的边缘等线、面奇异性 (一维或更高维),则难以稀疏表示,因此在表征二维图像中,如边缘、纹理等高维奇异性或本质几何结构特征存在缺陷,导致图像细节部分的纹理增强效果不理想[12].

多尺度几何发展的目的和动力正是要致力于发展一种新的高维函数的最优表示方法[13]. Curvelet 变换[14] 作为一种新的多尺度几何分析工具,继承了小波变换多尺度的特点. 但与小波变换不同,除了尺度和位移参量,Curvelet 还增加了一个方向参量,具有更好的方向辨识能力. 因此,Curvelet 对图像的边缘,如曲线、直线等几何特征的表达能力更加优于小波. 这一特点使得 Curvelet 变换得到了相关研究者的高度重视,在图像处理和分析中取得了很多研究成果.

由于 Curvelet 变换具有多尺度特性以及良好的方向特性,能够将噪声信息和边缘信息很好地分开,在提高对比度、抑制噪声的同时,能够突出图像的边缘、纹理等细节信息,将 Curvelet 变换引入到侧扫声呐图像增强中,提出了基于 Curvelet 变换的分段非线性增强方法. 实验结果表明,提出的基于 Curvelet 变换的增强方法更好地抑制了噪声、突出了目标的主要边缘细节.

5.2 直方图均衡化

数字图像的直方图是一个离散函数,它表示数字图像中每一灰度与其出现概率之间的统计关系. 对于一幅数字图像 $I(x,y)$,其像素总数为 N,用 r_k 表示第 k 个灰度级对应的灰度,n_k 表示具有灰度 r_k 的像素个数. 用横坐标表示灰度级,纵坐标表示频数,则直方图定义为

$$P(r_k) = \frac{n_k}{N} \tag{5-1}$$

式中,$P(r_k)$ 表示灰度 r_k 出现的相对频数.

一幅图像的对比度不够在像素值分布上主要体现为灰度值过于集中,反之,当各像素点的值在整个灰度范围上分布较均衡时,图像的对比度一般较为适中,细节保持较好,视觉上也较为清晰. 图像的对比度与灰度直方图对应关系如图 5.1 所示.

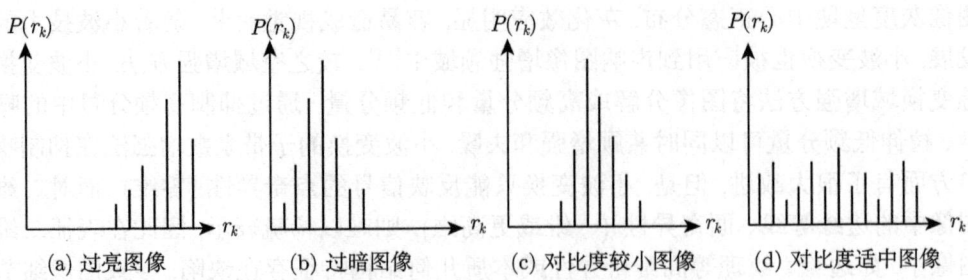

图 5.1 图像灰度直方图与图像对比度的对应关系

直方图均衡化是图像对比度增强的经典方法,它将直方图非均匀分布的图像,转变成直方图均匀分布的图像,从而增强反差,提高图像对比度,得到了广泛使用[15]. 这种方法适合图像对比度较差、过于明亮或者过于黑暗,以及图像的灰度分布集中在明、暗两端的情况. 为使图像变清晰,一个自然的想法就是使图像的动态范围变大,并且让频率小的灰度级经过变换后其频率变得大一些,即将变换后图像的灰度直方图在较大的动态范围内趋于均衡. 对于数字图像 $I(x,y)$,为讨论方便,首先将其正规化到 $[0,1]$ 区间. 以 r 和 $s(0 \leqslant r,s \leqslant 1)$ 分别表示正规化了的原图像灰度和经过直方图均衡后的图像灰度. 直方图均衡就是通过灰度变换函数 $s = H(r)$,将原图像直方图 $P_r(r)$ 改变为均匀分布的直方图 $P_s(s)$. $s = H(r)$ 满足以下 4 个条件:

(1) 在 $r \in [0,1]$ 区间内,$s = H(r)$ 是单调增加的;
(2) s 和 r 是一一对应的;
(3) 对于 $r \in [0,1]$,有 $s \in [0,1]$;
(4) 反变换 $r = H^{-1}[s]$ 也满足条件 (1)(2)(3).

要进行直方图均衡,意味着 $P_s(s) = 1, s \in [0,1]$. 由概率论知

$$P_s(s)\mathrm{d}s = P_r(r)\mathrm{d}r \tag{5-2}$$

可得

$$\mathrm{d}s = \frac{P_r(r)\mathrm{d}r}{P_s(s)} = \frac{P_r(r)\mathrm{d}r}{1} = P_r(r)\mathrm{d}r \tag{5-3}$$

$$s = H[r] = \int_0^r P_r(w)\mathrm{d}w \tag{5-4}$$

即 $H(r)$ 为 $P_r(r)$ 的分布累计函数.

在数字图像中,灰度是离散的,离散化直方图均衡式为

$$s_k = H(r_k) = \sum_{j=0}^{k} P_r(r_j) = \sum_{j=0}^{k} \frac{n_j}{N} \tag{5-5}$$

式中, $0 \leqslant r_k, s_k \leqslant 1$, k 为离散的灰度级; s_k 的取值实际上是与 $H[r_k]$ 最近的那个灰度.

直方图均衡通过减少图像的灰度等级以换取对比度的扩大, 是一种有效的图像增强算法, 它能使图像增强的实质在于:

(1) 2 个占有较多像素的灰度变换后灰度之间的差距增大. 一般来讲, 背景和目标占有较多的像素, 这种技术实际上加大了背景和目标的对比度.

(2) 占有较少像素的灰度变换后需要归并. 一般来讲, 目标与背景的过渡处像素较少, 由于归并, 其或者变为背景点或者变为目标点, 从而使边界变得陡峭.

但直方图均衡化以使整体图像的灰度均匀为唯一目标, 通过减少图像的灰度等级以换取对比度的扩大, 没有考虑图像的局部边缘特征和噪声存在对灰度分布的影响, 因此, 对于灰度级较少、存在噪声的声呐图像, 其效果并不是十分理想, 容易扩散噪声、掩盖边缘, 造成信息的丢失. 若能在灰度均匀的同时兼顾保护边缘和抑制噪声, 则有可能取得更为理想的效果.

5.3 结合方向扩散的改进直方图均衡化

近年来, 采用偏微分方程进行图像处理得到了研究者的广泛关注. 图像处理的偏微分方程方法具有 2 个突出的优点: ①更强的局部自适应性, 图像的像素值依赖于像素点无穷小的邻域; ②高度的灵活性, 如果成功地建立了一个模型, 则易于对该模型进行推广、修改和扩充. Sapiro 基于偏微分方程实现了迭代直方图均衡化, 为图像的增强提供了新的思路[16]. 将输出图像表示为随时间演化的函数 $I(x,y,t)$, 按下式进行演化

$$\frac{\partial I(x,y,t)}{\partial t} = \left[1 - \frac{I(x,y,t)}{O_{\max}}\right] A_\Omega - A(I(x,y,t)) \tag{5-6}$$
$$I(x,y,0) = I(x,y)$$

式中, $I(x,y)$ 代表输入图像; A_Ω 代表图像面积 (总像素数); $A(\bullet)$ 代表面积函数, 表示图像中不小于给定灰度值的像素数; $O_{\max}$ 代表输出图像的最大灰度值, 可以证明, 式 (5-6) 实际上是泛函

$$E(I) = \frac{1}{2} \iint \left[I(x,y) - \frac{1}{2}\right]^2 dxdy - \frac{1}{4} \iiiint |I(x,y) - I(u,v)| dxdydudv \tag{5-7}$$

的梯度下降流, 存在稳态解

$$\frac{\partial I(x,y,t)}{\partial t} = 0 \Rightarrow I(x,y,\infty) = O_{\max} \frac{A_\Omega - A(I)}{A_\Omega} = O_{\max} H(I) \tag{5-8}$$

式中, H 代表直方图均衡化函数.

若直接采用式 (5-8) 进行计算, 由于 A_Ω 通常较大, 时间步长不容易选取, 且考虑到输出图像的灰度最小值不一定选为 0, 文献 [17] 对其进行了改进

$$\frac{\partial I(x,y,t)}{\partial t} = [(O_{\max} - O_{\min})H(I(x,y,t)) + O_{\min}] - I(x,y,t) \quad (5\text{-}9)$$

式 (5-9) 中右边的第一项实际上是按照直方图均衡化的要求的理想值, 第二项是当前值, 可以理解为实际值和理想值存在偏差的逐步修正过程. 更一般地, 可以将式 (5-9) 推广为

$$\frac{\partial I(x,y,t)}{\partial t} = f(I(x,y,t)) - I(x,y,t) \quad (5\text{-}10)$$

式中, f 可以是用户自行设计的任何灰度变换函数.

直方图均衡化的偏微分求解式 (5-10) 具有更一般的意义, 为用户设计更为灵活合理的灰度变换函数 f 和引入其他约束提供了灵活性. 考虑到声呐图像灰度级较少, 为避免直方图均衡化方法采用累积直方图造成的灰度合并误差, 借鉴文献 [17] 的研究, 采用多分段线性变换函数 f 实现直方图均衡化, 以使输出直方图尽量接近均匀分布. 将输入图像的动态范围非均匀划分为 N 段, 使每一区间内的像素数大致相等, 按此原则定义分段的边界点. 寻找每段终点, 若终点记为 $I_e(n), n = 1, 2, \cdots, N$, 则起点为 $I_s(n) = I_e(n-1) + 1$, $n = 2, 3, \cdots, N$, 第一段的起点为输入图像的最小值 $I_{\min}$. 将映射的输出范围均匀地划分为 N 段, 终点为 $O_e(n) = (O_{\max} - O_{\min}) \cdot n/N$, $n = 1, 2, \cdots, N$, 起点为 $O_s(n) = O_e(n-1) + 1$, $n = 2, 3, \cdots, N$, 第一段的起点为输出灰度的最小值 $O_{\min}$, 在输入-输出映射坐标系 (I, O) 中, 在每一段的起点 $(I_s(n), O_s(n))$ 和终点 $(I_e(n), O_e(n))$ 之间作线性插值, 分段均匀映射线性变换函数 f 定义如下:

$$\begin{cases} f(x) = O_s(n) + (O_e(n) - O_s(n) + 1)(x - I_s(n))/(I_e(n) - I_s(n) + 1) \\ x = I_s(n), \ I_s(n) + 1, \cdots, I_e(n), \quad n = 1, 2, \cdots, N \end{cases} \quad (5\text{-}11)$$

同时, 考虑到保护边缘和抑制噪声, 借鉴 P-M 方程[18], 引入其中的边缘保护方向扩散项 $\dfrac{\partial^2 I}{\partial \xi^2}$, 其中 I 代表 $I(x,y,t)$, ξ 是垂直于梯度矢量 ∇I 的单位矢量. 假设 η 代表平行于梯度矢量 ∇I 的单位矢量, 则有

$$\frac{\partial^2 I}{\partial \eta^2} = \frac{\partial |\nabla I|}{\partial \eta} = \nabla(|\nabla I|) \cdot \eta = \nabla(|\nabla I|) \cdot \frac{\nabla I}{|\nabla I|} \quad (5\text{-}12)$$

由于 $\nabla(|\nabla I|) = \nabla(\sqrt{I_x^2 + I_y^2}) = \left[\dfrac{I_x I_{xx} + I_y I_{xy}}{|\nabla I|}, \dfrac{I_x I_{xy} + I_y I_{yy}}{|\nabla I|}\right]$, $\nabla I = [I_x, I_y]$, 则有

$$\frac{\partial^2 I}{\partial \eta^2} = \nabla(|\nabla I|) \cdot \frac{\nabla I}{|\nabla I|} = \frac{I_x(I_x I_{xx} + I_y I_{xy}) + I_y(I_x I_{xy} + I_y I_{yy})}{|\nabla I|^2} \quad (5\text{-}13)$$

5.3 结合方向扩散的改进直方图均衡化

同时，由 $\Delta I = I_{xx} + I_{yy} = I_{\xi\xi} + I_{\eta\eta}$ 可得

$$I_{\xi\xi} = \frac{\partial^2 I}{\partial \xi^2} = \Delta I - I_{\eta\eta} = I_{xx} + I_{yy} - \frac{\partial^2 I}{\partial \eta^2} = I_{xx} + I_{yy} - \frac{I_{xx}I_x^2 + 2I_x I_y I_{xy} + I_{yy}I_y^2}{|\nabla I|^2}$$

$$= \frac{I_{xx}I_y^2 - 2I_x I_y I_{xy} + I_{yy}I_x^2}{|\nabla I|^2}$$

(5-14)

将式 (5-14) 代入到式 (5-10) 中，得到 $I(x,y,t)$ 演化的新方程

$$\frac{\partial I(x,y,t)}{\partial t} = \frac{I_{xx}I_y^2 - 2I_x I_y I_{xy} + I_{yy}I_x^2}{|\nabla I|^2} + \lambda(f(I(x,y,t)) - I(x,y,t))$$

(5-15)

式 (5-15) 中，前一项为边缘保护方向扩散项，具有边缘保护和抑制噪声的作用，后一项为直方图均衡化的误差修正函数，具有灰度均衡作用，λ 为平衡因子，通过选择不同的 λ 可以突出第一项或第二项的作用。

实际求解时，将式 (5-15) 左边的所有偏导数采用中心差分离散化，就可得到式 (5-15) 求解的显式方案

$$I_{i,j}^{n+1} = I_{i,j}^n + \Delta t \cdot Q_{i,j}^n + \Delta t \cdot \lambda(f(I_{i,j}^n) - I_{i,j}^n)$$

(5-16)

式中，n 代表迭代次数，对应时间变量 t；i 与 j 分别代表数字图像的离散像素位置，对应 x 和 y；$Q_{i,j}^n$ 求解如下

$$Q_{i,j}^n = [D_{xx}^{(0)} I_{i,j}^n (D_y^{(0)} I_{i,j}^n)^2 + D_{yy}^{(0)} I_{i,j}^n (D_x^{(0)} I_{i,j}^n)^2 - 2D_y^{(0)} I_{i,j}^n D_x^{(0)} I_{i,j}^n D_{xy}^{(0)} I_{i,j}^n]$$
$$/[(D_x^{(0)} I_{i,j}^n)^2 + (D_y^{(0)} I_{i,j}^n)^2 + \varepsilon]$$

(5-17)

式中，ε 为足够小的常数，其他各项均为中心差分，其中二阶偏导数可用先求半点的中心差分来得到，各项的最终求解如下

$$D_{xx}^{(0)} I_{i,j}^n = I_{i+1,j}^n - 2I_{i,j}^n + I_{i-1,j}^n, \quad D_{yy}^{(0)} I_{i,j}^n = I_{i,j+1}^n - 2I_{i,j}^n + I_{i,j-1}^n$$

(5-18)

$$D_{xy}^{(0)} I_{i,j}^n = (I_{i+1,j+1}^n + I_{i-1,j-1}^n - I_{i+1,j-1}^n - I_{i-1,j+1}^n)/4$$

(5-19)

$$D_x^{(0)} I_{i,j}^n = (I_{i+1,j}^n - I_{i-1,j}^n)/2, \quad D_y^{(0)} I_{i,j}^n = (I_{i,j+1}^n - I_{i,j+1}^n)/2$$

(5-20)

和分子的热运动扩散相似，直方图均衡化的增强扩散本身缺乏约束，不同灰度的"分子"在无规则的运动中相互合并，最终达到均势分布；由于缺乏约束，分子的运动是随意的，可以跨越边缘等局部结构特征，噪声等孤立而活跃的"奇异"分子加剧了这一扩散的无序性；最终灰度分布概率小的边缘细节被吞噬合并，造成增强结果出现过增强或欠增强。通过在直方图均衡化的偏微分方程中引入方向扩散项，使增强受到边缘方向的约束，不横跨边缘，因此可以在提高图像整体对比度的同时较好地保护图像的边缘结构。由于偏微分方程的灵活性，也可以施加其他约束，比如引入增强扩散以进一步锐化突出边缘。

5.4　Retinex 增强方法

美国物理学家 Edwin Land 在 20 世纪 50 年代发现有些现象是传统的色彩理论无法解释的，经过近 20 多年的科学实验和分析，Land 认为在视觉信息的传导过程中，人眼对物体的颜色/亮度的感知并不取决于物体的绝对反射光谱，而是运用了视觉系统对视觉接收到的信息进行了某种处理，去除了光源强度和照射不均匀等一系列不确定因素，只保留了反映物体本质特征的信息，如反射系数等。大脑皮层接收到的图像信息代表了图像的本质特征，经过人脑复杂的信息处理，最终形成了人眼视觉所看到的图像。根据以上理论，20 世纪 70 年代 Edwin Land 首次提出了一种被称为 Retinex 的色彩理论[19]，全称为视网膜皮层理论 (retinal-cortical theory)。这种理论认为颜色恒常程度不受照明环境变化的影响，只与视觉系统对物体表面反射性质的知觉有关。在视网膜皮层系统中，该系统借助相邻颜色表面反射系数关系的信息，在色块边界的知觉过程中，通过一个对比机制消掉了由光照的不同所引起的视觉变化。视网膜皮层理论能够同时应用于 RGB 系统和 HSV 系统，这两个系统输出结果的差别只是坐标系发生了旋转，它以视网膜皮层系统对物体颜色表面反射系数关系信息的加工为基础，来解释人眼的颜色恒常机制。

Retinex 本身是一个合成词，它是由 retina(视网膜) 和 cortex(大脑皮层) 这两个单词构成的，故 Retinex 理论又被称为视网膜大脑皮层理论[20]。照度引起的颜色变化一般是平缓的，通常表现为平滑的照明梯度，而由表面变化引发的颜色变化效应则往往表现为突变形式。通过分辨这两种变化形式，人们就能将图像的照度变化和表面变化做出区分，从而得知由照度变化引起的表面变化，使对物体表面色彩的知觉保持恒常。根据 Retinex 理论，图像主要由 2 部分构成，分别是入射光分量和反射光分量。其中，入射光直接决定了一幅图像中像素能达到的动态范围；反射光分量决定了图像真实的颜色性质。Retinex 理论的目的就是为了从图像中抛开入射光的影响，从而获得物体的本来面貌即反射性质 Retinex 算法具有锐化、动态范围压缩大、颜色恒常性等特点。

自从 Retinex 理论提出之后，Land、McCann 和 Marini 等对该理论进行了多次修改，提出了不同的算法来实现 Retinex 理论，并且把此理论应用到各个不同的图像处理领域。Retinex 的算法目前大概可分为 3 类：基于随机路径的 Retinex 算法，基于迭代计算模型的 Retinex 算法和基于中心环绕的 Retinex 算法。基于中心环绕的 Retinex 算法主要分为：单尺度 Retinex 算法 (SSR)[7] 和多尺度 Retinex 算法 (MSR)[21]。它的基本思想是：每一个中心像素的照度通过赋予其周围环绕像素的不同权值来估计，而权值的赋予由环绕函数来确定。

5.4.1 单尺度 Retinex 算法

在 Retinex 模型中,观测图像 $I(x,y)$ 由 2 部分构成:一部分是物体的入射光分量,与其对应的是图像的低频部分;另一部分是物体的反射光分量,与之对应的是图像的高频部分. 入射光分量和反射光分量分别用 $S(x,y)$ 和 $R(x,y)$ 表示,Jobson 根据中心/环绕 Retinex 算法理论,提出了单尺度 Retinex 算法 (single-scale retinex, SSR),该算法公式表达如下

$$R_i(x,y) = \log I_i(x,y) - \log[F_i(x,y) * I_i(x,y)] \tag{5-21}$$

式中,i 表示颜色分量;$I_i(x,y)$ 表示第 i 个颜色分量的图像;$R_i(x,y)$ 是 Retinex 在第 i 个颜色分量的输出;$*$ 表示卷积算子;$F(x,y)$ 是中心/环绕函数.

$$F(x,y) = KF'(x,y) \tag{5-22}$$

式中,$F'(x,y)$ 是环绕函数公式,K 为归一化因子,由归一化函数决定

$$\iint F(x,y)\mathrm{d}x\mathrm{d}y = 1 \tag{5-23}$$

将式 (5-23) 放在对数域里是因为对数形式接近人眼亮度感知能力,而且在运算上可以将复杂的乘积形式变成简单的加减运算. 对于灰度图像,仅需考虑单个通道,灰度图像的 SSR 算法具体实现步骤如下.

(1) 图像的灰度函数用下式表示

$$I(x,y) = S(x,y)R(x,y) \tag{5-24}$$

式中,$R(x,y)$ 代表反射光分量;$S(x,y)$ 代表照射光分量;$I(x,y)$ 代表观测图像;

(2) 利用取对数的方法将照射光分量和反射光分量分离

$$I'(x,y) = \log I(x,y) = \log[S(x,y)R(x,y)] = \log S(x,y) + \log R(x,y) \tag{5-25}$$

(3) 用中心/环绕函数 $F(x,y)$ 对原图像做卷积,即相当于对原图像做低通滤波,可近似得到 $S(x,y)$

$$S(x,y) = I(x,y) * F(x,y) \tag{5-26}$$

(4) 在对数域中,用原图像减去低通滤波后的图像,便可得到高频增强的图像 $R(x,y)$

$$R(x,y) = \log I(x,y) - \log[I(x,y) * F(x,y)] \tag{5-27}$$

最终的 Retinex 算法输出图像 $R'(x,y)$ 需要对 $R(x,y)$ 进行后续处理, 可以对其进行对比度拉伸以获得恢复后的图像, 对比度拉伸公式如下

$$I_{out} = \begin{cases} 0, & I_{in} \leqslant I_{low} \\ \dfrac{I_{in} - I_{low}}{I_{hi} - I_{low}} d_{max}, & I_{low} < I_{in} < I_{hi} \\ d_{max}, & I_{in} > I_{hi} \end{cases} \tag{5-28}$$

式中, I_{out} 和 I_{in} 表示输出和输入, 也就是以上步骤 (4) 获得的图像, I_{hi} 和 I_{low} 表示显示设备显像灰度值的最大与最小值, d_{max} 表示显示设备的动态范围, 在本书实验中取值为 255. 若 I_{hi} 和 I_{low} 分别选取为显示设备的最大值 255 与最小值 0, 即为常见的显示设备动态范围的线性对比度拉伸算法. $F(x,y)$ 函数的选取上, 通常有 3 种形式.

Land 最早提出一个平方反比环绕函数形式

$$F'(x,y) = 1/r^2 \tag{5-29}$$

式中, $r = \sqrt{x^2 + y^2}$, 进而修改为依赖于空间常数的形式

$$F'(x,y) = \frac{1}{1 + r^2/c^2} \tag{5-30}$$

Moore 等提出了指数形式, 这是一个近似的模拟 VLSI 电阻网络空间相应的形式

$$F'(x,y) = e^{-|r|/c} \tag{5-31}$$

Hurlbert 考察了高斯形式, 这种形式被广泛地用于自然和机械视觉建模

$$F'(x,y) = e^{-r^2/c^2} \tag{5-32}$$

Retinex 算法的关键是对入射分量的估计, 入射分量的估计直接决定着最终增强效果. 中心环绕的 Retinex 假设入射分量是平滑的, 用高斯模板跟原图做卷积来估计入射分量, 由于尺度参数 c 是该算法的唯一参数, 因此尺度参数 c 的大小决定对入射分量的估计, 也即决定了最终的增强效果. 对于 SSR 而言, 如何选择合适的 c 是算法的一个难点.

5.4.2 多尺度 Retinex 算法

由于单尺度算法在参数选取方面的限制, 算法难于同时兼顾图像细节和整体效果, 并且处理后的图像可能存在光晕现象. 为了更好地实现动态范围的压缩和颜色

的恒常性，需要采用多尺度的 Retinex 算法 (multi-scale-Retinex, MSR) 来实现，其数学形式为将多个单尺度 Retinex 的输出结果进行加权相加

$$R_i(x,y) = \sum_{n=1}^{N} \omega_n \Big\{ \log I_i(x,y) - \log \big[F_n(x,y) * I_i(x,y)\big] \Big\} \tag{5-33}$$

式中，$R_i(x,y)$ 是多尺度 Retinex 在第 i 个颜色分量的输出；N 为尺度个数；ω_n 为对应于每一个尺度的权值，满足

$$\sum_{n=1}^{N} \omega_n = 1; \tag{5-34}$$

$I_i(x,y)$ 为第 i 个颜色分量的图像分布；$F_n(x,y)$ 为对应权值 ω_n 的第 n 个中心/环绕函数，通常选取为高斯函数，即式 (5-32)。

在实际应用时，环绕函数尺度的选择应尽量选择包含各个范围的尺度，一般选择为一个小尺度、一个中间尺度和一个大尺度。多尺度 Retinex 同时包括了多个尺度的特征，能够同时实现动态范围的压缩、颜色恒常性和颜色的重现，使图像的处理效果更加理想。通常来讲，出于保证同时兼有 SSR 高、中、低 3 个尺度的优点的考虑，N 的取值通常为 3，并且 $\omega_1 = \omega_2 = \omega_3 = 1/3$。此外，实验表明，3 个尺度 c_n 分别取 15、80、250 可以得到较好的效果。

5.5 Curvelet 变换增强法

采用传统的图像增强方法一定程度上可以提高图像的对比度，但是对于实际含噪的低对比度声呐图像，这些方法会不同程度地带来噪声的放大，并且会使图像局部出现增强不足或过增强的现象。随着小波技术的发展，小波变换也被广泛地应用到图像增强领域中，目前已经有许多关于小波变换在图像增强方面的应用研究成果[11,22]。虽然小波变换的子带系数增强法在抑制噪声方面做了很大改进，但是，目前的研究表明小波在表征二维图像的边缘、纹理等高维奇异性或本质几何结构特征上存在缺陷，导致图像细节部分的纹理增强效果不理想。将 Curvelet 变换引入到图像增强中，可以克服小波变换在高维空间不适合表示各向异性的缺点。由于 Curvelet 变换具有多尺度特性以及良好的方向特性，能够将噪声信息和边缘信息很好地分开，在提高对比度、抑制噪声的同时，能够突出图像的边缘、纹理等细节信息。

图像经小波变换后，每个尺度下分解为水平、垂直、45°角 3 个方向子带图像。与小波分解类似，图像经 Curvelet 分解为低频子带系数和不同尺度下的高频子带系数，但每个尺度下有多个方向的子带图像，对图像的边缘表达比小波变换具有多

方向性优势. 基于 Curvelet 变换的图像增强算法实质上就是在 Curvelet 变换域对各尺度子带系数进行加权处理, 然后经过 Curvelet 逆变换就可以得到增强后的图像.

图像经 Curvelet 分解后的低频子带系数反映了图像的基本信息, 高频系数反映图像的细节、纹理、边缘等特征. 根据 Curvelet 变换原理, 在图像的目标边缘处, 如直线、曲线部分, 才会产生较大的 Curvelet 系数. 因此, 相比小波变换, 调整 Curvelet 系数更容易实现图像细节信息的增强. 对于噪声图像, 高频系数中也包含了大量的噪声信息, 相比有用信息的系数, 噪声属于随机信号, 产生的系数较小. 但是在增强的构成中需要设定一个合适的阈值, 增强反映边缘的系数, 抑制噪声系数的放大.

对于对比度较低的声呐图像来说, 为了实现对 Curvelet 系数的加权处理, 首先对其模值相差很小的低频子带系数进行灰度值的拉伸. 本章采用的是 S 形函数的算法[23], 形式如下

$$y = mx/(x + \exp(a - bx)) \tag{5-35}$$

式中, m 是最大灰度值. 归一化特征曲线如图 5.2 所示.

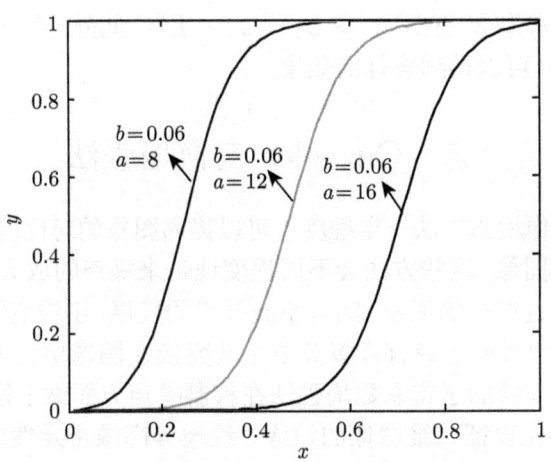

图 5.2 不同参数下的归一化 S 形函数曲线

由图 5.2 可知, 式 (5-35) 中参数 a 决定了曲线快速增长的位置, a 的大小可以判断 S 曲线的左移或者右移; 参数 b 决定了曲线增长区的最大斜率, b 值越大, 曲线在拐点处的增长速度越快. 可以看出 S 曲线有更好的灵活性, 对不同区间的灰度值提高对比度更加方便实用.

图像经 Curvelet 分解后的高频子带系数代表了图像的细节信息, 同时也包含了大量的噪声. 一般认为绝对值较小的那部分系数对应噪声分量, 需要抑制, 而绝

5.5 Curvelet 变换增强法

对值较大的系数对应清晰的边缘, 需要保留, 介于中间的系数则需要放大以提高图像的对比度.

非线性增益函数的选择需满足反对称性、单调性、连续性. 同时为了能够更好地去除噪声, 必须能够抑制较小的系数, 保持较大的系数, 放大介于中间的系数. 本章采用的非线性增益函数为

$$f(x) = a[\text{sigm}(c(x-b)) - \text{sigm}(-c(x+b))] \times e^{(|x|-1) \times d} \tag{5-36}$$

式中, $a = \dfrac{1}{\text{sigm}(c(1-b)) - \text{sigm}(-c(1+b))}$; $\text{sigm}(x) = \dfrac{1}{1-e^{-x}}$; $0 < b < 1$; c 在 20~50 之间取值; d 一般在 1~0.05 之间取值. b 参数用来控制增强范围, c 和 d 参数用来控制增益强度. 其曲线特性如图 5.3 所示.

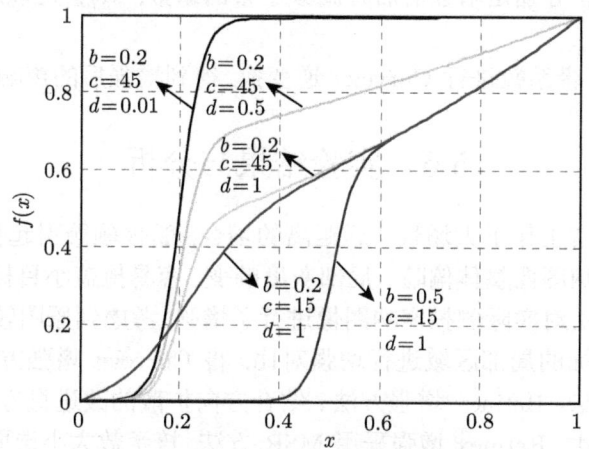

图 5.3 不同参数下的非线性增益函数曲线

侧扫声呐图像含有大量的噪声, 所以在进行图像增强的同时, 也要对噪声进行抑制. 在 Curvelet 变换系数中噪声主要处于高频子带中. 本章采用经典中值估计公式 $\sigma = \text{median}(abs(c))/0.6745$ 来估计最细子带中的噪声方差 σ[24]. 其中 c 为 Curvelet 分解后的最细子带系数. 阈值设定为 $T = \lambda\sigma\sqrt{\sigma_{j,k}}, j = 1, 2, \cdots, J$, λ 取 3~5. $\sigma_{j,k}$ 是第 j 尺度, 第 k 方向的噪声方差, 其值可由蒙特卡罗估计法得到: 对多次重复产生的随机噪声图像分别进行 Curvelet 变换, 并在 Curvelet 域中求出各方向子带系数的方差, 最后在每个子带上计算所有随机噪声方差的均值, 即为该方向子带的噪声方差[25].

根据上面的分析, 基于 Curvelet 变换的侧扫声呐图像增强算法的实现步骤如下:

(1) 对原声呐图像进行 Curvelet 分解, 得到低频子带系数 C_0 和高频子带系数 $C_{j,k}$, j 表示尺度, k 表示子带方向.

(2) 将 S 形函数作用于归一化的低频子带系数，以提高声呐图像的整体对比度

$$C_0' = k_1 y \left(\frac{C_0}{M_0} \right) \tag{5-37}$$

式中，C_0 和 C_0' 分别是增强前后低频子带系数；M_0 是低频系数的最大值；k_1 为常数 ($k_1 > 1$).

(3) 为了避免噪声系数被放大，对各高频子带系数进行非线性增强处理，并同时根据设定的阈值进行阈值化处理

$$C_{j,k}' = \begin{cases} k_2 \times C_{j,k} \times f\left(\frac{C_{j,k}}{M_{j,k}}\right), & abs(C_{j,k}) \geqslant T \\ 0, & abs(C_{j,k}) < T \end{cases} \tag{5-38}$$

式中，$C_{j,k}$ 和 $C_{j,k}'$ 分别是增强前后各高频子带的系数；$M_{j,k}$ 是该层系数的最大值；k_2 为常数 ($k_2 > 1$).

(4) 对所有子带系数进行 Curvelet 逆变换，得到增强后的声呐图像.

5.6　实验结果与分析

侧扫声呐通常工作于大场景、远距离的场合，船体颠簸引起拖鱼的姿态变化，往往导致侧扫声呐图像整体偏暗、局部灰度畸变，容易掩盖小目标及细节信息. 采用本章提出的算法对实际侧扫声呐图像进行了增强，考虑到原图较大，为便于比较，对包含感兴趣目标的局部区域进行增强对比. 将 Curvelet 增强方法得到的结果与直方图均衡化方法、Retinex 增强方法、结合方向扩散的改进直方图均衡化方法得到的结果进行对比. Retinex 增强采用 MSR 方法，核函数大小选取为 15、80、250. 改进的直方图均衡化方法的参数 λ 选取为 10，迭代次数设置为 50，迭代步长设置为 0.001. 用于增强的侧扫声呐原图来自 Marine Sonic Technology 公司，两幅原图分别包含失事人员、失事直升机，原图大小分别为 500×1024、1000×1024，如图 5.4(a)、(b) 所示.

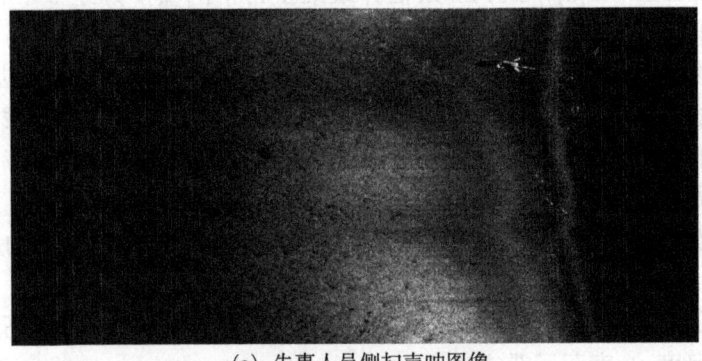

(a) 失事人员侧扫声呐图像

5.6 实验结果与分析

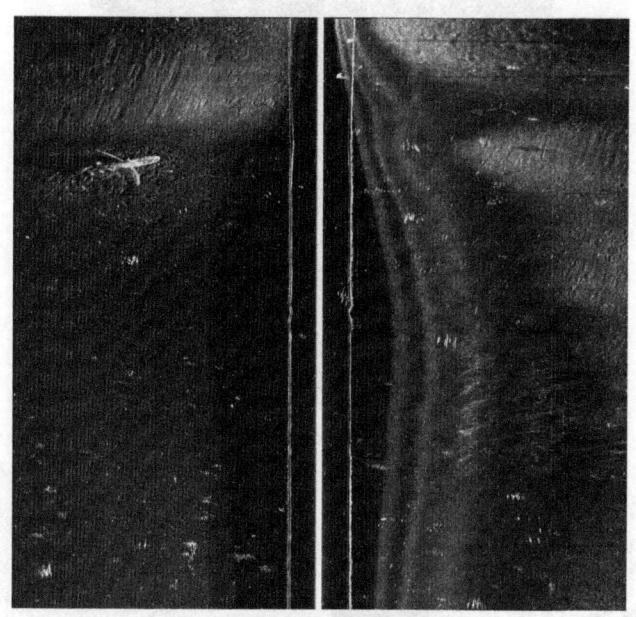

(b) 失事直升机侧扫声呐图像

图 5.4 侧扫声呐原图

对失事人员的局部增强结果如图 5.5 所示, 对失事直升机的局部增强结果如图 5.6 所示, 其中图 5.6(a)~ 图 5.6(e) 分别给出了局部原图、直方图均衡化得到的增强图、Retinex 方法得到的增强图、结合方向扩散的改进直方图均衡化得到的增强图及 Curvelet 方法得到的增强图. 对上述图像增强的一个意义在于发现其他可能被忽视的目标, 对失事人员的局部增强体现了这一点, 另一疑似失事人员得以凸显 (右上方, 注意蜷缩的双腿, 在原图中难以发现); 另一意义在于更清晰全面地了解失事区域的状况, 为潜水员实施救援、打捞提供有力支持.

对图像增强效果的评价主要依赖于人眼的主观感受, 尚未有公认的定量评价标准. 考虑到图像的人工判读和后续处理均要求尽可能保留图像的边缘细节信息, 而熵函数反映了图像的信息丰富程度, 因此, 本章在主观视觉评价的基础上, 采用熵函数评价增强后的图像质量. 熵定义[26] 如下

$$E(I) = \sum_{i=1}^{N} p_i \log p_i \tag{5-39}$$

(a) 失事人员局部图

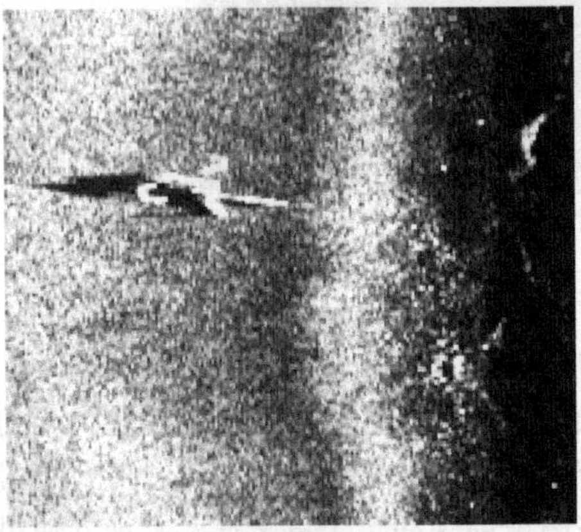

(b) 直方图均衡化增强

(c) Retinex增强

(d) 改进直方图均衡化增强

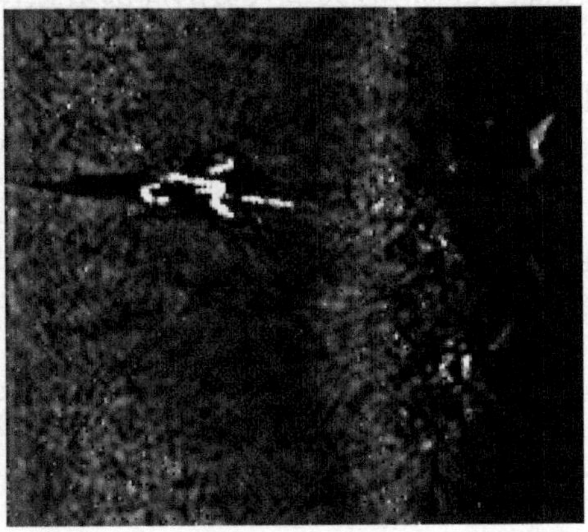

(e) Curvelet增强

图 5.5　失事人员局部增强结果对比图

5.6 实验结果与分析

对图 5.5 和图 5.6 的增强结果的熵评价结果如表 5.1 所示.

表 5.1   各种算法得到的增强结果的熵评价

实验图	直方图均衡化	Retinex 增强	改进直方图均衡化	Curvelet 增强
图 5.5	3.9266	6.8121	7.0610	6.4904
图 5.6	4.1889	6.6020	7.6588	7.0265

从图 5.5 和图 5.6 可以看出, 总体来讲, 各种算法均提高了图像整体对比度, 图像偏暗的现象得到了改善, 但 4 种方法的效果又有较明显的区别, 直方图均衡化增强得到的图像存在明显的过亮现象, Retinex 增强得到的图像整体感觉发灰, 结合方向扩散的改进直方图均衡化方法增强得到的图像更好地保留了图像的细节信息,

(a) 失事直升机局部图

(b) 直方图均衡化增强

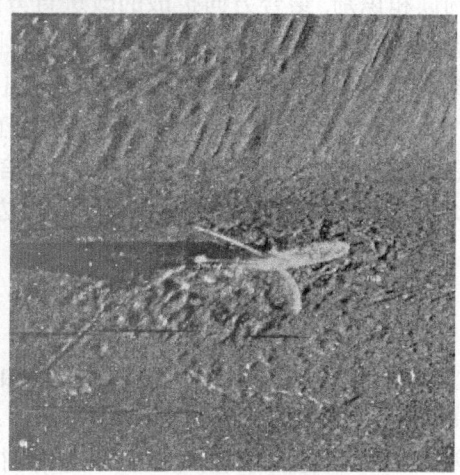

(c) Retinex增强

 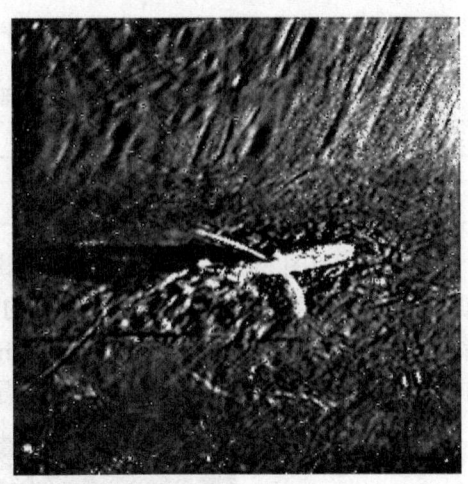

(d) 改进直方图均衡化增强　　　　　　(e) Curvelet增强

图 5.6　失事直升机局部增强结果对比图

Curvelet 增强突出了主要的目标边缘. 具体而言, 直方图均衡化易于出现过增强或欠增强, 如图 5.5(b) 的疑似失事人员, 较之身体的其他过增强部分腿部表现为欠增强, 图 5.6(b) 的失事直升机的下方的机翼出现过增强, 与背景混在一起无法区分. 无论是图 5.5(b), 还是图 5.6(b), 都出现了噪声扩散带来的大面积亮斑, 以至于湮没了边缘细节, 造成较明显的图像失真. Retinex 增强边缘细节保持较好, 无论是图 5.5(c) 还是图 5.6(c), 疑似失事人员的特征和直升机的机翼都保留较好, 但由于其未考虑整体对比度提升, 得到的图像在中间的灰度级分布偏多, 图像整体感觉不适, 容易造成视觉疲劳; 图像偏灰也导致目标阴影不够突出, 不利于基于阴影形状的目标判读和识别. 结合方向扩散的改进直方图均衡化方法在增强目标的同时, 突出了阴影、背景细节, 并较为完整地保留了原图的边缘结构信息, 噪声也得到一定程度的抑制. Curvelet 增强对目标的边缘突出效果很好、噪声抑制效果也比较突出. 表 5.1 的定量评价表明 Curvelet 增强、改进直方图均衡化方法得到的图像具有更多的信息量, 而直方图均衡化得到的图像的信息量最少, 这与主观感觉是一致的, 定量评价也说明了本章算法总体具有更好的边缘信息保持效果.

5.7　本章小结

声呐接收机中的 TVG 按球面扩展加介质吸收随距离变换的规律 (对应为传播损失与时间的关系) 进行灰度校正, 然而, 海水的空时变特性使这一校正难免存在偏差. 另外, 目标的散射强度和入射角有很大的关系, 然而, 波浪起伏造成的船体颠簸使得很难估计换能器波束的指向性进而实现理想的增益补偿. 因此, 工作于大场景、远距离、波浪涌动环境的侧扫声呐采集得到的图像难免存在灰度不均、对比度低等现象,需要进行灰度校正与均衡化等增强处理.噪声等干扰的存在,使得声呐图像的灰度校正更为复杂化,需要在处理的时候注意抑制噪声.

本章主要研究了如何改善声呐图像的显示效果,重点是在对图像进行增强显示时保护边缘等有用信息.结合方向扩散与改进直方图均衡化,提出一种边缘保护的侧扫声呐图像对比度增强方法,同时基于 Curvelet 变换具有的多尺度特性以及良好的方向特性,提出了基于 Curvelet 变换的分段非线性增强方法.实验结果表明,提出的结合方向扩散的改进直方图均衡化方法较好地突出了阴影、背景细节,并较为完整地保留了原图的边缘结构信息,噪声也得到一定程度的抑制;提出的基于 Curvelet 变换的增强方法更好地抑制了噪声、突出了目标的主要边缘细节.较之直方图均衡化增强方法、Retinex 增强方法,两种方法均具有一定的优势,利于后续的进一步处理.

参 考 文 献

[1] 刘晨晨. 高分辨率成像声呐图像识别技术研究 [D]. 哈尔滨:哈尔滨工程大学, 2006.

[2] 田坦. 声呐技术 [M]. 2 版. 哈尔滨:哈尔滨工程大学出版社, 2010.

[3] 霍冠英. 基于边缘检测及纹理提取的声呐图像分割方法 [D]. 南京:河海大学, 2012.

[4] 章毓晋. 图像工程 [M]. 3 版. 北京:清华大学出版社, 2013.

[5] Hummel R. Image enhancement by histogram transformation [J].Computer Graphics and Image Processing, 1977, (6): 184-195.

[6] Chan H P, Vyborny C J. Digital mammography: ROC studies of the effects of pixel size and unsharp mask filtering on the detection of subtle microcalfications [J]. Invest. Radiol, 1987, 22(7): 581-589.

[7] Jobson D J, Rahman Z, Woodell G A. Properties and performance of the center/surround retinex[J]. IEEE Transactions on Image Processing, 1997, 6(3):451-462.

[8] 滕惠忠, 严晓明, 李胜全, 等. 侧扫声呐图像增强技术 [J]. 海洋测绘,2004, 24(2): 47-49.

[9] 郭海涛, 孙大军, 田坦. 属性直方图及其在声呐图像模糊增强中的应用 [J]. 电子与信息学报, 2002, 24(9): 1287-1290.

[10] Kim K, Neretti N, Intrator N. Video enhancement for underwater exploration using forward looking sonar[J]. Lecture Notes in Computer Science, 2006, 4179: 554-563.

[11] 桑恩方, 沈郑燕, 高云超. 小波域声呐图像自适应增强 [J]. 哈尔滨工程大学学报, 2009, 30(4): 411-415.

[12] 焦李成, 张向荣, 侯彪, 等. 智能 SAR 图像处理与解译 [M]. 北京:科学出版社, 2007.

[13] 焦李成, 谭山. 图像的多尺度几何分析:回顾和展望 [J]. 电子学报, 2003, 31(12A): 1975-1981.

[14] Candès E J, Donoho D L. Curvelets[R]. USA: Department of Statistics, Stanford University, 1999.

[15] Hummel R. Image enhancement by histogram transformation[J]. Computer Graphics and Image Processing, 1977, 6(3): 184-195.

[16] Sapiro G, Caselles V. Histogram modification via differential equations[J]. Journal of Differential Equations, 1997, 135(2): 238-268.

[17] 王大凯, 侯榆青, 彭进业. 图像处理的偏微分方程方法 [M]. 北京: 科学出版社, 2008.

[18] Perona P, Malik J. Scale space and edge detection using anisotropic diffusion[J]. IEEE Transactions on Pattern Analysis and Machine Intelligence, 1990, 12(7): 629-639.

[19] Edwin Land. The retinex theory of color vision[J]. Scientific American, 1977, 237:108-128.

[20] Edwin Land. Recent advances in retinex theory[J]. Vision Res, 1986, 26:7-22.

[21] Jobson D J, Rahman Z, Woodell G A. A multiscale retinex for bridging the gap between color images and the human observat ion of scenes[J]. IEEE Transaction on Image Processing, 1997, 6(7):965-976.

[22] 陈武凡. 小波分析及其在图像处理中的应用 [M]. 北京: 科学出版社, 2002.

[23] 寇小明, 刘上乾, 洪鸣, 等. 一种自适应红外图像增强技术[J]. 西安电子科技大学学报, 2009, 36(6): 1070-1073.

[24] Donoho D L, Johnstone I. Ideal spatial adaptation via wavelet shrinkage[J]. Biometrika, 1994, 81(3): 425-455.

[25] Po D D Y, Do M N. Directional multiscale modeling of images using the contourlet transform[J]. IEEE Transaction on Image Processing, 2006, 15(6): 1610-1620.

[26] Shanon C E. A mathematical theory of communication[J]. Bell System Technical Journal, 1948, 27(3): 379-423.

第6章 基于人眼微动机理的 NSCT 域水下声呐图像边缘检测

6.1 视觉仿生

自然界在亿万年的演化过程中孕育了各种各样的生物,每种生物都拥有神奇的特性与功能,因而能够在复杂多变的环境中生存下来. 仿生学就是以生物为研究对象,通过研究生物系统的结构性质、能量转换和信息传递过程,并将所获得的知识用于改善现有的或创造崭新的技术和产品的科学. 人作为智能化程度最高的生物,70%以上的感知信息都来自于人的视觉系统. 人眼视觉系统与凝视焦平面阵列光学成像系统有着惊人的相似之处,焦平面阵列正好相当于人眼睛的视网膜. 人眼视觉系统的许多独特机制,给智能化图像处理技术方面的研究提供了极好的启迪.

近 20 多年来,数字图像处理技术已在目标检测、识别、跟踪和信息处理等众多领域中得到广泛应用,但实际应用中,在实时性等方面仍存在很大的局限性. 许多视觉任务如物体边缘检测、空间位置估计和运动跟踪等对于人来说非常简单,对于计算机来说仍是一个未能很好解决的问题. 因此人类视觉原理给我们研究图像目标边缘检测、识别及信息处理等问题提供了一个很好的参考.

图像边缘是指其周围像素灰度有阶跃变化和屋顶变化的那些像素的集合,是图像最基本的特征之一. 图像边缘往往携带一幅图像的大部分信息. 边缘检测在计算机视觉、图像处理等应用中起着重要的作用,是图像分析与识别的重要环节,因此图像的边缘检测一直是人们研究的热门课题[1,2]. 声呐图像是一种灰度图像,受成像器件和环境等因素的影响,造成了声呐图像空间相关性强、信噪比低、对比度低、视觉效果模糊,而且声呐图像中目标和背景的灰度分布不均匀[3-6],这就给声呐图像边缘检测带来了严峻的挑战. 传统的边缘检测方法多数都是在空域中基于一阶或二阶微分算子来检测,虽然有一定的效果,但图像中细节部分的信息丢失比较严重,或者定位不够准确、抗噪能力较差. 新发展起来的基于小波变换的边缘检测方法多数是基于离散正交小波变换或二进小波及样条小波,它们基本上都是基于小波系数的模极大和过零点的方法[7,8]. 由于小波变换的优势在于对图像的点奇异,而非线奇异的描述,因此基于小波变换的边缘检测方法也有一定的缺陷. 目前,虽然图像边缘提取的算法很多,但对弱小信息边缘的细致提取往往欠佳,加之声呐图像具有边缘信息缺失、边缘模糊、噪声干扰大等特点,很难有一种简单有效的声呐图像边缘提取算法,能够克服伪检、漏检等检测不准的问题.

2002 年, M. N. Do 和 Martin Vetterli 提出了 Contourlet 变换[9], 也称塔形方向滤波器组 (pyramidal directional filter bank, PDFB). Contourlet 变换是一种多分辨的、局域的、方向的图像表示方法, 它继承了 Curvelet 变换的各向异性尺度关系, 在一定意义上, 可以认为是 Curvelet 变换的另一种实现方式. Contourlet 变换提供了一种灵活的多分辨的对图像方向的分解, 因为它对每个尺度允许不同数目的分解方向, 其最终结果类似于用轮廓段 (contour segment) 的基结构来逼近原图像, 这也是它被称为 Contourlet 变换的原因.

自 Contourlet 变换提出之后, 其理论和框架在不断发展和完善中. 2006 年 A. L. Cunha 等应用áTrous 算法提出了一种非下采样 Contourlet 变换 (nonsubsampled contourlet transform, NSCT)[10], NSCT 是通过综合非下采样的金字塔 (nonsubsampled pyramid, NSP) 分解和非下采样的方向滤波器组 (nonsubsampled direction filter bank, NSDFB) 来实现的, 它不但继承了 Contourlet 的多尺度、多方向性, 还具有平移不变性. 随着 Contourlet 变换理论和算法的不断丰富和完善, 它也逐渐在图像处理中体现出了良好的优势. 由于 NSCT 分解没有下采样, NSCT 系数矩阵中的元素与图像空间域中的像素是一一对应关系. 因此, 在 NSCT 域进行边缘检测, 只需确定对应图像边缘的 NSCT 系数的位置, 即可很方便地提取到空域中图像的边缘, 这也是本章选用 NSCT 进行边缘检测而非其他多尺度几何变换的原因之一.

仿生学的研究一直推动着人类技术的进步, 生物视觉的探索正成为当前人工智能革命的一个主要思维来源, 人眼、鲨眼、蝇复眼、蛙眼等生物眼研究在各个方面开辟的新技术、新产品是有目共睹的[11]. 人类视觉中的人眼微动产生的超分辨率特性对声呐图像处理提供了良好的启迪, 使人们有可能采用一种新的途径来尝试解决这个问题. 本章从人眼视觉仿生的角度, 利用 NSCT 对数字图像的多分辨率分析和时频局部化表达能力, 提出一种基于人眼微动机理的 NSCT 域声呐图像边缘检测新方法. 首先对声呐图像进行静态 NSCT 分解, 再根据人眼微动机理对 NSCT 系数在水平、垂直、45° 斜向、135° 斜向共 4 个方向进行微动, 得到 NSCT 域反映图像边缘信息的系数矩阵, 并可根据需要, 设定阈值进行二值化、细化处理. 不需进行 NSCT 逆变换, 根据图像 NSCT 域与空域的一一对应关系, 即可检测出声呐图像的边缘. 实验结果表明, 这种新方法能够有效地检测声呐图像的边缘信息, 在声呐图像弱边缘检测能力方面具有明显优势.

6.2 图像边缘检测

6.2.1 边缘检测问题的描述

图像的边缘主要表现为图像局部特征的不连续性,是图像中灰度变化比较剧烈的地方,也就是图像信号发生奇异变化的地方. 边缘可定义为:两个具有不同灰度的均匀图像区域的边界. 局部边缘是图像中局部灰度级以单调的方式作极快变化的区域,这种局部变化可用一定窗口运算的边缘检测算子来检测. 边缘的描述包含以下几个方面:

(1) 边缘方向 —— 目标边界的切线方向;
(2) 边缘法线方向 —— 在某点灰度变化最剧烈的方向,与边缘方向垂直;
(3) 边缘位置 —— 边缘所在的图像区域的边界位置;
(4) 边缘强度 —— 沿边缘法线方向图像局部的变化强度的量度.

一般认为沿边缘方向的灰度变化比较平缓,而边缘法线方向的灰度变化比较剧烈. 通常,按照基本的灰度变化可以将边缘划分为阶梯状、脉冲状和屋脊状. 阶梯状的边缘, 如图 6.1(a)、(b) 所示, 处于图像中两个具有不同灰度值的相邻区域之间; 脉冲状的边缘, 如图 6.1(c) 所示, 主要对应细条状的灰度值突变区域; 而屋脊状的边缘, 如图 6.1(d) 所示, 上升下降都比较缓慢.

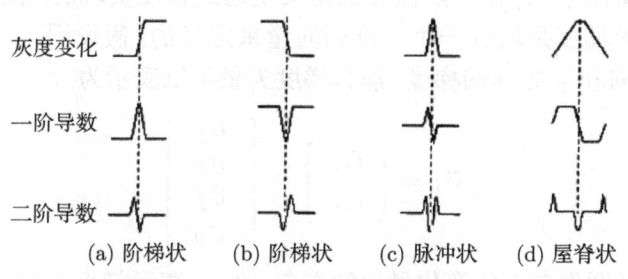

图 6.1 基本边缘类型及其导数

边缘检测就是要检测出图像中灰度值非连续的像素点,确定它们在图像中的准确位置. 边缘提取通常是图像分析、图像理解过程中的第一个环节,后面的处理都要依靠它提供的信息来完成. 边缘提取的好坏将直接影响到后续处理的准确性和难易程度.

由于边缘检测是定位灰度级的变化,因此通常采用微分法来定位边缘. 信号的数值微分往往是一个"病态"问题,即输入变量的一个很小的变化就会引起输出信号较大的变化. 令 $f(x)$ 为输入信号, 其中 x 为输入变量. 假设由于噪声的影响, 使输出信号 $\hat{f}(x)$ 发生了一个很小的变动

$$\hat{f}(x) = f(x) + \varepsilon \sin wx \tag{6-1}$$

式中, $\varepsilon \ll 1$.

对式 (6-1) 两边求导数, 则

$$\frac{\mathrm{d}\hat{f}(x)}{\mathrm{d}x} = \frac{\mathrm{d}f(x)}{\mathrm{d}x} + \varepsilon w \cos wx \tag{6-2}$$

由式 (6-2) 可以看到, 若噪声为高频噪声时, 即 w 足够大, 会严重影响信号 $\hat{f}(x)$ 的微分输出, 从而影响边缘检测的结果. 因此经常需要先对图像进行平滑去噪. 然而, 图像平滑必然会引起信息丢失, 并且会使图像平面的主要结构发生移位, 使得边缘定位的精度变差[12]. 因此噪声消除与边缘定位是相互矛盾的两个方面, 这就是边缘检测中的 "两难" 问题[13]. 在实际应用中, 应根据具体的要求对这两个方面进行最佳折中.

6.2.2 边缘检测算法

图像边缘检测已有较长的研究历史, 出现了微分算子法、形态学法、曲面拟合法、小波变换法、神经网络分析法和遗传算法等多种边缘检测手段. 本章主要介绍常用的空间域边缘检测微分算子和小波边缘检测法.

1. 空间域边缘检测微分算子

对于二维图像 $f(x,y)$, 一阶微分的定义是通过梯度实现的. 图像 $f(x,y)$ 在其坐标 (x,y) 上的梯度是通过一个二维列向量来定义的, 假设用 G_x 和 G_y 来表示 $f(x,y)$ 沿 x 方向和 y 方向的梯度, 那么梯度矢量可以表示为

$$\nabla f = \begin{bmatrix} G_x \\ G_y \end{bmatrix} = \begin{bmatrix} \dfrac{\partial f}{\partial x} \\ \dfrac{\partial f}{\partial y} \end{bmatrix} \tag{6-3}$$

梯度方向是图像灰度值变化最快的方向, 令 θ_g 表示梯度方向, 则

$$\theta_g = \arctan^{-1}(f_y/f_x) \tag{6-4}$$

在 θ_g 方向的变化率的速度 (即梯度的幅度) 为

$$g(x,y) = |\nabla f(x,y)| = \sqrt{\left(\frac{\partial f(x,y)}{\partial x}\right)^2 + \left(\frac{\partial f(x,y)}{\partial y}\right)^2} \tag{6-5}$$

式中, g 为梯度算子, 幅度计算是 2 的范数. 幅度计算也可以采用其他等价的范数, 常用的计算方式为

$$g(x,y) = \left|\frac{\partial f(x,y)}{\partial x}\right| + \left|\frac{\partial f(x,y)}{\partial y}\right| \tag{6-6}$$

6.2 图像边缘检测

或者采用无穷大范数

$$g(x,y) = \max\left(\left|\frac{\partial f(x,y)}{\partial x}\right|, \left|\frac{\partial f(x,y)}{\partial y}\right|\right) \tag{6-7}$$

在数字图像处理中,可根据实际的计算需要,将上述复杂的微分运算用差分代替,其定义的形式如下

$$f_x(x,y) = f(x,y) - f(x-1,y) \tag{6-8}$$

$$f_y(x,y) = f(x,y) - f(x,y-1) \tag{6-9}$$

为了减少算法的复杂度,常用小区域模板卷积来近似计算梯度. 构造边缘检测算子的数学基础是一阶和二阶导数变化,二维图像 x 和 y 方向的导数变化用梯度表示. 对 G_x 和 G_y 各用一个模板,然后把两个模板组合起来构成一个梯度算子. 在图像边缘检测中有多种模板算子,并各具有优缺点. 常用的算子有 Roberts、Sobel、Priwitt、Laplace 等各种微分算子[14],对应的模板分别如图 6.2 所示.

$$D_x = \begin{bmatrix} 0 & 1 \\ -1 & 0 \end{bmatrix} \quad D_y = \begin{bmatrix} 1 & 0 \\ 0 & -1 \end{bmatrix} \qquad D_x = \begin{bmatrix} -1 & -2 & -1 \\ 0 & 0 & 0 \\ 1 & 2 & 1 \end{bmatrix} \quad D_y = \begin{bmatrix} -1 & 0 & 1 \\ -2 & 0 & 2 \\ -1 & 0 & 1 \end{bmatrix}$$

(a) Roberts 模板 \qquad\qquad (b) Sobel 模板

$$D_x = \begin{bmatrix} -1 & -1 & -1 \\ 0 & 0 & 0 \\ 1 & 1 & 1 \end{bmatrix} \quad D_y = \begin{bmatrix} -1 & 0 & 1 \\ -1 & 0 & 1 \\ -1 & 0 & 1 \end{bmatrix} \qquad D_x = \begin{bmatrix} 0 & 1 & 0 \\ 1 & -4 & 1 \\ 0 & 1 & 0 \end{bmatrix} \quad D_y = \begin{bmatrix} 1 & 1 & 1 \\ 1 & -8 & 1 \\ 1 & 1 & 1 \end{bmatrix}$$

(c) Priwitt 模板 \qquad\qquad (d) Laplace 模板

图 6.2 边缘检测算子模板图

从各种边缘检测算子模板可以看出, Sobel 和 Prewitt 算子能够检测垂直和水平方向边缘, Roberts 算子则易于检测 45° 方向边缘. Laplace 算子是二阶差分算法,该算子无方向性,对噪声比较敏感.

除上述算子之外, Canny 算子[15]也是应用较为广泛的边缘检测算子. Canny 算子检测边缘的基本思想是在图像中找出具有局部最大梯度幅值的像素点,然后进行边缘连接. 其算法的实质是用一个准高斯函数做平滑运算,然后以方向的一阶微分定位导数最大值. Canny 算子属于具有平滑功能的一阶算子,可以用高斯函数的梯度来近似,在实际应用中得到了满意的结果.

通过以上分析可以看出,传统的边缘检测算法都是通过各种形式的微分运算来获取图像一阶、二阶导数的信息,进而通过寻找一阶导数的极值点或者二阶导数的

零交叉点和极值点来判断信号拐点的存在. 这些传统的算法在实际应用中存在着去除噪声影响与边缘准确定位之间的矛盾, 存在着误检和漏检的问题. 这是由于微分算子对噪声非常敏感, 而噪声和边缘点都具有灰度突变的特性. 因此采用微分算子进行边缘检测, 很有可能将噪声点作为边缘点检测出来, 或真正的边缘由于受到噪声干扰而无法检测出来. 既要提取出图像中的重要边缘, 又要抑制不必要的细节和噪声, 同时还要获得高精度的定位, 对于单一尺度的边缘检测算子来说是很难做到的.

2. 小波模极大值边缘检测法

小波分析以其局部定位特性和多尺度滤波功能为多尺度的边缘检测方法提供了新的方法和思路. Mallat 在文献中[16]最早提出了基于小波变换模极大值的边缘检测基本思想, 把图像处理中小波变换的应用提高到了一个新的层次. 首先是定义二维平滑函数, 并将其水平和垂直方向的一阶偏导数作为用于图像变换的两个基本小波, 然后将两个基本小波的伸缩小波与图像的卷积分别定义为小波变换的水平和垂直分量, 并据此求出小波变换的模和相角, 把图像边缘定义为沿相角方向的小波变换模极大值.

设 $\theta(x,y)$ 是一适度平滑的二维函数, 且在引入尺度参数 s 后, $\theta_s(x,y) = \left(\dfrac{1}{s^2}\right)\theta\left(\dfrac{x}{s},\dfrac{y}{s}\right)$ 在尺度 $s=2^j$ 下的偏导数为

$$\psi_{2^j}^x(x,y) = \frac{\partial \theta_{2^j}(x,y)}{\partial x} \tag{6-10}$$

$$\psi_{2^j}^y(x,y) = \frac{\partial \theta_{2^j}(x,y)}{\partial y} \tag{6-11}$$

图像 $f(x,y) \in L^2(R^2)$ 在尺度 2^j 下二维小波变换可表示为

$$\begin{bmatrix} W_{2^j}^x f(x,y) \\ W_{2^j}^y f(x,y) \end{bmatrix} = \begin{bmatrix} f*\psi_{2^j}^x(x,y) \\ f*\psi_{2^j}^y(x,y) \end{bmatrix} = 2^j \begin{bmatrix} \dfrac{\partial (f*\theta_{2^j})(x,y)}{\partial x} \\ \dfrac{\partial (f*\theta_{2^j})(x,y)}{\partial y} \end{bmatrix} = 2^j \nabla (f*\theta_{2^j})(x,y) \tag{6-12}$$

因此, $(f*\theta_{2^j})(x,y)$ 的梯度矢量 $\nabla(f*\theta_{2^j})(x,y) = W_{2^j}f(x,y)$ 的模值与小波变换的模值关系为

$$M(W_{2^j}f(x,y)) = \sqrt{\left|W_{2^j}^x f(x,y)\right|^2 + \left|W_{2^j}^y f(x,y)\right|^2} \tag{6-13}$$

梯度方向与水平方向的夹角即相角为

$$A(W_{2^j}f(x,y)) = \arctan\left(\frac{W_{2^j}^y f(x,y)}{W_{2^j}^x f(x,y)}\right) \tag{6-14}$$

于是计算一个光滑函数 $(f*\theta_{2^j})(x,y)$ 沿着梯度方向的模极大值相当于计算小波变换的模极大值. 记 $\bar{n}_j(x,y) = (\cos A(W_{2^j}f(x,y)), \sin A(W_{2^j}f(x,y)))$, 则单位矢量 $\bar{n}_j(x,y)$ 与梯度矢量 $\nabla(f*\theta_{2^j})(x,y)$ 是平行的. 因此, 在尺度 2^j 下, 若模 $M(W_{2^j}f(x,y))$ 沿着与 $A(W_{2^j}f(x,y))$ 相垂直的方向取得局部极大值, 则点 (x,y) 是 $(f*\theta_{2^j})(x,y)$ 的一个边缘点. 这表明, 通过检测二维小波变换的模极大值可以确定图像的边缘点. 由于小波变换在各尺度上都提供了图像的边缘信息, 所以称为多尺度边缘.

具体过程和步骤的数学描述如下:

1) 小波变换

对图像 $f(x,y)$ 进行二维小波变换, 得到 $W_{2^j}^x f(x,y)$ 和 $W_{2^j}^y f(x,y)$, 其中 $1 \leqslant j \leqslant J = \log_2 N$, 分解的尺度数可根据需要而定.

2) 计算每一点的模值和幅角

由于 $W_{2^j}^x f(x,y)$ 和 $W_{2^j}^y f(x,y)$ 是图像在点 (x,y) 上的偏导数, 因此图像在点 (x,y) 上的梯度模值和幅角可通过式 (6-13) 和式 (6-14) 计算得出.

3) 寻找极大值点

通常可以通过零交叉点来寻找极大值点.

根据图 6.3 所示的突变点的特性, 首先对图像的每一行找出由正变为负处或由负变为正处的点, 称这些点为零交叉点. 在每两个零交叉点之间寻找小波变换系数模值的最大值或者是最小值, 找到的这些点则称为极大值点.

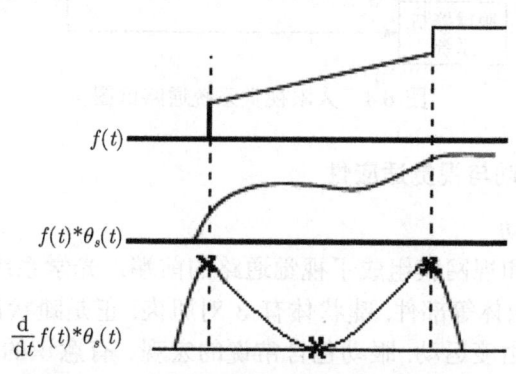

图 6.3 小波变换模极大值与突变点检测

4) 设置阈值, 去除噪声

多尺度边缘表征了图像中不同强度和大小结构的边缘, 是图像的重要特征. 为了除去由噪声引起的虚假边缘需设置一个阈值. 设找到的极大值图像记为 $d(x,y)$, 通常做法是选取阈值 $T>0$, 如果 $M(d(x_i,y_i)) \geqslant T$, 则 $d(x_i,y_i)$ 保留.

5) 边缘链接，形成各尺度下沿边界的边缘

为了提高边缘检测质量，把模值相近的邻点连接到同一个链上，去除可能是噪声引起的长度小于一定阈值的短链，这样得到基本无噪的连续边缘检测图像.

6.3 人眼微动机理

6.3.1 人眼视觉系统通路

人类通过眼、耳、鼻、舌、身接收信息，感知世界，其中 70%以上的信息是通过人类视觉系统获取的. 人类的视觉系统是最重要的感觉器官. 外界场景的光信号先通过角膜经瞳孔进入眼球，穿过晶状体和玻璃体到达视网膜，在视网膜上完成光电转换和信息初级处理. 在晶状体两侧分布着睫状肌，可以调节焦距、变换注视点以及根据大脑的指令控制眼球的有意识运动. 视网膜输出通过视神经传向下一站侧膝体，在到达侧膝体之前左右两眼的信息存在交叉，这个位置称为视交叉. 视交叉与侧膝体间的连接神经称为视束. 膝状体本身为一中转结构，通过视辐线与视皮层直接相连. 最后，在视皮层完成物体的识别、感知和理解，并根据结果进行眼睛的主动调节，比如注视点移动等[17,18]. 整体的视觉通路如图 6.4 所示.

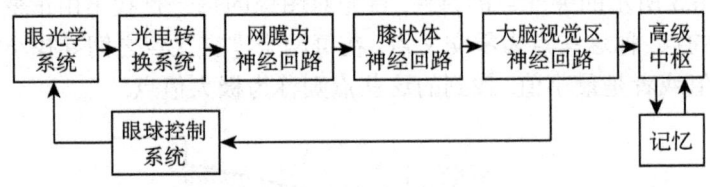

图 6.4 人眼视觉系统通路框图

6.3.2 人眼固视微动与视觉适应性

1) 人眼固视微动

人眼光学系统和视网膜组成了视觉通路的前端. 光学系统部分包括虹膜、睫状体、晶状体、玻璃体等部件，睫状体有 3 对肌肉，正是睫状体具"拮抗性"的肌肉完成眼球的六自由度运动. 眼动包含常说的宏观、有意识的运动，比如扫视、跟随运动、趋异运动，同时还包含在固视状态下无意识的微动. 固视微动分为 3 种模式[17]：

(1) 高频振动或震颤，对应的频率在 30~100Hz，幅度单位为角秒 ("").
(2) 漂移运动，对应的频率在 20Hz 以下，幅度一般为若干角分 (')。
(3) 闪动，对应的频率最低，幅度最大可达十几或几十角分 (')。

其中，漂移运动与闪动是相关的，近窝区感兴趣信息对神经中枢的刺激产生漂移运动，并由此产生无意识性眼球漂移；闪动属于漂移运动的补偿，使窝区不因漂

移运动的积累而离开预定注视点.

视觉系统所面对的对象是外界场景在感受器层上的投影图,这个投影图被称为"视网膜图像". 由于视网膜位于眼球之后,因此视网膜图像并不是场景图的直接反应,而是经过光学系统调制的结果,比如光学系统的衍射调制. 同理,在微动情形下将出现微动对场景图像的调制,将原来静止的场景图对应的视网膜图像调制为动态序列图.

依据已有的眼球微动记录可知,尽管眼球微动的频谱范围覆盖了0~150Hz,但仍然呈现一定的规律性. 眼球微动频谱有 2 个峰:一个在 0~20Hz;另一个在 50~100Hz. 这 2 个峰分别对应了 2 种运动,前者为漂移运动,后者为高频振动. 因此,固视微动存在明显的周期性,可以直接用周期性振动作为微动理想化模型[11].

2) 视觉适应性

生物体触觉、听觉、嗅觉、视觉等感觉系统都具有明显的适应性. 比如生活中在你穿鞋子的时候会感到脚受到的刺激,而穿的时间长了,对鞋的存在不再敏感. 另外,长期处于某种气味之下,人对这种气味就不再敏感. 这种特性的实质在于神经系统总是倾向于对周边变化的信息做出响应,而对周围随时间没有明显变化的信息进行抑制. 换句话说感官系统总是为大脑提供信息,"变化"意味着有信息,而"不变"意味着没有信息.

视觉系统也不例外,视网膜的节细胞的响应总是在感受野内的光刺激变化的情况下最强,而当感受野内的刺激固定不变时,响应则逐渐降低直到消失,这个过程被称为节细胞的适应性[11]. 不同的节细胞适应时间常数存在较大差异,以最简单的 M 型、P 型节细胞为例, M 型节细胞一般为几毫秒级,而 P 型节细胞响应可持续到秒级. 尽管如此,两种细胞的发放也存在一个共性,即响应的最大值出现在给光和撤光的瞬间,差异只是 M 型节细胞降低得快而 P 型节细胞降低得慢而已. 这一点在生物视觉实验中有明显的反应,实验中总是应用运动的刺激模式来测试视网膜节细胞或视皮层细胞的响应,因为一旦刺激模式停止运动,所测试的视觉细胞单元将很快停止响应. 这可以给出一个启示:视网膜节细胞的响应正比于感受野内刺激在时间上的变化,这正是基于微动的视网膜响应模型建立的理论基础.

6.3.3 视网膜动态分析与模拟

出于简化模拟的考虑,对复杂的运动模式以及视网膜实际存在的多通道比如颜色、尺度等不予考虑. 首先讨论微动情形下视网膜对单点刺激的响应模型,以微动调制的观点来研究视网膜响应输出,并在此基础上建立对二维图像信息的处理模型.

1) 单点理想化响应模型

固视微动是非常复杂的,在上节分析的基础上给出一种理想化运动模型. 固定

频率为 f, 方向可以为上、下、左、右, 如图 6.5 所示. 其中频率为 $f=1/T_W$, T_W 为固视激励的周期. d 为微动的幅度, T_M 为微动段时间, T_S 为静止段时间, T_W 为整周期.

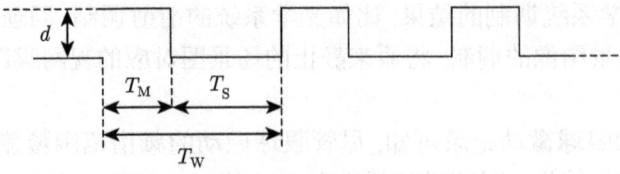

图 6.5 眼球微动周期图示

至于视觉的快速适应性问题, Hartline、Hubel 等在相关文献中都有记录节细胞发放的脉冲记录[19]. 当输入为阶跃信号 $f(t)$ 时, 视网膜对静态场景的输出响应 $g(t)$ 为

$$g(t) = k(\mathrm{e}^{-t/a} - \mathrm{e}^{-t/ba}), \ b \in (0,1) \tag{6-15}$$

输出响应 $g(t)$ 首先从无刺激状态快速上升到峰值, 然后由于视觉适应性的影响, 输出开始下降. 式中, a,b,c,k 均为正的常数, 决定了视网膜对刺激产生的响应幅值, a,b 的选值决定了适应性的时间特性, 显然 b 越接近于 1 则适应性时间越短.

考虑存在的固视微动, 视网膜信号表现为 $f(t)$ 对应的调制信号, 在一个微动周期内有

$$f'(t) = \begin{cases} 0, & t \in T_M \\ 1, & t \notin T_M \end{cases} \tag{6-16}$$

在此模式下视觉的响应在时间轴上呈现周期性, 即

$$g'(t) = g(t - mT_W), t \in [mT_W, (m+1)T_W], \quad m \in \{0,1,2,\cdots\} \tag{6-17}$$

其输出仿真图如图 6.6 所示. 一方面视网膜的输出信号因微动的存在克服了适应性, 从而保证了人眼正常的视觉; 另一方面, 微动调制的存在导致视网膜响应存在周期性波动.

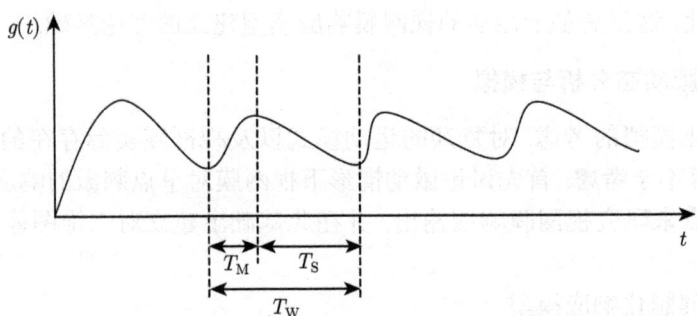

图 6.6 微动情形下的节细胞对阶跃刺激的周期性响应

2) 图像响应模型

(1) 已有的视网膜时空模型

关于视网膜对信息的处理机制, 讨论较多的时空联合模型为 Rodieck 模型与 Victor 模型[20], 其中 Rodieck 于 1965 年提出的简化模型为

$$R(t) = R_0 + \iint I(x,\tau)B(x)A(t-\tau)\mathrm{d}x\mathrm{d}\tau \tag{6-18}$$

式中, $I(x,t)$ 代表 t 时刻的刺激; $B(x)$ 代表空间处理模型; $A(t)$ 代表视网膜的脉冲响应函数; R_0 为视网膜的基准频率发放.

这个模型本身是线性的, 并且当处于瞬变点源刺激时有很好的模拟效果. Victor 在 20 世纪 80 年代提出了一种非线性的模型, 其中空间通道用简单的高斯分布表示, 而在时间通道上提出了对比度增益控制 (contrast gain control) 滤波器, 用一种反馈手段解决了不同刺激的滤波器参数选取问题. Rodieck 以及 Victor 的模型被认为是比较成功的模型, 但是两个模型并没有考虑眼球微动对视网膜输出的影响.

(2) 基于固视微动二维时空模型与模拟

以静止的二维场景图像为研究对象, 微动的调制结果为时间前后存在位移的动态图像序列, 并且根据视网膜响应正比于刺激变化的启示来模拟视网膜对场景信息的获取和初级处理. 微动依然采取图 6.5 所示的理想化模式, 微动的幅度本章以 x 个横向像素、y 个纵向像素表示, 以一个微动周期 T_W 为例, 图像微动时间 T_M 前后的视网膜图像变化为

$$G(i,j,t) = \left| F(i+x,j+y,t) - F(i,j,t-T_M) \right| = \left| F(i+x,j+y) - F(i,j) \right| \tag{6-19}$$

式中, $F(i,j,t)$ 代表 t 时刻视网膜 (i,j) 点图像; $G(i,j,t)$ 代表 t 时刻视网膜 (i,j) 点图像的变化量.

考虑视网膜感受野内存在的抑制关系, 视网膜对场景的神经脉冲输出为

$$P(i,j,t) = G(i,j,t) \times H(m,n) \tag{6-20}$$

式中, $H(m,n)$ 为侧抑制系数矩阵; $G(i,j,t)$ 为视网膜图像变化矩阵.

考虑单个节细胞在微动周期内适应性的波动问题, 结合式 (6-17), 则可得到基于视网膜图像固视微动处理机制的最终响应为

$$R(i,j,t) = P(i,j,t)g(t) \tag{6-21}$$

6.3.4 基于人眼微动的视网膜边缘检测

固视微动的运动方向是多变的, 上下、左右、前后各个方向均存在. 视网膜节细胞的种类很多, 具备对线条刺激的朝向选择, 这一点类似于视皮层内简单细胞与复杂细胞的朝向选择特性[11].

基于微动的图像边缘提取方法如图 6.7 所示，首先选择固视微动的方向，然后在场景图中进行此方向的边缘选择，之后各个方向边缘通道图进入竞争环节，竞争的结果则是各个方向最优的整体边缘图。

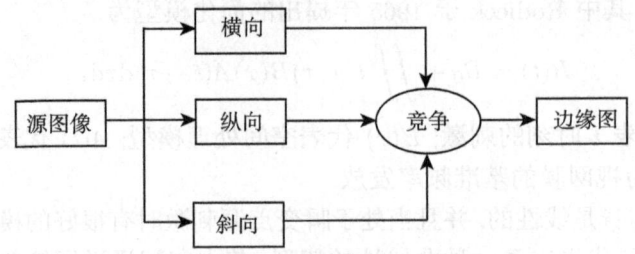

图 6.7　基于微动的图像边缘提取框图

以 $f(x,y)$ 代表输入图像，为简化处理，Δt 内的响应用差分公式表达为

$$g_\theta(x,y) = \left| f_t(x,y) - f_{t+\Delta t}(x+k_1\Delta x, y+k_2\Delta y) \right| \quad (6\text{-}22)$$

式中，Δx，Δy 分别为 x，y 方向的移动距离单元；k_1，k_2 为移动大小；θ 为微动的运动方向，并且

$$\theta = \arctan\left(\frac{k_2}{k_1}\right) \quad (6\text{-}23)$$

以 $r(x,y)$ 代表网络的输出，那么竞争网络的实现模型为

$$r(x,y) = \max\left\{ g_i(x,y) \middle| \forall i \right\} \quad (6\text{-}24)$$

对输出取阈值 T，可得到原图像的二值边缘图

$$R(x,y) = \begin{cases} 1, & r(x,y) \geqslant T \\ 0, & r(x,y) < T \end{cases} \quad (6\text{-}25)$$

6.4　非下采样 Contourlet 变换及特性

6.4.1　NSCT 变换

　　Contourlet 变换作为一种多尺度和多方向的图像表示方法，它的提出最初主要是为了寻找图像中分段光滑的轮廓信号的稀疏表示．Contourlet 变换可以在离散域中方便地进行多尺度多方向的信号分析，并且经过数学推导证明，它同 Curvelet 一样具有对曲线奇异性函数的最优表示形式．M.N.Do 和 Martin Vetterli 在文献 [9] 中认为 Contourlet 变换是一种 "真正" 的图像二维表示方法．

　　由 Contourlet 变换的构造过程可知，LP 的分解滤波器组和重构滤波器组为二维可分离双正交滤波器组，它们的带宽均大于 $\pi/2$．根据多采样率理论，对滤波后

6.4 非下采样 Contourlet 变换及特性

的图像再进行隔行隔列下的采样会产生频谱混叠,因此低频子带和高频子带均存在频谱混叠现象.而各方向子带是由高频子带经过方向滤波器组形成的,这意味着子带也同样存在频谱混叠现象.频谱混叠造成同一方向的信息会在几个不同方向的子带中同时出现,从而在一定程度上削弱了其方向选择性.

为了消除 Contourlet 变换的频谱混叠现象,增强它的方向选择性和平移不变性,基于 Contourlet 变换和非下采样的思想,A.L.Cunha,J. P. Zhou 和 M.N.Do 等于 2006 年利用非下采样塔式分解和非下采样滤波器组构造出非下采样 Contourlet 变换 (NSCT)[21]. 由于没有下采样操作,NSCT 具有平移不变性,与 Contourlet 变换不同的是,NSCT 中的多分辨分解不是通过 LP 分解来实现的,而是直接通过满足 Bozout 恒等式 (完全重构) 条件的移不变滤波器组来实现的. 由于在塔式分解过程中没有下采样 (抽取) 环节,即使低通滤波器的带宽大于 $\pi/2$,其低频子带也不会有频谱混叠现象产生,具有更好的频谱特性. NSCT 两层分解如图 6.8 所示.

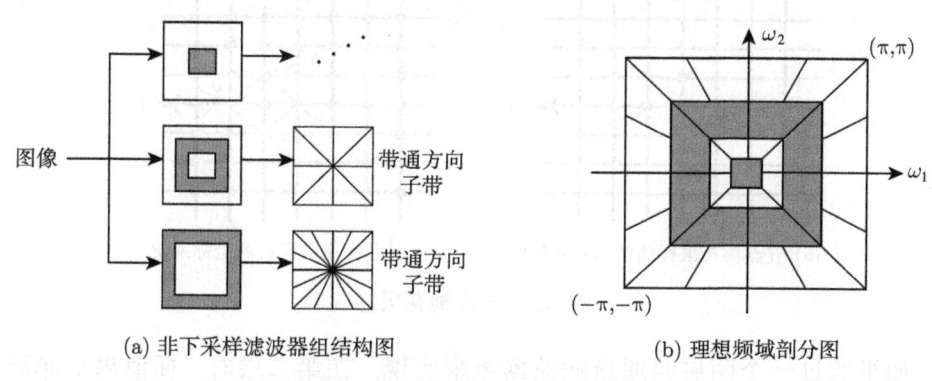

(a) 非下采样滤波器组结构图　　(b) 理想频域剖分图

图 6.8　非下采样 Contourlet 变换

NSCT 实现的核心是不可分离的两通道非下采样滤波器组,所需滤波器的设计比 Contourlet 变换更灵活、更容易,且具有更好的频率选择特性和正则性. NSCT 继承了非下采样滤波器组的移不变性[21],基于投影策略[22] 通过提升方案[23] 或格型结构[24] 能得到快速实现,而且最终设计出的框架元素是正则和对称的,接近于紧框架. NSCT 构造中所需的非下采样操作通过 àtrous 算法实现[25],这种方法比起其他的非下采样操作运算量小,但能同样达到平移不变性. NSCT 的多尺度特性通过非下采样金字塔 (NSP) 结构来获取,这种滤波器结构能到达类似于 LP 的子带分解结构,在第 j 分解层的低通滤波器的理想带通支撑是 $[-\pi/2^j, \pi/2^j]^2$,因此对应的高通滤波器理想的带通支撑应为低通的补集,即 $[-\pi/2^{j-2}, \pi/2^{j-1}]^2 \backslash [-\pi/2^j, \pi/2^j]^2$. 接着,各尺度分解层的滤波器通过对上一层的上采样 (零插值) 来获得,这样无需附加滤波器的设计就可获得多尺度特性. 对于 J 层分解来说,NSCT 每一层一个带通图像产生 $(J+1)$ 的冗余,而对应的非下采样小波变换 (NSWT) 则产生 3 个方向图像,即 $3J+1$ 的冗余. 本节采用具有如下性质的低通分解滤波器 $H_0(z)$ 来构造所要的 NSCT,即令高通分解滤波器为 $H_1(z) = 1 - H_0(z)$,对应的合成滤波器为 $G_0(z) = G_1(z) = 1$,此时的系统满足如下的完全重构条件

$$H_0(z)G_0(z) + H_1(z)G_1(z) = 1 \tag{6-26}$$

Bamberger 和 Smith 提出的方向滤波器组是通过严格采样两通道扇形滤波器组和下采样操作实现的,从而得到树形结构滤波器组. 把二维频域面分成方向楔,这里由于下采样和上采样操作导致不能得到平移不变的方向展开. 若仅对信号滤波,然后对滤波后的信号进行上采样操作,则可以得到所需的平移不变性,这里的上采样采用五点梅花插值,插值前后坐标系统如图 6.9 所示.

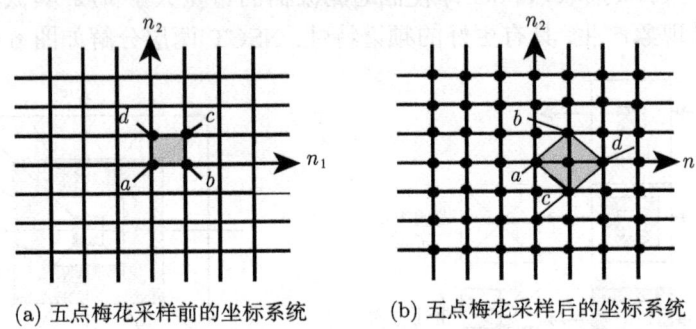

(a) 五点梅花采样前的坐标系统　　(b) 五点梅花采样后的坐标系统

图 6.9　五点梅花采样

如果通过一个两层四通道滤波器组来实现,在第二层时,插值扇形滤波器 $U_j(z^Q), j = 0, 1$,由棋盘状的频域支撑,和第一层所给的滤波器结合在一起,即 $U_k^{eq}(z) = U_i(z)U_j(z^Q), i = 0, 1$,就可以得到 4 个方向频域分解,合成滤波器同理可得. 如同严格采样滤波器,NSCT 可以通过一个具有扇形滤波器的非下采样滤波器组来实现,因此非下采样滤波器组 (NSDFB) 树中的每一个滤波器都和它的非下采样原型滤波器组 (NSFB) 具有相同的计算复杂度. 所需的一维原型滤波器组可以采用映射策略来设计,并由欧几里得算法因式分解为如下格形结构

$$\begin{bmatrix} H_0^{(1D)}(x) \\ H_0^{(1D)}(x) \end{bmatrix} = \prod_{i=0}^{N} \begin{bmatrix} 1 & 0 \\ P_i^{(1D)}(x) & 1 \end{bmatrix} \begin{bmatrix} 1 & Q_i^{(1D)}(x) \\ 0 & 1 \end{bmatrix} \begin{bmatrix} 0 \\ 1 \end{bmatrix} \tag{6-27}$$

这里,$H_0^{(1D)}(x)$ 和 $H_1^{(1D)}(x)$ 是所采用的一维互质原型低通和高通分析滤波器;对应的综合滤波器 $G_0^{(1D)}(x)$ 和 $G_1^{(1D)}(x)$ 满足 Bezout 恒等式

$$H_0^{(1D)}(x)G_0^{(1D)}(x) + H_1^{(1D)}(x)G_1^{(1D)}(x) = 1 \tag{6-28}$$

充分考虑到滤波器组设计中的完全重构和抗混叠条件,可简化如下选取所需的原型滤波器

$$H_1^{(1D)}(x) = G_0^{(1D)}(-x)$$
$$G_1^{(1D)}(x) = H_0^{(1D)}(-x) \tag{6-29}$$

更具体地,可以采用如下具体的原型滤波器对

$$\begin{cases} H_0^{(1D)} = \dfrac{1}{2}(x+1)[\sqrt{2} + (1-\sqrt{2})x] \\ G_0^{(1D)} = \dfrac{1}{2}(x+1)[\sqrt{2} + (4-3\sqrt{2})x + (2\sqrt{2}-3)x^2] \end{cases} \tag{6-30}$$

可以看到,NSCT 构造的核心是二通道滤波器组的设计,因为非下采样的塔式分解和非下采样的方向滤波器组都满足 Bezout 恒等式,所以 NSCT 是可以完全重建的.

6.4.2 NSCT 变换的特性

NSCT 是一种非下采样的、具有平移不变性的多尺度变换,在 NSCT 域中各个图像子带具有:①高度冗余性,与有用信息相关的 NSCT 系数在各个细节子带内呈现稀疏性分布;② NSCT 采用的是具有各向异性的 Contourlet 基,使得各个细节子带"刻画"的是原始图像在不同方向上的细节信息,因此具有多方向选择性. 更重要的是 NSCT 和 Contourlet、Curvelet 相比,多尺度分析时没有下采样,可以提供丰富的时域信息和精确的频率局部化信息,各个图像子带系数中的元素与图像空间域中的像素是一一对应关系,很容易利用 NSCT 域系数的分布规律直接检测到图像空间域中的边缘信息. 这也是本章在图像的边缘检测中选用 NSCT 的原因.

6.4.3 NSCT 变换系数分析

1. NSCT 系数结构分析

对图像处理中常用的标准测试图像 Lena(图像大小:512×512) 进行 NSCT 变换后,对系数结构进行分析.

经过 NSCT 变换后得到 $C\{j\}\{l\}(k_1,k_2)$ 结构的系数,其中 j 表示尺度,l 表示方向,(k_1,k_2) 表示第 j 尺度层上第 l 个方向的矩阵坐标. 对 512×512 的 Lena 图像进行 NSCT 分解,塔式滤波器和方向滤波器分别为 'maxflat' 和 'dmaxflat7',分解层数为 [2,3,4],系数结构如表 6.1 所列.

从表 6.1 可以看出,一个 512×512 的图像经过三层 NSCT 分解后,被划分成为 4 个尺度层,最内层是由低频系数组成的一个 512×512 的矩阵;最外层是由高频系数组成的一个 512×512 的矩阵;中间的第二层至第三层称为 Detail 尺度层. 由于

NSCT 没有下采样过程, 每层系数矩阵均与原始图像大小相同, 方向数取决于 l 的数量.

表 6.1 NSCT 系数结构

层数	尺度系数	l 数量	矩阵的形式					
1	$C\{1\}$	1	512×512					
2	$C\{2\}$	4	512×512	512×512	512×512	512×512		
3	$C\{3\}$	8	512×512	512×512	512×512	512×512	512×512	512×512
4	$C\{4\}$	16	512×512	512×512	512×512	512×512	512×512	512×512

2. 系数统计分析

对每层 NSCT 系数的能量、最大值、最小值、均值和方差进行统计, 统计结果如表 6.2 所列, 其中能量是指各层 NSCT 系数的绝对值的平方之和. 将能量、最大值和最小值进行了直方图对比, 如图 6.10 所示.

表 6.2 NSCT 系数统计分析

NSCT 系数	第一层	第二层	第三层	第四层
能量	$1.9314×10^9$	$2.359×10^7$	$1.1108×10^7$	$3.8148×10^6$
最大值	222.71	54.276	66.75	37.14
最小值	−8.1288	−45.819	−52.691	−29.471
均值	70.206	$-1.0614×10^{-14}$	$-7.484×10^{-15}$	$-5.4026×10^{-15}$
方差	2438.9	22.497	5.2969	0.90951

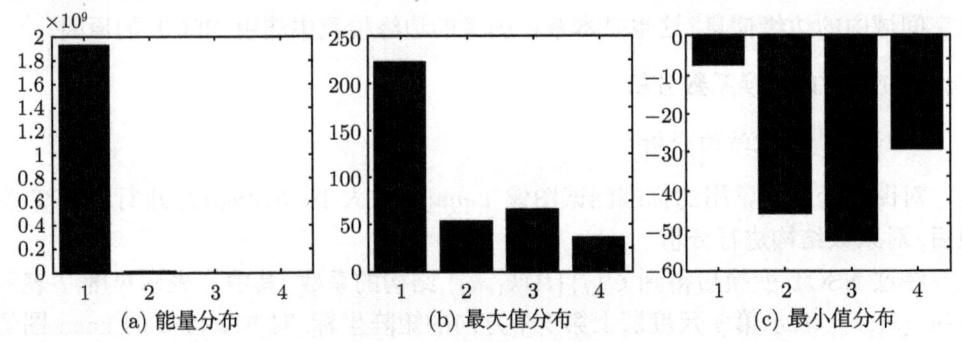

图 6.10 NSCT 系数的能量、最大值和最小值的分布图

从表 6.2 中的数据和图 6.10 中的分布图, 得出以下结论:

(1) 系数的能量主要集中于由低频系数组成的第一层上, 其余各层次能量分布逐层递减.

(2) 从最大值、最小值和均值的分布可以看出，随尺度层次增加，系数值逐渐减小.

(3) 第一层的方差很大；中间层的方差分布的差异不是很大，但也呈现随尺度层增加，方差减小的趋势，最外层的方差最小.

(4) 第一层和第四层的系数统计分布差异比较大，中间层的分布呈现一致的趋势，总体变换比较平缓.

6.4.4 系数特征分析

对图像 Lena 进行 NSCT 变换，然后分别保留单层系数，其余各层系数都置零，在这种情况下进行重构，结果如图 6.11 所示. 第一层是低频系数，包括了图像的概貌. 最外层系数是高频系数，体现了图像的细节、边缘特征. 中间层系数则包含的是中高频系数，也主要包含的是边缘特征，其边缘特征具备多方向性.

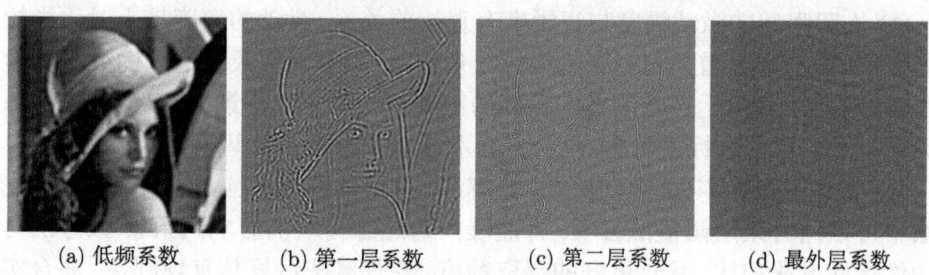

(a) 低频系数　　(b) 第一层系数　　(c) 第二层系数　　(d) 最外层系数

图 6.11　NSCT 单层系数重构图

6.5　NSCT 域水下声呐图像边缘检测

6.5.1　NSCT 域边缘检测原理

基于人眼固视微动机理的 NSCT 域图像边缘检测原理框图如图 6.12 所示.

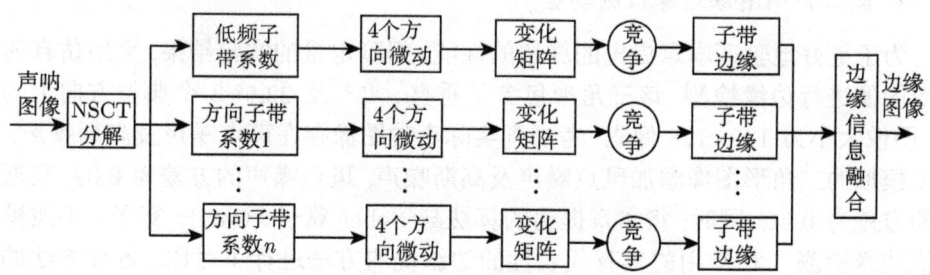

图 6.12　NSCT 域图像边缘检测原理框图

6.5.2 边缘检测算法步骤

(1) 对声呐图像进行 NSCT 变换,得到低频子带和各高频方向子带的系数矩阵;

(2) 分别在 0°、45°、90°、135° 4 个方向上对各子带系数矩阵进行微动. 为了得到较精确的边缘定位,选择微动幅度为 1,得到 4 个移位矩阵,并将各移位矩阵和原子带系数矩阵相减,得到微动变化矩阵;

(3) 将每一子带得到的 4 个微动变化矩阵引入视觉竞争机制,取模极大值,得到初始的子带边缘矩阵;

(4) 考虑噪声的影响,对每个子带边缘矩阵选取合适的阈值进行阈值及细化处理,得到各子带边缘图;

(5) 融合各子带边缘信息,得到最终的融合边缘图.

6.5.3 算法特点

(1) 人眼眼球的微动幅度与视锐度有直接的关系,微动的幅度越小对边缘的提取愈细致;微动幅度增大则对应的边缘线条变粗,但是对大尺度边缘的突出能力强于小幅度的情形. 由于声呐图像中目标的灰度值一般大于背景,所以如此的边缘提取无疑等于放大了目标的轮廓,这一点有利于接下来的目标识别工作.

(2) 声呐图像噪声大,经 NSCT 分解后,空域的噪声对应 NSCT 域的小系数,算法中可以同时采用阈值法去噪,抑制噪声对边缘提取的影响. 因此,该方法与传统边缘提取方法相比,具有更好的提取精度,并且算法运算具有规则性,适合实时实现.

(3) NSCT 不具有下采样过程,分解得到的各系数矩阵与原始图像大小相同,各个图像子带系数中的元素与图像空间域中的像素是一一对应关系,很容易利用 NSCT 域系数的分布规律直接检测到图像空间域中的边缘信息,也有利于融合各子带的边缘信息.

6.5.4 实验及结果分析

1. 模拟声呐图像边缘检测实验

为了更好地验证本章提出的算法的性能,得到定量的实验结果,采用仿真的三角形图像进行边缘检测,该三角形包含了垂直、45° 及 22.5° 3 个典型方向上的边缘,图像大小为 128×128 像素. 考虑到实际声呐图像存在斑点噪声及高斯噪声,对人工模拟的三角形图像添加斑点噪声及高斯噪声,斑点噪声的方差为 0.02,高斯噪声的方差为 0.01. 同时,将本章提出的算法与 Sobel 算子、Canny 算子、小波模极大值边缘检测 3 种常用的具有代表性的边缘提取方法进行了对比. 各种方法的边缘检测结果图如图 6.13 所示,定量的边缘检测指标如表 6.3 所列.

6.5 NSCT 域水下声呐图像边缘检测

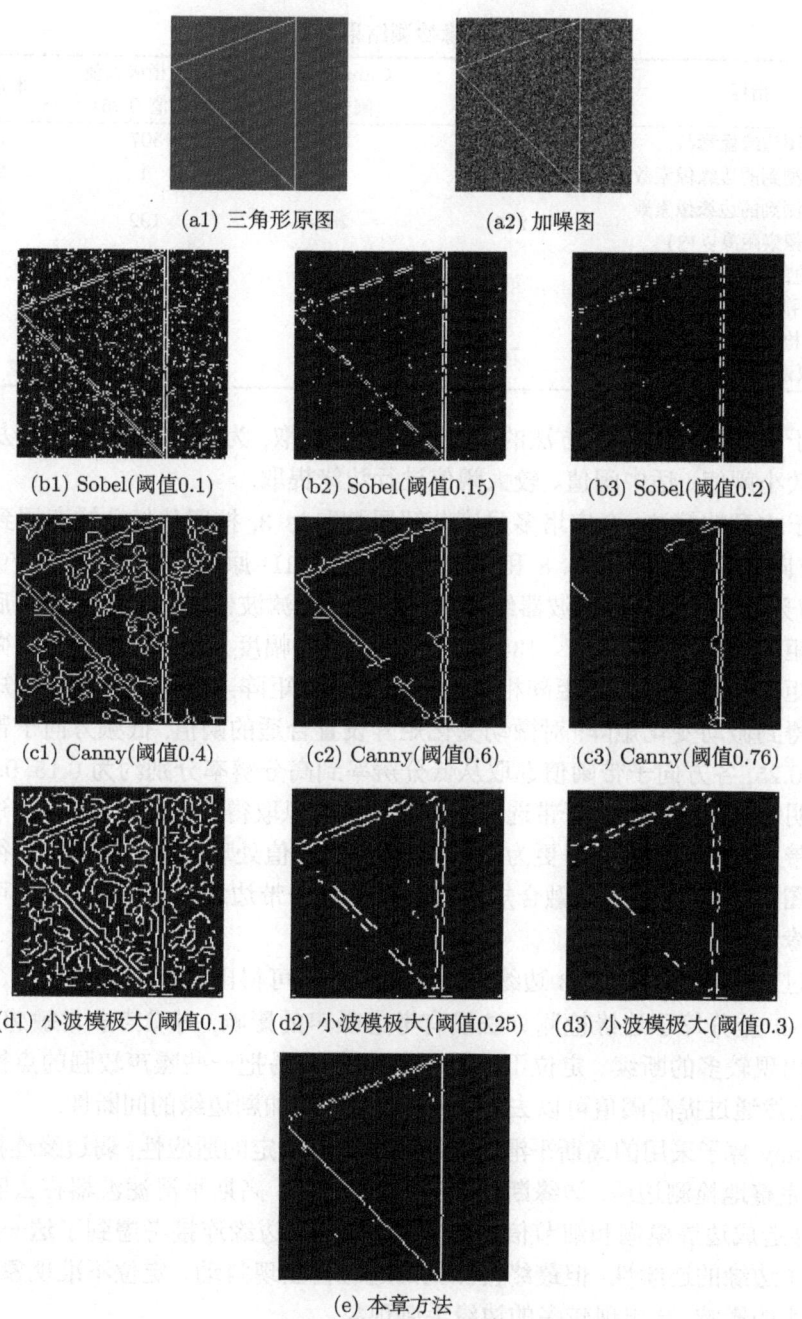

图 6.13 模拟图像边缘检测实验结果

表 6.3　边缘检测结果定量分析表

指标	Sobel 算子 (阈值 0.15)	Canny 算子 (阈值 0.6)	小波模极大值 (阈值 0.25)	本章算法
原图边缘像素数	307	307	307	307
准确检测到的边缘像素数	5	7	4	**224**
近似检测到的边缘像素数 (1像素距离以内)	275	286	192	**287**
漏检的边缘像素数 (原图减去近似检测)	32	21	115	**20**
误检的边缘点数 (4像素距离及以上)	70	74	85	**9**

由于用于比较的三种方法的阈值可以灵活选取，为更好说明各种算法的性能，分别取较小阈值、适中阈值、较大阈值进行边缘提取.

对于本章的算法，金字塔多尺度分解层数取为 3，按照从低分辨率层到高分辨率层，方向分解数依次为 4、8 和 16，尺度分解的 1D 原型滤波器组采用 '9-7' 滤波器，方向分解的 1D 原型滤波器组采用 'dmaxflat' 滤波器. 对 NSCT 分解后的各子带系数矩阵在 0°、45°、90°、135° 4 个方向上进行幅度为 1 的微动，并将微动得到的移位矩阵与原子带系数矩阵相减得到微动变化矩阵，对 4 个微动变化矩阵取模极大值得到微动变化矩阵；对微动变化矩阵设置合适的阈值，低频方向子带阈值选取约为 0.25，各方向子带阈值选取从低分辨率到高分辨率分别约为 0.15, 0.15, 0.19，实验表明对于不同的方向子带选取不同的阈值可以取得更好的效果，可以进一步调整各子带系数的阈值以取得更为突出的效果. 对阈值处理的结果进行细化得到各子带边缘图，并采用 "或" 的融合规则对得到的各子带边缘图进行融合，即可得到最终的边缘结果图.

通过对图 6.13 与表 6.3 边缘检测结果的分析可得出如下结论：

Sobel 差分算子边缘检测算法没有考虑噪声的影响，对噪声非常敏感，检测的边缘会出现较多的断续、定位不准等现象，同时，易把一些噪声较强的点检测为边缘点. 虽然通过提高阈值可以去除噪声点，然而会加剧边缘的间断性.

Canny 算子采用的高斯平滑使其对噪声具有一定的适应性，弱边缘连接使其能够较为完整地检测边缘，边缘断续情况较轻. 然而，高斯平滑滤波器在去除噪声的同时，会造成边缘模糊和细节信息的丢失，虽然弱边缘连接考虑到了这一点，较好地保证了边缘的连续性，但最终检测到的边缘会出现抖动、定位不准现象，且由于残留噪声的影响，会出现较多的边缘毛刺现象.

小波模极大值边缘检测算法利用了小波函数对点奇异检测的有效性. 然而，小波函数的点奇异性使其不能较好地检测受到噪声破坏而不连续的边缘，会出现较多的边缘间断现象，阈值越大，间断越明显.

本章提出的算法充分利用了 NSCT 在噪声去除和边缘等线奇异表示方面的优势，同时借鉴了人眼固视微动对边缘的判别、定位机理. NSCT 的线奇异表示优势使其能够更好地检测因噪声破坏而不连续的边缘，人眼固视微动可以更好地定位边缘奇异点的位置，竞争机制的引入强化了对弱边缘的检测，NSCT 的稀疏性和各向异性使得可以通过为不同子带边缘矩阵设置不同的阈值较好地去除噪声的干扰. 因此，最终检测的边缘结果具有较好的噪声适应性、边缘定位准确性，实验结果的主客观评价均说明了这一点. 综合而言，本章提出的边缘检测算法具有更好的性能.

2. 实际声呐图像边缘检测实验

为了验证本章算法的有效性，选用实际的湖底大坝声呐图像进行实验. 图 6.14 是采用 Starfish 侧扫声呐在美国得克萨斯州 Conroe 湖扫描得到的淹没在水中的大坝的声呐图，由于图像对比度太低、图像模糊，直接进行边缘检测比较困难. 采用本书第 3 章所述方法对其进行去噪、增强后的图像分别如图 6.15 和图 6.16 所示. 采用本章所述 NSCT 域人眼微动机理方法进行边缘检测与细化的结果如图 6.17 和图 6.18 所示. 从图中可以看出，本章方法对低质量的声呐图像的处理结果较好，经过去噪、增强后的图像的视觉效果明显改善，主要边缘也都能够正确检测得到.

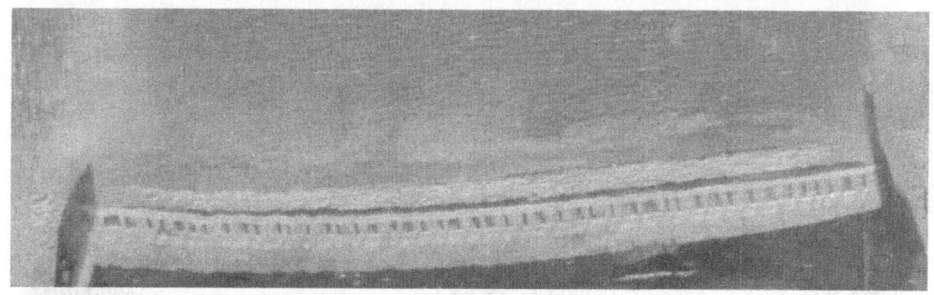

图 6.14 Conroe 湖大坝的侧扫声呐原图

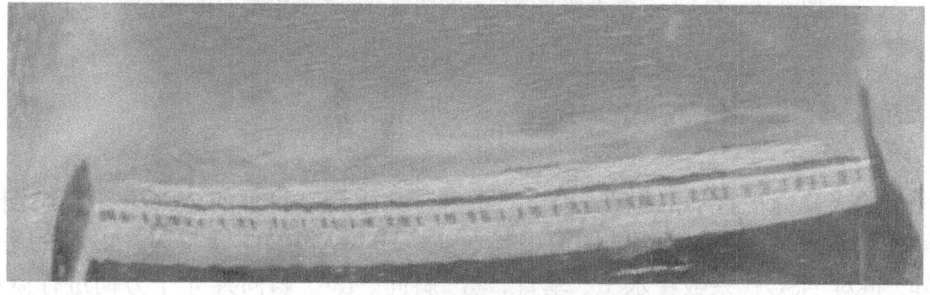

图 6.15 Conroe 湖大坝的侧扫声呐图像去噪结果

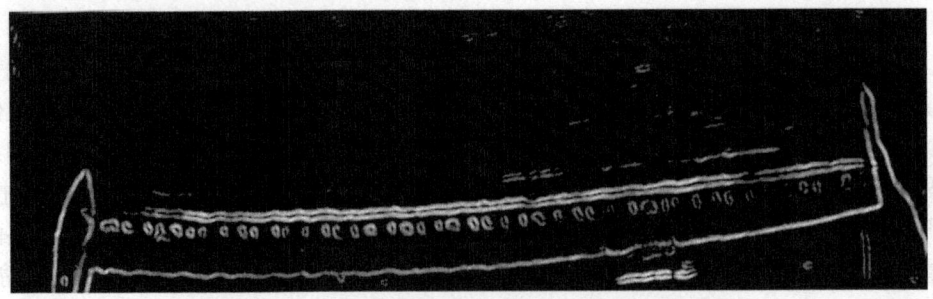

图 6.16 Conroe 湖大坝的侧扫声呐图像增强结果

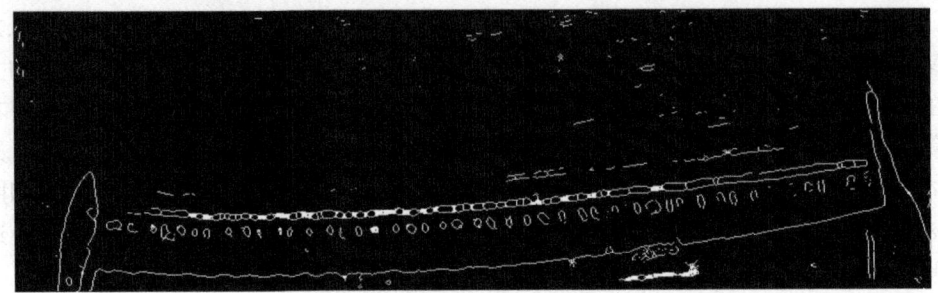

图 6.17 Conroe 湖大坝的侧扫声呐图像微动边缘检测结果

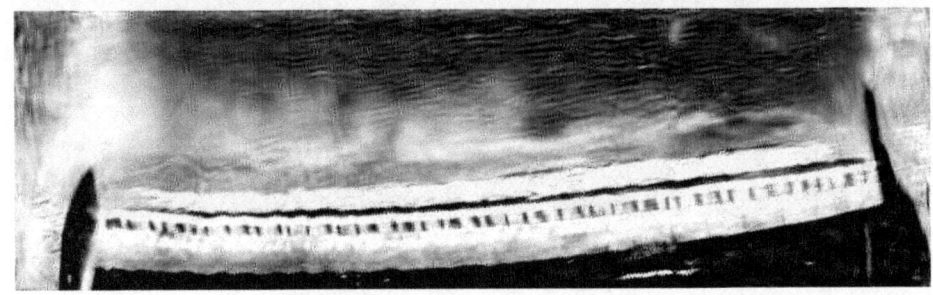

图 6.18 Conroe 湖大坝的侧扫声呐图像微动边缘检测结果细化图

6.6 本章小结

借鉴人眼固视微动的机理,提出一种基于人眼微动机理的 NSCT 域声呐图像边缘检测新方法. 首先对声呐图像进行 NSCT 分解,得到图像在 NSCT 域的系数矩阵. 再对 NSCT 系数在水平、垂直、45°斜向、135°斜向共 4 个方向进行微动,生成 NSCT 域综合移动阵序列;计算移动阵序列与原 NSCT 系数的差值;引入竞争机制,得到 NSCT 域反映图像边缘信息的系数矩阵. 最后,设定阈值进行阈值化、细化处理, 根据图像 NSCT 域与空域的对应关系, 检测出声呐图像的边缘. 从定性、定量两个方面验证了本章方法的有效性.

参 考 文 献

[1] Melin P, Gonzalez C I, Castro J R, et al. Edge-detection method for image processing based on generalized type-2 fuzzy logic[J]. IEEE Transactions on Fuzzy Systems, 2014, 22(6): 1515-1525.

[2] Baselice F, Ferraioli G, Reale D. Edge detection using real and imaginary decomposition of sar data[J]. IEEE Transactions on Geoscience and Remote Sensing, 2014, 52(7): 3833-3842.

[3] 李启虎. 声呐信号处理引论[M]. 北京: 科学出版社, 2012.

[4] 郭海涛, 方金, 王泽洋. 利用改进的 P-M 模型抑制声呐图像散斑噪声[J]. 仪器仪表学报, 2014, 35(1): 82-87.

[5] Celik T, Tjahjadi T. A novel method for sidescan sonar image segmentation[J]. IEEE Journal of Oceanic Engineering, 2011, 36(2):186-193.

[6] Ye X F, Zhang Z H, Liu P X, Guan H L. Sonar image segmentation based on GMRF and level-set models[J]. Ocean Engineering, 2010, 37(10):891-901.

[7] Wang P, Yang J. A review of wavelet-based edge detection methods[J]. International Journal of Pattern Recognition and Artificial Intelligence, 2012, 26(7): 1-25.

[8] Zhang H, Luo L, Yang K. Improved multi-scale wavelet in pantograph slide edge detection[J]. Optik, 2014, 125(19): 5681-5683.

[9] Donoho M N, Vetterli M. Contourlets[A]. Stoeckler J, Welland G V. Beyond Wavelets[C]. Academic Press, 2002: 1-27.

[10] Da Cunha A L, Zhou J, Do M N. The nonsubsampled contourlet transform: theory, design and applications[J]. IEEE Transactions on Image Processing, 2006, 15(10): 3089-3101.

[11] 李言俊, 张科. 视觉仿生成像制导技术及应用 [M]. 北京: 国防工业出版社, 2006.

[12] Bao P, Zhang D, Wu X. Canny edge detection enhancement by scale multiplication [J]. IEEE Trans. on PAMI, 2005, 27(9): 1485-1490.

[13] Bertero M, Poggio T A, Torre V. Ill-posed problems in early vision[J]. Proceedings of the IEEE, 1988, 76(8): 869-889.

[14] 段瑞玲, 李庆祥, 李玉和. 图像边缘检测方法研究综述 [J]. 光学技术, 2005, 31(3):415- 419.

[15] Canny J. A computational approach to edge detection [J]. Pattern Analysis and Machine Intelligence, IEEE Transactions on, 1986, 8(6): 679-698.

[16] Mallat S, Wang W. Singularity detection and processing with wavelets [J]. IEEE Trans Information Theory, 1992, 38(2): 617-643.

[17] 高远, 程君实. 生物的信息与控制 [M]. 北京: 海洋出版社, 1988.

[18] 陈晓光, 陈言, 陈谋. 人类色觉导论 [M]. 北京: 军事医学科学出版社, 2002.
[19] Hubel D H. Eye, Brain and Vision[M]. New York: Freeman, 1988.
[20] Meister M, Berry II M J. The neural code of the retina[J]. Neuron, 1999, 22(3): 435-450.
[21] Da Cunha A L, Zhou J, Do M N. The nonsubsampled contourlet transform: theory, design and applications[J]. IEEE Transactions on Image Processing, 2006, 15(10): 3089-3101.
[22] McClellan J H. The design of two-dimensional digital filters by transformation[C]. in: Proceedings of 7th annual princeton conference on information sciences and systems, 1973: 247-251.
[23] Sweldens W. The lifting scheme: a custom-design construction of biorthogonal wavelets[J]. Applied computational harmonic analysis, 1996, 3(2): 186-200.
[24] Mitra S K, Sherwood R. Digital ladder networks[J]. IEEE Trans. on Audio Electroacoust, 1973, 21(1): 30-36.
[25] Mallat S. A Wavelet Tour of Signal Processing[M]. Boston: Academic Press, 1998.

第7章 基于灰度共生矩阵和 NSCT 域纹理提取的无监督海底混响区分割

7.1 海底底质分析

海底底质分析对海洋科学 (生态调查、环境监测)、海洋产业及军事应用均具有重要的意义. 当前主要有 2 种方法实现海底底质分析: 一种是基于海底的声学数据进行分析, 另一种是基于侧扫声呐图像及多波束数据的海底底质分析[1]. 侧扫声呐在对海底扫描成像时, 除了可能发现目标外, 还能得到大面积的海底混响区的图像. 依据侧扫声呐图像对海底混响区的底质类型进行分析, 是制作海底地图的一个关键环节, 对于推动海洋测绘的发展具有重要的意义.

底质散射引起的斑点噪声使得同一底质的不同像元的回波强度有明显的起伏, 与此同时, 回波强度也同发射频率、底质类型及起伏、掠射角等多种因素有关, 同一底质类型的回波强度因底质起伏和掠射角变化而发生变化, 不同的底质类型可能表现为相同的平均回波强度[2]. 由于以上两个原因, 直接基于单个像元的灰度信息进行分析有很大的局限性, 基于整个区域的平均灰度信息进行分析也有可能得不到准确的结果, 通常需要在底质分析时考虑高阶统计特征及像素的空间特征[2]. 对于底质分析, 纹理特征的提取和应用不仅必要, 而且非常关键: 不同底质区域的声呐图像的灰度变化在局部区域内呈现出不规则性, 而在整体上则表现出某种规律性, 形成了空间上不断重复的、视觉上可以感知的"纹理"特征, 这使图像中的不同区域可以依据纹理特征来进行识别; 比如石质海底有起伏脊状的走向和节理、强灰度和条状相间, 砂砾波纹呈现方向性明暗相间的条纹, 泥质海底整体亮度较低且局部有块状亮斑起伏, 细沙整体平整, 呈现出均匀而细小的亮斑, 植被整体灰度较低, 同时呈现出一定的冠状阴影起伏.

海底底质分析的一个方面是对包含单一底质的多幅 (或多块) 声呐图像进行分类. Pace 等[3]利用功率谱特征对侧扫声呐海底图像进行分类; Jakeman[4]、Gensane[5]基于散射模型, 分别采用 K 分布、对数正态分布模拟海底侧扫声呐图像的概率分布模型, 通过获得模型的分布参数来对海底底质进行分类; Dyer[6]提出了一种基于灰度共生矩阵 (gray level co-occurrence matrix, GLCM)[7] 的纹理特征量进行海底分类的方法; 杨词银等采用分形维[8]以及基于纹理能量测度提取纹理特征[9]对侧扫声呐图像进行底质分类.考虑到单一类型的特征无法全面准确地描述底质的纹理特性,文献 [10] 提出了包含平均值、标准差、高阶矩、分位数、直方图、功率谱、灰度共生矩阵、分形维、角度依赖性的多种特征向量进行底质分类的方法,取得了优于单一类型的统计特征的分类结果.海底底质分析的另一个方面是对包含多种底质的同一声呐图像进行分割.由于前述的原因,仅考虑单个像素的灰度值或像素灰度的平均值进行底质分割是不准确的.同时,不同底质区之间往往缺乏明确的边界,因此也难以基于边缘进行分割.不同于目标、阴影和混响区的统计特性差异相对比较大的特点,若仅采用概率分布统计模型进行底质分割,忽略了纹理变化的方向性和空间依赖关系,容易误分割,特别是不易区分、差别较小的底质类型.针对侧扫声呐底质分割的难题,文献 [1] 基于灰度共生矩阵提取了角二阶矩 (能量)、对比度、相关性、熵、逆差矩、聚类阴影、聚类显著度 7 个特征向量,结合水平集进行两类底质的分割;文献 [2] 综合由灰度共生矩阵提取的纹理特征、Gabor 滤波得到的纹理特征及小波系数得到的纹理特征构成高达 219 维的纹理特征,对纹理特征进行最大边缘概率估计并采用水平集得到分割结果;文献 [11] 由静态小波提取多尺度邻域特征向量,结合主成分分析进行特征降维,最后由 K 均值聚类得到分割结果.

文献 [12] 比较了不同的纹理特征提取方法,包括 Gabor 滤波、GLCM、Laws 滤波,以及一些统计特征、基于自回归模型的特征等,实验结果表明,没有哪一种特征绝对比其他的好,综合纹理特征的成功率更高,但如何降低高维特征计算的复杂度需特别考虑.与此同时,近年来,在图像分割领域,将小波和统计方法、MRF 模型相结合,提出新型的纹理特征、纹理模型,可以取得更好的分割结果[13].由于发射频率、底质类型、掠射角等多种因素的影响,声呐图像的纹理难以用空域的统计方法全面精确地描述,需要提取多尺度、多方向的纹理特征.小波变换提供了一个在不同尺度上分析纹理细节的工具,在声呐图像分割中得到了初步应用.但是可分离二维小波变换只能提供水平、垂直、对角 3 个方向的细节,这一点限制了小波变换对纹理信息提取的有效性.Contourlet 等多尺度几何变换的提出,弥补了小波变换方向性的不足,可以更好地描述图像中的轮廓、方向性纹理信息.其中,非下采样 Contourlet 变换是一种具有平移不变性的多尺度、多方向的图像分析方法,可以提供更为丰富的时域信息和精确的频率局部化信息,具有轮廓、纹理的多尺度、多方向表达优势.

在基于统计方法的纹理特征提取方法中,灰度共生矩阵是公认的较为有效的空域纹理特征提取方法;而 NSCT 变换具有优越的时频分析特性,可以从多尺度、多方向分析表示纹理等奇异性.基于此,本章结合灰度共生矩阵和 NSCT 变换提取多维纹理特征,同时,考虑到提取的特征向量难免存在噪声或者冗余,采用主成分分析对特征向量进行降维.对降维后的特征向量采用 K 均值聚类和 Silhouette 评价指标得到聚类个数和分割结果.对实际侧扫声呐及合成纹理声呐图像的分割结果表明，较之基于灰度共生矩阵纹理特征的声呐图像分割及基于小波变换纹理特征的声呐图像分割，本章方法总体错分率更低，分割结果更好．

7.2 纹理分析

7.2.1 纹理与纹理分析

在很多图像处理算法中，假定图像局部区域的强度是均匀的，不同的区域具有不同的强度．但不少实际物体的图像并不满足这一假设，比如草地、林地、沙滩等，其图像具有强度的变化，这种变化形成了某种重复的、视觉上可以感知的"纹理"．对于侧扫声呐图像而言，很明显植被、粗沙、砂砾、砂砾波纹、岩石等底质区域除了相干斑之外还存在起伏，比如石质海底有起伏脊状的走向和节理，砂砾波纹呈现方向性明暗相间的条纹，植被整体呈现出一定的冠状阴影起伏等等．底质表面的起伏形态造成声呐图像成像有 2 种基本变化特征：一种是隆起形态的灰度特征；另一种是凹陷形态的灰度特征，两者的强度变化分别是由强到弱和由弱到强，当隆起形态和凹陷形态较明显时，还可导致小的阴影．底质类型越粗糙越坚硬、起伏凹陷变化越明显，灰度变化特征越明显，纹理特征越突出；反之，纹理特征则较弱．显然，岩石、砂砾波纹及植被纹理相对较强，粗沙、细沙及泥质海底纹理相对较弱．

纹理在视觉上可以感知，甚至在触觉上也可以感受到纹理的存在，如沙质的粗糙度，但却很难对纹理进行定义．虽然要精确描述纹理比较困难，尚未有统一的定义，但纹理有一些共性，这些共性有助于分析纹理．纹理可认为是图像中大量规律性很强或很弱的相似性元素或者局部结构，一般理解为影像灰度在空间上的变化和重复，或影像中反复出现的局部模式 (纹理单元) 和它们的排列规则．纹理不仅反映了灰度统计信息，而且反映了图像的空间分布信息和局部结构信息．文献 [14] 总结了纹理特征的以下几个共性：

(1) 纹理是局部区域范围所表现的特性，是上下文特征，没有定义在一个点上的纹理；

(2) 纹理包括强度的空间分布，因此二维直方图或者共生矩阵是合理的纹理分析工具；

(3) 纹理具有尺度特性和方向特性，可以在不同的尺度或分辨率级感知，在不同的方向上呈现规律性的重复；

(4) 纹理可能由具有一定结构的纹理基元排列构成，当区域中的元数目较多时，纹理易被感知；反之，看到的则是数目有限的基元目标而非纹理图像．

纹理分析需要区分不同的纹理类型，包含以下 2 个方面的内容[13]：

(1) 纹理分割．按照纹理不同，将图像分割成一个个匀质的区域．首先提取纹理特征，根据特征的相似性，对图像像素赋以标号，每个标号代表一个纹理类. 纹理分割分为监督和无监督分割，前者的每类纹理都有样本，像素在分割后所属纹理类别也被确定，后者没有样本，甚至不确定图像中有多少个纹理类别，这时纹理类数、每种纹理特征就要根据待分割的图像来估计. 本章仅涉及无监督分割.

(2) 纹理分类. 当图像按照纹理的不同被分割成不同的区域后，再经分类可确定每个纹理区域所属的类别，或者也可对同一纹理类型的不同图像或规则大小的图像块进行纹理分类. 为了实现分类，需要拥有每个纹理类的先验知识，提取出纹理特征，利用各种模式分类技术进行分类.

7.2.2 常用的纹理分析方法

常用的纹理分析方法有 4 种[15]：基于统计方法的纹理分析、基于结构的纹理分析、基于模型的纹理分析、基于变换方法的纹理分析.

(1) 基于统计方法的纹理分析. 主要有矩、灰度共生矩阵、自相关函数等. 从整体分析和统计意义上，不同的纹理具有不同的数字特征，因此，可采用各种统计矩描述纹理特征. 同时，由于纹理还包括灰度的空间分布特征，而灰度共生矩阵估计了和二阶统计量相关的图像性质，所以可以反映纹理灰度空间分布的特性，由共生矩阵可以得到大量的纹理特征. 基于灰度共生矩阵提取纹理特征是当前最常见、最广泛的一种纹理统计分析方法. 图像的自相关函数可以描述纹理的规则性，以及纹理的粗粒度、细粒度等，对规则纹理，自相关函数呈现峰和谷的态势，粗纹理的自相关函数衰减慢，而细纹理的自相关函数衰减快.

(2) 基于模型的纹理分析. 模型法将纹理基元看成某种数学模型，运用统计、信号分析等理论中的相应方法对纹理模型进行分析. 常用的模型有分形模型、MRF 随机场模型、自回归模型等等. 人类视觉系统对于粗糙度和凹凸性的感受与分形维数有着非常密切的联系，很多自然物体的表面在不同的尺度上表现出粗糙性和自相似的统计特性，分形在建模这类图像特征时很有用. 分形模型独立于尺度，显示了自相似性，通过分形维数可以度量纹理的粗糙度，维数越大纹理越粗糙. MRF 模型假设图像中每个像素的强度依赖于邻域像素的强度，模型可以捕捉空间局部上下文信息. 由于纹理表现为局部上下文特征，因此可以用 MRF 模型来描述纹理特征，模型参数反映了纹理特征. 正确地估计 MRF 模型参数非常困难，为了使参数的估计简单可行，通常只考虑单个像素和二阶邻域的成对基团，因此模型可以较好地描述微纹理，但对于规则的和不均匀的纹理则不成功.

(3) 基于结构的纹理分析. 结构分析方法认为纹理是由纹理基元的类型和数目以及基元之间的"重复性"的空间组织结构和排列规则来描述的，且纹理基元具有规范的关系，其基本思想是首先分离纹理基元，然后依据纹理基元可能的排列规则组成更为复杂的纹理模式. 确定与抽取基本的纹理基元以及研究存在于纹理基元之间的"重复性"结构关系是结构方法要解决的问题. 可以通过计算纹理基元的统计特征并将其作为纹理特征, 纹理基元存在平均强度、面积、周长、方向、离心率、延伸度、欧拉数等特征. 在结构关系的描述上, 可采用句法纹理描述方法、数学形态学方法. 由于结构方法强调纹理的规律性, 较适用于分析人造纹理, 而真实世界的大量自然纹理通常是不规则的, 且结构的变化频繁, 因此该类方法的应用受到很大程度的限制.

(4) 基于信号处理的纹理分析. 基于信号处理的纹理分析方法包括空域滤波、傅里叶变换、Gabor 变换、小波变换等. 绝大多数基于信号处理的纹理分析方法具有 2 个步骤: ①利用所给定的滤波器对纹理图像滤波; ②从滤波后的图像中提取纹理特征. Tuceryan 用空间矩作为空域滤波器, 用得到的滤波图像作为纹理特征. 傅里叶变换将纹理图像变换到频域, 可获取空域不易获得的纹理特征, 如周期、功率谱等. 傅里叶变换是全局的, 不适宜局部分析, 为此, 可引入窗函数, 从而得到窗口傅里叶变换, 当窗函数是高斯函数时就得到了 Gabor 变换. Gabor 滤波器具有良好的频率、方向选择性, 由 Gabor 滤波器得到的纹理特征被成功应用于纹理分割、分类中. 小波变换也可视为一种窗口傅里叶变换, 但窗口的宽度随着频率的变化而变化, 因此它的时-频分辨率不再是固定的, 克服了窗口傅里叶变换和 Gabor 变换的分辨率限制. 离散二进制小波变换具有计算优势, 但方向选择性有限, 因此仅由 DWT 提取纹理特征并不能取得非常好的分割效果. 不过, 特别设计的小波, 如 DT-CWT 等具有更好的纹理提取性质. 为提高小波变换的纹理特征提取效果, 小波和其他方法的结合, 如统计方法、MRF 模型方法, 在纹理图像分割中得到了应用, 取得了更好的分割结果. 随着 Contourlet 等多尺度几何变换的提出, 基于多尺度几何变换的纹理提取与分割近年来也得到了研究者的青睐, 特别是在与声呐图像相似的 SAR 图像分割中得到了初步的应用.

总体来讲, 由于纹理特征的多样性, 单一的特征提取方法难免不够精确, 多种纹理分析方法相结合是纹理分析的其中一个发展趋势[15].

7.3 侧扫声呐图像底质纹理特征提取

侧扫声呐图像混响区的不同底质呈现出不同的纹理特性, 砂砾波纹呈现出明显的方向条纹, 石质海底有起伏脊状的走向和节理, 粗沙、细纱、砂砾具有不同的粗糙度, 植被具有冠状阴影起伏. 为了全面有效捕捉侧扫声呐图像纹理特征变化的多样性、方向性和粗糙度规律, 本章在基于灰度共生矩阵提取图像纹理特征的同时, 利用 NSCT 变换多尺度、多方向的特性提取多方向的细节纹理特征, 综合由灰度共生矩阵提取的纹理特征和 NSCT 变换得到的纹理特征, 形成复合纹理特征, 以弥补单一纹理特征的不足.

7.3.1 基于灰度共生矩阵的侧扫声呐图像纹理特征提取

Haralick 于 1973 年首先提出采用灰度共生矩阵[7]来描述纹理统计特征,它能反映出图像灰度关于方向、相邻间隔、变化幅度的综合信息,是目前公认的一种比较有效的纹理特征提取方法. 灰度共生矩阵定义如下:给定方向 θ 和距离 d,在方向为 θ 的直线上,一个像素点的灰度为 i,另一个与其相距为 d 的像素点的灰度为 j 的灰度对同时出现的频数即为灰度共生矩阵 $P(i,j,d,\theta)$ 的第 (i,j) 个阵元的值. d 为生成步长, θ 为生成方向,取 $0°$、$45°$、$90°$、$135°$, Haralick 给出的 $P(i,j,d,\theta)$ 的数学表达式如式 (7-1) 所示,式中 # 代表统计集合中的元素个数, M、N 是分别代表图像或图像块的行数和列数, (m_1,n_1) 和 (m_2,n_2) 代表两个像素点对的坐标, i 和 j 分别代表各自对应的灰度值. 显然, Haralick 定义的 GLCM 是一个对称矩阵,同距离和方向有关,矩阵的阶数由图像中的灰度级决定.

$$\begin{aligned}
P(i,j,d,0°) &= \#\{((m_1,n_1),(m_2,n_2)) \in (M,N) \times (M,N) | m_1 - m_2 = 0, \\
&\quad |n_1 - n_2| = d, \quad I(m_1,n_1) = i, \quad I(m_2,n_2) = j\} \\
P(i,j,d,45°) &= \#\{((m_1,n_1),(m_2,n_2)) \in (M,N) \times (M,N) | \\
&\quad (m_1 - m_2 = d, n_1 - n_2 = -d \text{或} m_1 - m_2 = -d, n_1 - n_2 = d), \\
&\quad I(m_1,n_1) = i, I(m_2,n_2) = j\} \\
P(i,j,d,90°) &= \#\{((m_1,n_1),(m_2,n_2)) \in (M,N) \times (M,N) | |m_1 - m_2| = d, \\
&\quad n_1 - n_2 = 0, I(m_1,n_1) = i, I(m_2,n_2) = j\} \\
P(i,j,d,135°) &= \#\{((m_1,n_1),(m_2,n_2)) \in (M,N) \times (M,N) | \\
&\quad (m_1 - m_2 = d, n_1 - n_2 = d \text{或} m_1 - m_2 = -d, n_1 - n_2 = -d), \\
&\quad I(m_1,n_1) = i, I(m_2,n_2) = j\}
\end{aligned}$$
(7-1)

Haralick 在文献 [7] 中提出了 14 种纹理特征,包括角二阶距(能量)、对比度、相关性、方差、逆差矩、和均值、和方差、和熵、熵、差方差、差熵、相关性信息测量值 1、相关性信息测量值 2、最大相关系数. Ulaby 等[16]指出, Haralick 提出的 14 个特征存在相关性,并非完全独立,其中,能量、对比度、相关性、逆差矩是不相关的,这 4 个特征既便于计算又能给出较高的分类精度. 文献 [17] 则认为对比度和熵是最重要的两个特征. 文献 [18] 提出了非相似性、聚类阴影、聚类显著度、最大概率、自相关性等新的纹理特征. 文献 [19] 采用能量、对比度、相关性、逆差矩、熵、均值、方差、非相似性、均匀性 9 个特征量提取 SAR 图像的纹理特征,其中,非相似性和对比度类似,均匀性和逆差矩类似. 文献 [1] 基于灰度共生矩阵提取了能量、对比度、相关性、熵、逆差矩、聚类阴影、聚类显著度 7 个特征向量用于声呐图像分割,其中聚类阴影和聚类显著度两个特征有一定的相似性.

综合以上文献的研究,本章在尽可能地全面提取纹理信息的同时考虑适当降低特征的冗余度, 选择能量、对比度、相关性、逆差矩、熵、聚类阴影 6 个统计特征. 设 $P(i,j,d,\theta)$ 是归一化的灰度共生矩阵 (将由式 (7-1) 得到的 $P(i,j,d,\theta)$ 除以矩阵的总频数即可得到归一化的 $P(i,j,d,\theta)$), L 为灰度级, 能量、对比度、相关性、逆差矩、熵、聚类阴影 6 个统计特征的求解公式按顺序定义如下

$$S_{\text{Energy}} = \sum_{i=0}^{L-1}\sum_{j=0}^{L-1} P(i,j,d,\theta)^2 \tag{7-2}$$

$$S_{\text{Contrast}} = \sum_{i=0}^{L-1}\sum_{j=0}^{L-1} (i-j)^2 P(i,j,d,\theta) \tag{7-3}$$

$$S_{\text{Correlation}} = \sum_{i=0}^{L-1}\sum_{j=0}^{L-1} \frac{ijP(i,j,d,\theta) - \mu_i\mu_j}{\sigma_i\sigma_j} \tag{7-4}$$

$$S_{\text{IDM}} = \sum_{i=0}^{L-1}\sum_{j=0}^{L-1} \frac{P(i,j,d,\theta)}{1+(i-j)^2} \tag{7-5}$$

$$S_{\text{Entropy}} = -\sum_{i=0}^{L-1}\sum_{j=0}^{L-1} P(i,j,d,\theta)\log(P(i,j,d,\theta)) \tag{7-6}$$

$$S_{\text{ClusterShade}} = \sum_{i=0}^{L-1}\sum_{j=0}^{L-1} (i+j-\mu_i-\mu_j)^3 P(i,j,d,\theta) \tag{7-7}$$

式 (7-4)、式 (7-7) 中, μ_i、μ_j、σ_i、σ_j 分别定义如下:

$$\mu_i = \sum_{i=0}^{L-1}\sum_{j=0}^{L-1} iP(i,j,d,\theta),\ \mu_j = \sum_{i=0}^{L-1}\sum_{j=0}^{L-1} jP(i,j,d,\theta) \tag{7-8}$$

$$\sigma_i = \left(\sum_{i=0}^{L-1}\sum_{j=0}^{L-1} (i-\mu_i)^2 P(i,j,d,\theta)\right)^{\frac{1}{2}},\ \sigma_j = \left(\sum_{i=0}^{L-1}\sum_{j=0}^{L-1} (j-\mu_j)^2 P(i,j,d,\theta)\right)^{\frac{1}{2}} \tag{7-9}$$

由于 Haralick 给出的定义式 (7-1) 是对称的, i 和 j 可互易, 显然有 $\mu_i=\mu_j$, $\sigma_i=\sigma_j$, 故只需计算 μ_i 和 σ_i 即可.

能量反映了图像灰度分布的均匀性, 粗纹理的能量较大, 细纹理的能量较小; 对比度反映了局部的清晰度, 局部变化越明显, 对比度越大; 相关性度量灰度共生矩阵元素在行或者列方向上的相似程度, 当图像中相似的纹理区域有某种方向性时, 其值较大; 逆差矩反映了局部同质性, 当共生矩阵沿对角线集中时, 逆差矩的值较大; 熵值反映了图像局部信息和纹理的丰富程度, 当图像没有任何纹理时, 熵接近于零; 若图像纹理细碎而杂乱, 则图像的熵值最大; 聚类阴影则反映了局部纹理的对称性.

在基于灰度共生提取纹理特征用于图像分割时,除了涉及方向 θ 和距离 d,还需要选择用于统计每个像素对应的纹理特征的纹理窗口大小. 以待提取特征的当前像素点为中心取一个长宽均为 w 的正方形窗口图像块,在该窗口中由式 (7-1) 计算灰度共生矩阵,并由式 (7-2)~ 式 (7-7) 计算得到各个统计特征,将该窗口对应的统计特征值作为中心像素点对应的特征值,随窗口的滑动,逐点计算得到每个像素的特征向量.

7.3.2 基于 NSCT 变换的侧扫声呐图像纹理特征提取

为了充分利用 NSCT 变换丰富的时域信息和精确的频率局部化信息,提取图像的多尺度、多方向纹理特征,借鉴基于小波的纹理特征提取方法,采用 l_1 范数和标准差作为纹理测度,计算公式为

$$S_{l_1} = \frac{1}{MN} \sum_{m=1}^{M} \sum_{n=1}^{N} |C(m,n)| \tag{7-10}$$

$$S_{\text{Var}} = \sqrt{\frac{1}{MN-1} \sum_{m=1}^{M} \sum_{n=1}^{N} (C(m,n) - \mu)^2} \tag{7-11}$$

式中, M、N 分别代表纹理窗的大小; $C(m,n)$ 代表纹理窗口内的各子带系数; μ 为纹理窗口内所有子带系数的均值,求解如下

$$\mu = \frac{1}{MN} \sum_{m=1}^{M} \sum_{n=1}^{N} C(m,n) \tag{7-12}$$

S_{l_1} 和 S_{Var} 分别反映了图像在多尺度、多方向上的纹理均匀性和方向性,由于 NSCT 变换的多方向、多尺度表达优势,基于 NSCT 变换提取纹理可以得到丰富、精细的纹理细节信息,使得在图像分割保持总体区域一致性的同时,兼顾保留局部细节信息.

7.3.3 侧扫声呐图像纹理特征提取的具体步骤

(1) 基于灰度共生矩阵提取纹理特征. 对原图像的每一个像素点,取以该像素点为中心的长宽均为 w_1 的正方形纹理窗口,由式 (7-1) 计算该纹理窗口对应的灰度共生矩阵,并由式 (7-2)~ 式 (7-7) 计算得到纹理窗口的各个统计特征,将该窗口对应的统计特征值作为中心像素点对应的特征值,不断移动纹理窗口,逐点计算得到每个像素对应的特征向量,将每个像素对应的特征向量记为 $f_{i,1}$,其中, i 为像素位置索引,距离 d 通常取为 1, $f_{i,1}$ 为 24 维的行向量.

(2) 基于 NSCT 变换提取纹理特征. 对原图像进行多尺度、多方向的 NSCT 变换,得到与原图像大小相同的多尺度、多方向子带系数矩阵 $C_{j,k}(1 \leqslant j \leqslant J, 1 \leqslant k \leqslant$

2^{l_j}) 及低频子带系数矩阵 C_0,其中 j 表示 NSP 分解的各尺度,J 为最高尺度,l_j 为各尺度上 NSDFP 的方向分解级,k 表示各尺度上 NSDFP 分解的方向;对原图像的每一像素点,在各子带系数矩阵的对应位置上取以该点为中心的长宽均为 w_2 的正方形纹理窗口,由式 (7-10)、式 (7-11) 计算得到每一像素点对应的 NSCT 域的多尺度、多方向的 l_1 范数和标准差特征,组合得到每个像素对应的多尺度、多方向特征向量,记为 $f_{i,2}$;当 NSCT 采用三层分解,各层的 l_j 分别为 2,3,4 时,$f_{i,2}$ 为 58 维的行向量.

(3) 由纹理特征向量 $f_{i,1}$、$f_{i,2}$ 组合得到每个像素的最终纹理特征向量 $f_i=(f_{i,1},f_{i,2})$,将所有像素点对应的特征向量 f_i 按像素位置索引由小到大逐行排列形成纹理特征矩阵 f,为了消除各个特征分量之间的过大差异,对纹理特征矩阵沿列方向进行归一化处理,具体公式如下

$$f(i,j) = \frac{f(i,j) - \min(f(j))}{\max(f(j)) - \min(f(j))} \tag{7-13}$$

(4) 考虑到多维特征向量存在噪声及冗余,对得到的特征向量矩阵 f 采用主成分分析 (principal component analysis,PCA) 进行特征降维以减少噪声干扰和特征冗余,提高分割的准确性,特征向量的维数由下式确定

$$K = \arg\min_k \sum_{i=1}^{k} \lambda_i / \sum_{i=1}^{P} \lambda_i \geqslant 0.9 \tag{7-14}$$

式中,λ_i 为从大到小排列的各特征值;P 为总的特征维数.

7.4 聚类分割与聚类数目确定

7.4.1 K 均值聚类算法

图像分割可以归结为一个聚类问题,聚类是按照一定的要求和规律对事物进行区分和分类的过程,在这一过程中没有关于类别的先验知识,依赖事物间的相似性作为类别划分的准则,使相似的样本尽可能归为一类,而不相似的样本尽可能划分为不同的类中,属于无监督分类的范畴. 聚类的结果既依赖于特征的提取,同时也和具体的算法和准则密切相关. 聚类问题一直是机器学习和模式识别领域的一个比较活跃的研究方向,近年来产生了大量的解决该问题的新算法,其中较具代表性的一类算法是建立在谱图理论基础上的谱聚类算法. 谱聚类具有识别复杂分布的优势,但其计算的复杂度极高,为数据集规模的立方,因此尚难以适合大规模数据;另外谱聚类不适合不规则混乱背景和多尺度聚类问题[13]. 基于以上两个原因,本章仍考虑采用计算代价小、效率较高的 K 均值聚类算法.

尽管提出了很多新的算法，K 均值聚类算法仍然是聚类分析中最广泛使用的经典算法之一[20]。K 均值聚类算法的效率高，适宜于大规模数据集，当类内呈团聚状时，能够取得很好的聚类结果。在给定类数 k 和选定初始的聚类中心后，K 均值聚类算法是以各数据点到其所判属类别中心的距离平方和最小的最佳聚类。K 均值聚类算法取定 k 类和选取 k 个初始聚类中心，基于距离最小原则将各样本划分为 k 类中的某一类，不断计算新的聚类中心并重新划分各样本所属的类别，最终使各样本到其判定的所属类别中心的距离平方之和最小。

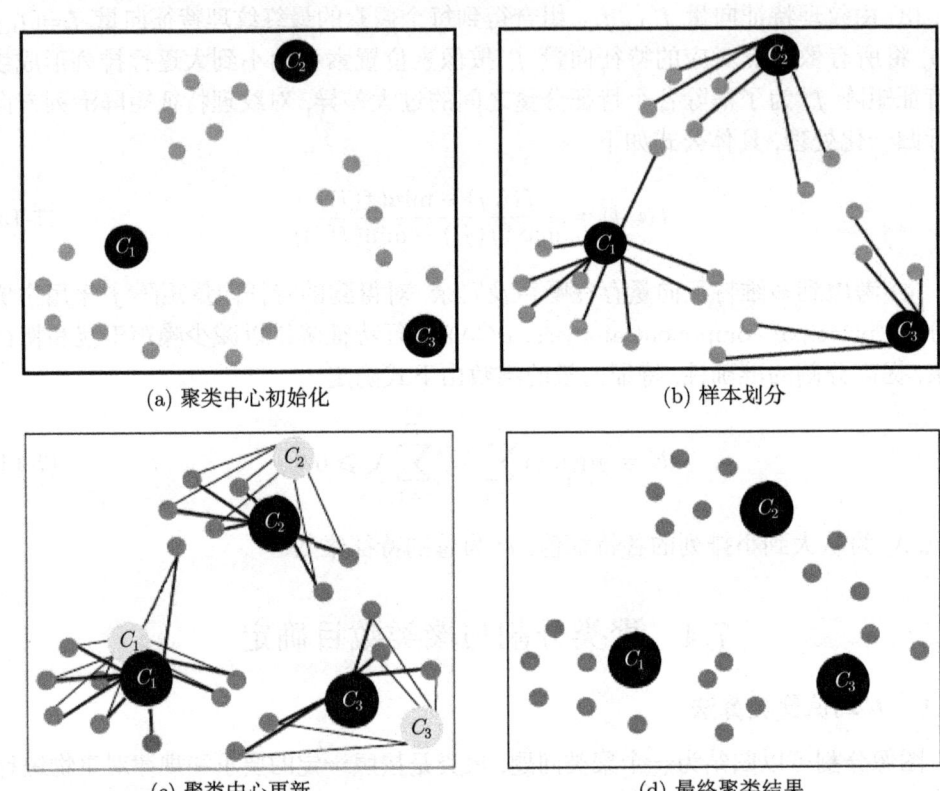

(a) 聚类中心初始化　　　　　　　　　(b) 样本划分

(c) 聚类中心更新　　　　　　　　　(d) 最终聚类结果

图 7.1　K 均值聚类算法示意图

图 7.1 给出了三类数据聚类的 K 均值算法示意图，具体步骤[20] 如下：

(1) 给定分类数 k，针对包含 n 个待分类样本的数据集 $\{f_1, f_2, \cdots, f_n\}$，随机选取其中的 k 个样本作为初始的聚类中心 $\{c_1, c_2, \cdots, c_k\}$；

(2) 对每个样本 f_i，计算其到各个聚类中心的距离，设最小距离对应的聚类中心为 c_v，则将样本 f_i 划分为第 v 类；

(3) 采用类内平均的方法重新计算并更新每类的聚类中心；

7.4 聚类分割与聚类数目确定

(4) 算法收敛判断：本次迭代过程中若没有样本的类别发生改变，则算法结束，输出各样本的类别标记矩阵、各类的聚类中心及各样本与各聚类中心的距离；否则，重复步骤 (2) 和步骤 (3)，直至算法收敛为止。

从以上过程可以看出，K 均值聚类需要预先指定分类数 k，然而，对于底质分割，最佳聚类数 k 是未知的；另外，初始聚类中心的选取不同会影响最终的聚类结果，导致聚类分割结果的不稳定，可以通过重复多次 K 均值聚类，从中选取性能最好的聚类作为最终聚类结果以提高算法的稳定性。给定待分割图像，为确定最佳聚类数目，需要采用合适的聚类评价指标。

7.4.2 聚类数目确定与聚类有效性评价

为确定最优聚类数目，针对样本集首先给出可能的聚类数目搜索范围 $[k_{\min}, k_{\max}]$，在聚类数目搜索范围内运行聚类算法产生不同聚类数目对应的聚类结果，选择合适的聚类有效性评价指标对各聚类结果进行比较，有效性指标值达到最优时所对应的 k 即为最优聚类数 k，对应的聚类结果即为最优聚类结果。

聚类有效性是指评价聚类结果的好坏并确定最适合特定数据样本集的类别划分。可采用聚类有效性指标来评价哪个聚类结果最优，并将最优聚类结果对应的聚类数目作为最优聚类数。当前已经提出了一些聚类有效性的评价指标，其中，可用于评价 K 均值聚类算法得到的聚类结果的有效性指标[21] 主要有：Calinski-Harabasz(CH) 指标、Davies-Bouldin(DB) 指标、Homogeneity-Separationf(HS) 指标、Weighted inter-intra(Wint) 指标、In-Group Proportion(IGP) 指标[22]、平均 Silhouette(Sil) 指标[23] 等等，其中 Silhouette 指标求解简单、评价性能良好，因此得到了广泛应用。

设 $a(i)$ 为类 C_k 中的某个样本 i 与 C_k 中的所有其他样本的平均不相似度或距离，$b(i)$ 为样本 i 到其他每个类中样本平均距离的最小值，Silhouette 指标计算每个样本与同一聚类中样本的不相似度以及与其他聚类中样本的不相似度，计算公式如下

$$\mathrm{Sil}(i) = \frac{b(i) - a(i)}{\max(b(i), a(i))} \tag{7-15}$$

Silhouette 指标反映了聚类结果的类内紧密性和类间分离性，既可用于评价聚类质量，也可用于估计最佳聚类数。通常对数据集的所有样本的 Sil 值取平均来评价聚类结果的质量，平均 Sil 指标越大表示聚类质量越好，其最大值对应的类数作为最优聚类数，对应的聚类结果作为最终聚类结果。

7.4.3 海底混响区无监督聚类分割的具体步骤

结合 7.3.3 节的纹理特征提取方法及聚类数目的确定方法，本章提出的海底混响区无监督聚类分割的具体步骤如下。

(1) 选定纹理窗口大小，对待分割的侧扫声呐图像采用 7.3.3 节的纹理特征提取方法同时基于灰度共生矩阵提取纹理特征、基于 NSCT 变换提取纹理特征，并综合两种特征得到每个像素的最终纹理特征向量；采用式 (7-13) 对特征向量矩阵进行归一化处理，然后基于 PCA 进行特征降维，采用式 (7-14) 确定降维后得到的特征向量.

(2) 给定样本特征数据集，首先确定可能的聚类数目搜索范围 $[k_{\min}, k_{\max}]$，$k_{\min}=2$，考虑到声呐图像底质类型的各种情况，$k_{\max}$ 通常可设置为 6.

(3) 对 k 在 $k_{\min}$ 和 $k_{\max}$ 之间，重复以下操作：

① 随机选取其中的 k 个样本作为初始的聚类中心 $\{z_1, z_2, \cdots, z_k\}$；

② 按照 K 均值聚类算法划分样本类别、计算并更新聚类中心；

③ 算法收敛判断，没有样本的类别发生改变时算法结束，记录各样本的类别标记矩阵、各类的聚类中心及各样本与各聚类中心的距离，计算 Sil 值；

④ 重复①～③ N 次，N 通常可取为 5，将对应 Sil 值最大的作为 k 类的最终聚类结果；

(4) 比较 k 在 $k_{\min}$ 和 $k_{\max}$ 之间的最终聚类结果，平均 Sil 指标值达到最大时所对应的 k 即为最优聚类数 k，对应的聚类结果为最终聚类结果，可同时输出聚类数目、类别标记矩阵、各类的聚类中心、各样本与各聚类中心的距离及 Sil 指标值.

(5) 产生和原图像同样大小的像素矩阵，并依据样本的类别标记矩阵，为同一类的像素点赋以同样的灰度值或者以同样的色彩，从而完成声呐图像的底质分割标记.

7.5 侧扫声呐图像海底混响区底质分割实验结果与分析

用于分割的 3 幅原图分别如图 7.2(a)、7.3(a)、7.4(a) 所示，其中两幅为文献 [11] 采用的两类底质图，最后一幅为三类底质图，图像大小均为 256×256，采用本章方法、文献 [1] 基于灰度共生矩阵的纹理提取方法及文献 [11] 基于非下采样小波变换的纹理提取方法进行分割比较，由于文献 [1] 仅针对两类分割，对于图 7.4(a) 不再给出文献 [1] 的分割结果. 实验中，本章的 NSCT 变换采用三层分解，灰度共生矩阵的纹理窗口和 NSCT 纹理提取的窗口大小均选为 11×11，灰度共生矩阵的灰度量化级选为 16. 对于图 7.2(a) 和 7.3(a)，文献 [11] 采用手工分割得到理想分割图，可作为定量评价的参考，如图 7.2(b)、7.3(b) 所示. 图 7.2(a) 采用 3 种方法得到的分割结果分别如图 7.2(c)~图 7.3(e) 所示，图 7.3(a) 采用 3 种方法得到的分割结果分别如图 7.3(c)~图 7.3(e) 所示，图 7.4(a) 采用两种方法得到的分割结果分别如图 7.4(c)~图 7.4(d) 所示.

7.5 侧扫声呐图像海底混响区底质分割实验结果与分析

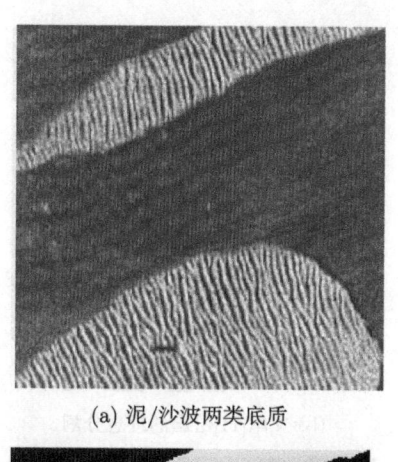

(a) 泥/沙波两类底质

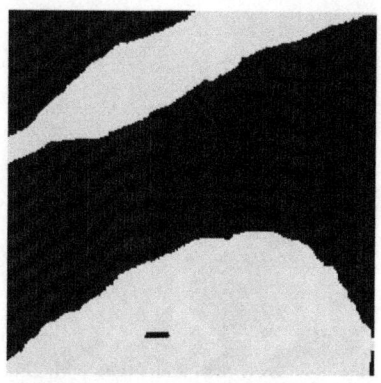

(b) 文献[11]给出的理想分割

(c) 文献[1]分割结果

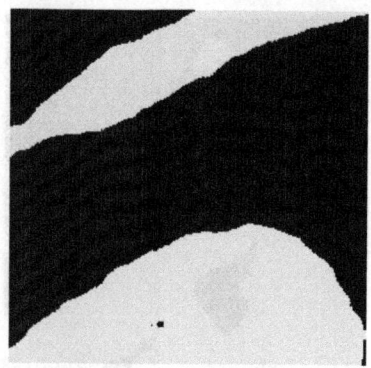

(d) 文献[11]分割结果

(e) 本章分割结果

图 7.2 泥/沙波两类底质分割结果

(a) 泥/岩石两类底质

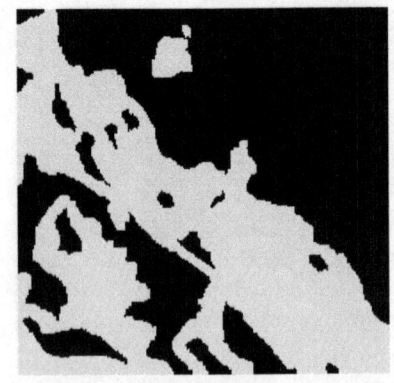
(b) 文献[11]给出的理想分割

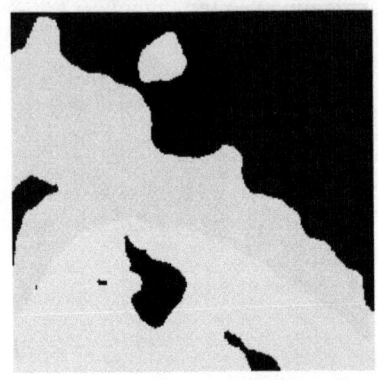
(c) 文献[1]分割结果

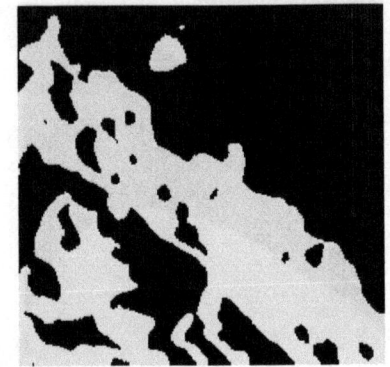
(d) 文献[11]分割结果

(e) 本章分割结果

图 7.3 泥/岩石两类底质分割结果

7.5 侧扫声呐图像海底混响区底质分割实验结果与分析

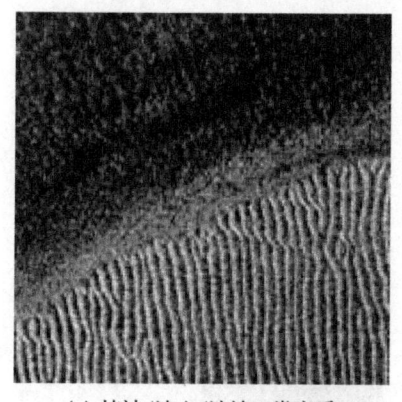

(a) 植被/沙土/沙坡三类底质

(b) 文献[11]分割结果

(c) 本章分割结果

图 7.4　植被/沙土/沙波三类底质分割结果

对于图 7.2(a), 3 种方法的分割结果基本相当; 对于图 7.3(a), 本章方法和文献 [11] 的方法较优, 文献[1]的分割方法误分割较多. 对于图 7.4(a), 总体来看, 文献 [11] 的分割结果出现了较多的误分割的孤立小区域, 本章方法得到的分割结果孤立小区域较少, 区域一致性更好.

为进一步准确定量评价, 本章最后对一幅合成四类声呐纹理图像进行分割, 图 7.5 给出了原图及采用文献[11]的分割方法和本章的分割方法得到的分割结果对比. 从图中可以明显看出, 文献[11]得到的分割结果保留了很多误分割的孤立小区域, 比较而言, 本章方法的分割结果误分割较少, 区域一致性较好.

为便于定量比较, 本章同时给出了图 7.2、图 7.3、图 7.5 的定量评价结果, 评价标准采用正确分割率, 正确分割率为正确分割的像素数和所有像素总数的百分比,定量评价的结果如表 7.1 所示.

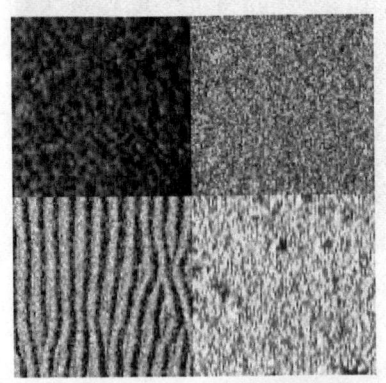

(a) 植被/细沙/沙波/碎石四类底质

(b) 文献[11]分割结果

(c) 本章分割结果

图 7.5 合成声呐底质图像分割结果

表 7.1 各种算法得到的分割结果的正确分割率

实验图	文献 [1] 方法	文献 [11] 方法	本章方法
图 7.2(a)	97.77	**98.64**	98.50
图 7.3(a)	84.69	92.80	**93.02**
图 7.5(a)	—	97.22	**98.69**

从定量评价结果来看, 对于图 7.2(a), 3 种方法的分割结果基本相当, 文献 [11] 的方法略优; 对于图 7.3(a), 本章方法和文献 [11] 的方法明显优于文献 [1] 的方法, 本章方法略优; 对于图 7.5(a), 本章方法得到的分割结果也优于文献 [11] 得到的分

割结果.

总体来看, 各种分割方法均不同程度存在误分割的情况, 本章方法由于综合了基于灰度共生矩阵和基于多尺度几何变换纹理提取的优点, 弥补了单一纹理特征的不足, 更好地兼顾了分割结果区域一致性和细节准确性的平衡, 避免了出现过多的孤立的小区域, 总体具有更好的分割准确率.

7.6 本章小结

为了全面有效捕捉侧扫声呐图像纹理特征变化的多样性、方向性和粗糙度规律, 本章在基于灰度共生矩阵提取图像纹理特征的同时, 利用 NSCT 变换多尺度、多方向的特性提取多方向的细节纹理特征, 综合由灰度共生矩阵提取的纹理特征和 NSCT 变换得到的纹理特征, 形成复合纹理特征以弥补单一纹理特征的不足, 从而提高分割算法的准确性. 采用主成分分析对特征向量进行降维, 对降维后的特征向量采用 K 均值聚类和 Sil 指标评价得到分割结果. 对实际侧扫声呐及合成纹理声呐图像的分割结果表明, 较之基于灰度共生矩阵纹理特征的声呐图像分割及基于小波变换纹理特征的声呐图像分割, 本章方法能够取得更好的分割结果.

参 考 文 献

[1] Lianantonakis M, Petillot Y. Sidescan sonar segmentation using texture descriptors and active contours[J]. IEEE Journal of Oceanic Engineering, 2007, 32(3):744-752.

[2] Karoui I, Fablet R, Boucher J M, et al. Seabed segmentation using optimized statistics of sonar textures[J]. IEEE Transactions on Geoscience and Remote Sensing, 2009, 47(6): 1621-1631.

[3] Pace N G, Gao H. Swathe seabed classification[J]. IEEE Journal of Oceanic Engineering, 1988, 13(2): 83-90.

[4] Jakeman E, Pusey P N. A model for non-Rayleigh sea echo[J]. IEEE Transactions on Antennas and Propagation, 1976, 24(6): 806-814.

[5] Gensane M. A statistical study of acoustic signals backscattered from the sea bottom[J]. IEEE Journal of Oceanic Engineering, 1989, 14(1): 84-93.

[6] Pace N G, Dyer C M. Machine classification of sedimentary sea bottoms[J]. IEEE Transactions on Geoscience Electronics, 1979, GE-17(3): 52-56.

[7] Haraliek R M, Shanmugam K, Dinstein I. Textural features for image classication[J]. IEEE Transaction on Systems, Man, and Cybernetics, 1973, 3(6): 610-621.

[8] 杨词银, 许枫. 基于分形维的底质分类 [J]. 海洋测绘, 2004, 24(6): 5-8.

[9] 杨词银, 许枫. 基于二次反锐化掩膜的多特征侧扫声呐图像海底底质分类 [J]. 电子学报, 2005, 10(33): 1841-1844.

[10] 马飞虎, 孙翠羽, 康永红, 等. 多特征主成分分析与声图相结合的海底底质分类 [J]. 应用科学学报, 2010, 28(4): 374-380.

[11] Celik T, Tjahjadi T. A novel method for sidescan sonar image segmentation[J]. IEEE Journal of Oceanic Engineering, 2011, 36(2):186-193.

[12] Koltsov P. Comparative study of texture detection and classification algorithms[J]. Computational Mathematics And Mathematical Physics, 2011, 51(8): 1460-1466.

[13] 焦李成, 张向荣, 侯彪, 等. 智能 SAR 图像处理与解译 [M]. 北京: 科学出版社, 2007.

[14] Mirmehdi M, Xie X, Suri J S. Handbook of Texture Analysis[M].London: Imperial College Press, 2008.

[15] Yue A, Zhang C ; Yang J, et al.Texture extraction for object-oriented classification of high spatial resolution remotely sensed images using a semivariogram[J]. International Journal of Remote Sensing, 2013, 34(11): 3736-3759.

[16] Ulaby F T, Kouyate F, Briseo B, et al. Textural information in SAR images[J]. IEEE Transactions on Geoscience and Remote Sensing, 1986, 24(2):235-245.

[17] Baraldi A, Parmiggiani F. An investigation of the textual characteristics associated with gray level coocurrence matrix statistical parameters[J]. IEEE Transactions on Geoscience and RemoteSensing, 1995, 33(2): 293-304.

[18] Soh L, Tsatsoulis C. Texture analysis of SAR sea ice imagery using gray level co-occurrence matrices[J]. IEEE Transactions on Geoscience and Remote Sensing, 1999, 37(2):780-784.

[19] Zhao L, Qin Y, Gao G, et al. Detection of built-up areas from high-resolution SAR images using the GLCM textural analysis[J].Journal of Remote Sensing,2009,13(3):483-498.

[20] Zaki M J, Meira W. Data Mining and Analysis: Fundamental Concepts and Algorithms[M]. New York, NY: Cambridge University Press, 2014.

[21] Al S J, Wang W. Estimating the predominant number of clusters in a dataset [J]. Intelligent Data Analysis, 2013, 17(4): 603-626.

[22] Kapp A V, Tibshirani R. Are clusters found in one dataset present in another dataset [J]. Biostatistics, 2007, 8(1): 9-31.

[23] Campello R J, Hruschka, E R. A fuzzy extension of the silhouette width criterion for cluster analysis[J]. Fuzzy Sets and Systems, 2006, 157(21), 2858-2875.